基于物联网的智慧城市
关键技术及应用

习 宁　裴庆祺　沈玉龙　编著

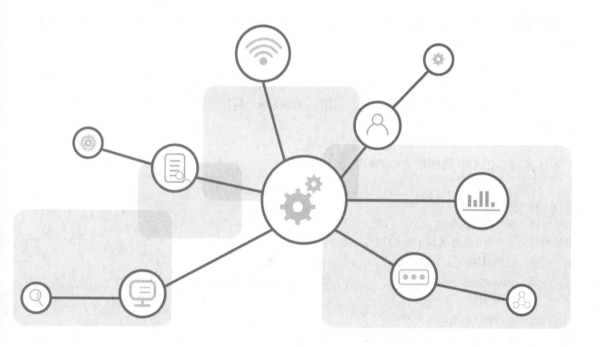

西安电子科技大学出版社

内 容 简 介

智慧城市作为物联网、智慧地球的典型应用,是未来信息化、数字化社会的发展方向,也是未来我国信息化建设的重点。

本书从智慧城市关键技术及应用示范两个方面进行介绍,共分为 9 章。第 1 章概述了智慧城市的概念及核心技术体系;第 2 章介绍了主流的信息感知与识别技术,包括传感器技术、自动识别技术、定位技术以及智能设备信息采集技术等;第 3 章介绍了智慧城市中多网融合的网络体系,随后按照覆盖范围由小及大的顺序详细介绍了具体的网络技术;第 4 章介绍了相关的数据存储与处理技术;第 5 章主要介绍了目前常用的 Web 服务技术;第 6 章结合智慧城市的体系架构,分层次地详细介绍了智慧城市安全支撑技术;第 7、8、9 章分别介绍了具体的智能家居、智慧医疗以及农产品电子商务系统,内容涉及各类系统的开发需求、总体架构、详细设计以及应用场景。

本书可供高等学校网络空间安全及物联网相关专业的本科学生使用。

图书在版编目(CIP)数据

基于物联网的智慧城市关键技术及应用 / 习宁,裴庆祺,沈玉龙编著. --西安:西安电子科技大学出版社,2024.4
ISBN 978-7-5606-7164-2

Ⅰ. ①基… Ⅱ. ①习… ②裴… ③沈… Ⅲ. ①物联网—应用—智慧城市
Ⅳ. ①TU984-39

中国国家版本馆 CIP 数据核字(2024)第 051506 号

策　　划	明政珠
责任编辑	张　存　武翠琴
出版发行	西安电子科技大学出版社(西安市太白南路 2 号)
电　　话	(029)88202421　88201467　　　邮　编　710071
网　　址	www.xduph.com　　　　　电子邮箱　xdupfxb001@163.com
经　　销	新华书店
印刷单位	陕西精工印务有限公司
版　　次	2024 年 4 月第 1 版　2024 年 4 月第 1 次印刷
开　　本	787 毫米×1092 毫米　1/16　印张 13.5
字　　数	315 千字
定　　价	48.00 元

ISBN 978-7-5606-7164-2 / TU

XDUP　7466001-1

*** 如有印装问题可调换 ***

前　言

　　智慧城市建设已成为推动我国经济改革和产业升级、提升城市综合竞争力的重要驱动力。党的二十大报告和国家"十四五"规划均提出了加快建设网络强国、数字中国。全光网作为智慧城市的数字底座,将加速全光基础设施的部署升级,推动基于智慧城市的创新应用场景,以高质量连接构筑智慧城市,并不断向全光智慧城市群、城市带、都市圈延伸,助力网络强国、数字中国建设。智慧城市建设将助推城市的国际化步伐,促进发展方式转变,推动经济结构调整,并深刻影响和变革人们的生产和生活方式,让城市发展更科学、管理更高效,让社会发展更和谐、生活更美好。

　　数字城市的概念最早由 IBM 提出,但由于计算机、通信、电子等多个领域的技术限制,其发展缓慢。近年来随着核心关键技术逐渐发展和规范,智慧城市正在逐步由概念转换为现实。本书正是围绕这些关键技术展开的,书中采用循序渐进的方式介绍了智慧城市中的关键技术,并给出了智慧城市的应用实例。

　　本书的内容分为关键技术篇和应用示范篇。关键技术篇以智慧城市为背景,结合感知、大数据、云计算和服务相关标准及前沿技术对物联网核心关键技术进行深入浅出的介绍。该篇从智慧城市发展背景和历程开始,介绍了具有普适性的智慧城市技术体系结构,并在此基础上结合感知层、网络层、数据层以及应用层介绍了层次化关键技术体系,进而详细分析了信息感知与识别、网络构建与传输、数据存储与处理以及服务提供与协同等方面的核心关键技术,最后系统地介绍了智慧城市中的信息安全技术。

应用示范篇以智慧城市的具体应用为实例，引导读者进一步思考如何根据不同的应用需求构建所需的智慧城市应用系统。该篇以智能家居、智慧医疗和农产品电子商务系统三个典型应用为实例，对智慧城市系统设计过程进行说明，使读者能够具备基本的物联网系统设计能力。

本书内容涉及智慧城市不同层次中的主流代表性技术，为广大读者全面了解物联网、云计算中涉及的核心关键技术提供了便利，同时通过具体的应用系统的设计与实现可以进一步深化读者对核心关键技术的理解。通过本书，读者能够更充分地学习物联网专业相关知识，借鉴已有的智慧城市应用实例，进一步改进物联网系统的设计工作，推出更智慧的成果。

在本书的编写过程中，提纲设计、内容编排方面得到了裴庆祺、沈玉龙老师的大力支持，同时杨烨、王如凯、宋泊为、舒天泽、魏大卫、田创、胡俊、李雅洁、李维辉、刘瑾、覃伯君、张宇晨同学也付出了大量辛勤的劳动，在此表示深深的感谢。本书还参考了许多相关的技术资料，在此也对资料作者深表谢意。

编　者

2024 年 1 月

目　录

关键技术篇

1

应用示范篇

关 键 技 术 篇

第1章　智慧城市发展与核心技术概述

随着传感器和无线通信技术的迅速发展，物联网在工业、家居、医疗保健以及城市管理等许多领域得到了应用。物联网设备与互联网连接后可以和服务器或其他设备通信。据估计，到 2025 年，将有超过 750 亿台设备连接到互联网。智慧城市作为物联网的典型应用，其技术核心是通过传感器收集城市状态的相关数据，并将其发送至中央云，后者对数据进行挖掘与处理，实现模式提取并作出决策。本章介绍智慧城市的概念，以及智慧城市相关的国内外发展现状、核心技术体系和典型应用。

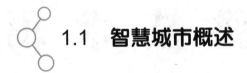

1.1　智慧城市概述

"智慧城市"是指运用信息与通信技术(ICT)建设管理城市。其目标是利用传感器、互联网、数据分析等技术，收集、分析和管理城市中的各种数据，从而实现城市运营和管理的智能化、数字化和高效化。"智慧城市"是产业、城市、居民的高度融合，是城市信息化的高级阶段，而城市信息化的高度繁荣，需要引入大数据核心技术来运营城市。"智慧城市"同时也是信息时代城市管理的新思维，它整合了政府的"有形之手"和市场的"无形之手"，为企业与市民营造了宜商、宜业、宜居的环境。

"智慧城市"作为人类社会进入信息时代的标志化产物，通过感知技术和通信技术来实时获取城市中的信息，如交通流量、人员分布等，通过云计算技术、大数据分析技术来分析、整合城市运行核心系统的各项关键信息，在此基础上，结合多样化信息服务提供的技术对包括民生、环保、公共安全、交通管理等多个方面的城市管理需求做出智能服务。由此可见，智慧城市的实质是基于最新的信息化技术，大幅度提高城市运行管理与服务响应的效率，保证城市活动的高效运行，为广大人民群众创造更美好的生活，促进城市的和谐、可持续发展。

目前，智慧城市的建设在国内外许多地区已经展开，并取得了一系列成果。例如，国内上海的智慧城市建设计划利用了物联网、云计算、大数据、人工智能、区块链等技术手段，以实现城市的信息化、智能化和绿色化，提高城市治理效率和服务水平。该计划在智慧医疗、智慧环保、智慧交通等领域取得了显著成果，为中国其他城市的智慧化建设提供了重要的经验，值得其他城市借鉴。韩国的"U-City"计划提出了一系列数字化转型的解决方案，如无线城市网、城市信息中心、智慧交通系统等，并且通过将数字技术与其他领域相融合，实现了更高层次的数字化转型，有效推动了产业发展，提高了城市治理效率和市民生活质量。新加坡的"智慧国家2025"计划同样运用了信息化技术以实现城市的数字化转型，为城市的可持续发展和产业升级提供了有力支撑。

　　基于智慧城市可实现城市中居民、管理者以及服务提供者之间信息的高效连接与互动。智慧城市通过提供智能家居、公共安全、交通控制、智慧医疗、教育教学等多元化、综合化、智能化的城市服务，为广大城市居民营造一个安全、舒适、便利的现代生活环境。智慧城市典型应用如图 1-1 所示。

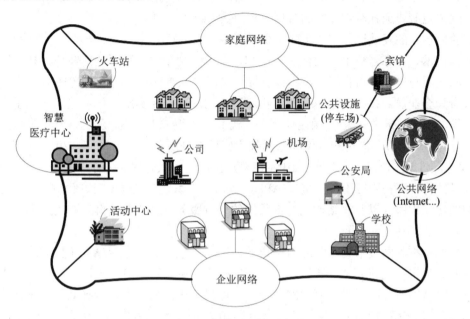

图 1-1　智慧城市典型应用

　　在智慧城市信息系统的支持下，城市居民可以通过互联网获得各种便利的服务，包括但不限于线上购物、远程医疗、远程教育等，无须出门即可满足各种需求。城市管理者可以对实时获取的环境、交通、公共安全等数据进行有效分析，从而实现对城市的精细化、高效化管理，提高城市运行效率和安全性，保障居民的生命财产安全，推动城市可持续发展。服务提供者可以基于智慧城市网络平台，开发多样化的"互联网+"服务，从而获取更多的商业机会和创新机遇。总之，智慧城市建设是我国社会信息化建设的必经之路，在我国城市的可持续发展、科技创新以及综合竞争力的提升等方面具有重要意义。

1.2　智慧城市国内外发展现状

1.2.1　物联网发展现状

　　智慧城市作为物联网的典型应用，是伴随着物联网技术的不断进步而发展起来的。1995年，比尔·盖茨在其《未来之路》一书中率先提及了物联网的概念。2005 年 11 月 17 日，国际电信联盟(ITU)在突尼斯举行的信息社会世界峰会(WSIS)上发布了《ITU 互联网报告2005：物联网》报告，正式提出了物联网的概念。现在物联网的定义已经发生了变化，覆盖范围有了较大的拓宽，不再只是最初提出的基于射频识别(RFID)技术的物联网。

2009年1月，IBM首席执行官彭明盛提出了"智慧地球"的构想，并建议政府投资新一代的智慧型基础设施，而"数字城市"是"智慧地球"不可或缺的一部分。奥巴马对此构想作出了积极回应，并将其提升到国家级发展战略。

2009年欧盟委员会出台了欧洲物联网行动计划，该计划描绘了物联网技术的应用前景，提出了欧盟政府要加强对物联网的管理，促进物联网的发展。

在随后多年的发展过程中，通过对物联网研究的不断深入，感知技术、智能终端技术、无线通信技术、可穿戴技术、软件服务技术、工业控制技术、数据处理及分析技术等得到了明显的发展与进步，物联网逐步由概念描绘阶段进入具体实施阶段。2015年，全球多个国家政府和企业已经在相关领域开始了物联网应用的部署和实施。日本政府成立了产学官合作组织"物联网推进联盟"，由企业相关人士和专家组成工作组，就物联网技术先进示范项目制订计划。欧洲各国也相继将物联网技术应用在制造业中，在2016—2017两年内投资10亿欧元，推动了制造业的发展。IBM在慕尼黑成立了沃森(Watson)物联网全球总部，开放了大量的物联网技术应用程序接口(API)，包括语音识别、机器学习、预测和分析服务、视频和图像识别服务以及非结构化文本数据的分析服务。这些服务将允许用户为自己的产品加入复杂的新功能和界面。

在全球对物联网技术高度关注的背景下，2009年我国提出了"感知中国"这一宏伟计划，并在无锡市率先建立了"感知中国"研究中心。中国科学院、各运营商、多所大学在无锡建立物联网研究院，投入物联网关键技术的研究中，从而进一步推动了新一代信息技术的健康发展。截至2015年，无锡市的物联网相关企业突破2000家，从业人员近15万人，获得物联网领域的专利2541项，累计制修订物联网标准49项，物联网及相关产业规模超过2000亿元。2021年10月，经工业和信息化部(工信部)评估认定，无锡市高质量地完成了《无锡国家传感网创新示范区发展规划纲要(2012—2020年)》规划目标任务，为国家物联网产业的健康发展发挥了示范带动作用。无锡市作为我国唯一的国家传感网创新示范区，形成了覆盖信息感知、网络通信、处理应用、共性平台、基础支撑等五大架构层面的物联网产业体系。无锡物联网产业研究院院长、国家973物联网首席科学家刘海涛的团队提出了物联网三层架构、共性平台+应用子集产业化架构与发展模式等物联网顶层设计，该设计被物联网的国际标准、国家标准全面采纳。

自2009年美国、欧盟、中国等纷纷提出物联网发展政策到如今，物联网经历了高速发展的阶段。传统企业和IT巨头纷纷布局物联网，物联网在制造业、零售业、服务业、公共事业等多个领域加速渗透。IDC相关数据显示，2020年全球物联网市场规模为1.7万亿美元，预计2025年全球物联网市场规模可高达4万亿～11万亿美元。物联网在中国的发展同样如火如荼。根据工信部的数据，截至2020年，我国物联网产业规模突破1.7万亿元人民币，十三五期间物联网总体产业规模保持20%的年均增长率。物联网作为通信行业的新兴应用，在万物互联的大趋势下，其市场规模将进一步扩大。随着行业标准不断完善、技术不断进步以及国家政策扶持，中国的物联网产业将延续良好的发展势头，为经济持续稳定增长提供新的动力。移动互联向万物互联的扩展浪潮，将使我国创造出相比于互联网更大的市场空间和产业机遇。

1.2.2 智慧城市发展现状

随着我国经济实力的不断增强，各种形态、不同行业领域的物联网信息系统不断涌现，智慧城市的建设成为我国社会信息化建设的重点领域，目前正在健康有序地开展，各种行业的标准、规范应运而生。

2011 年 5 月 20 日，工信部电信研究院在北京召开宽带通信及物联网高层论坛，发布了《移动互联网白皮书(2011 年)》和《物联网白皮书(2011)》。2013 年 3 月 4 日，国务院办公厅发布《国家重大科技基础设施建设中长期规划(2012—2030 年)》，其中就包括智慧城市建设。2021 年，国家市场监督管理总局国家标准化管理委员会在"全国标准信息公共服务平台"上发布了国家标准 GB/T 41150—2021《城市和社区可持续发展 可持续城市建立智慧城市运行模型指南》，助力我国建立更完善的智慧城市评价机制。2022 年，在智慧城市标准化建设方面，中国电子技术标准化研究院正式发布了《智慧城市标准化白皮书(2022版)》，提出了我国新时期新的智慧城市标准体系总体框架。同年，经市场监督管理总局批准发布的《新型智慧城市评价指标》于 2023 年 5 月 1 日起正式实施，以评价指标的形式明确了新型智慧城市的重点建设内容及发展方向，指导各级政府了解当地建设现状及存在的问题，有针对性地提升智慧城市建设的实效和水平。

智慧城市建设在我国方兴未艾，且经过十多年的发展已经取得了长足的进步，但是发展还不平衡。在沿海城市、直辖市和各省级中心城市，智慧城市建设发展比较快，不发达地区则进展缓慢，甚至有的城市的智慧化建设刚开始不久，还有的处于概念阶段。总体来说，智慧城市数字化是未来社会信息化发展的必然趋势，具有很广阔的市场空间。

在技术研究和实际部署方面，城市环境的复杂性、技术的异构性以及业务的多样性，导致智慧城市面临着用户无差别访问网络难、数据高效管理难、信息服务协同难等现状。为了实现智慧城市中信息资源的共享和使用，以及随时随地给用户提供高质量的服务，信息融合将是智慧城市发展的必然要求。智慧城市的信息融合应该包括以下三个层面的内容。

(1) 网络融合：在国家信息标准的指导下，坚持"科学性、全面性、系统性、兼容性和扩充性"的原则，结合跨网通信、网络切换相关技术产品的标准规范，解决标准化接口和通信协议等方面的难题，实现城市中异构网络间的互联互通，使用户可以在任何时间、任何地点，快速、安全地访问城市服务。

(2) 数据融合：建设智慧城市云平台，采用虚拟化技术实现计算、存储、网络资源的调度与管理，实现城市中各种类型数据(结构化或非结构化)的海量存储与多方位综合化分析，并通过统一的开放接口实现信息资源的高效共享，从而为上层的应用提供支撑。

(3) 服务融合：在智慧城市云平台的支撑下，通过统一的资源接口实现城市中多种类型的服务的协同设计以及组合，主要是实现跨部门不同服务间的合作与协同，一方面提高服务部署效率，另一方面为用户提供更加综合化、智能化的业务服务。

总之，智慧城市的建设是一个多方位、多层次并且需要不断更新的长期工程。通过该工程的建设，能够产生多样的新型信息化、智能化应用来服务于城市，提高城市运转效率，保障居民生活质量，从而为居民提供更加人性化、特色化的社区和城市环境。

1.3 智慧城市核心技术体系

1.3.1 智慧城市技术架构

针对城市信息化、智能化的建设需求，可基于物联网、云计算技术构建具有高可扩展性、强兼容性的智慧城市网络信息系统平台。相比现有的信息系统，该平台通过结合网络融合、数据融合以及服务融合技术，可突破"信息孤岛"的瓶颈问题，实现智慧城市中异构网络的互联、多源异构数据共享以及多样化联动服务。同时，该平台可为居民提供环境监控、公共安全、智慧交通、智慧医疗、智慧养老等综合服务应用，为城市管理者提供一种规范、高效、科学的建设运维管理和服务模式。

根据信息融合趋势，结合物联网体系架构，智慧城市的关键技术架构如图 1-2 所示。关键技术架构可分为感知终端层、网络承载层、数据管理层和业务应用层，其中感知终端层和网络承载层对应整个系统的基础设施，数据管理层及业务应用层对应系统的软件。

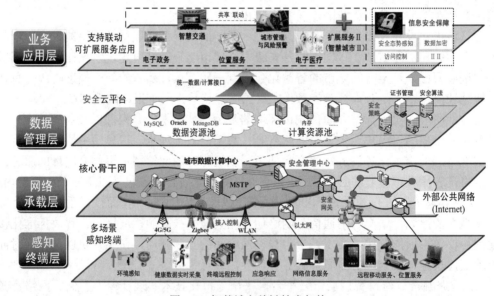

图 1-2　智慧城市关键技术架构

感知终端层由各类传感器、移动终端、CPS 终端、PC 等终端设备组成，是整个系统的感知和执行末端，具有环境数据感知和采集、控制命令执行、办公数据交互等功能，可满足物理世界实时感知和高效反馈的需求。

网络承载层由接入网及核心骨干网两部分组成。在接入网层，多样化的末端接入设备(如 4G/5G 基站、Zigbee 接入点、WLAN 接入点、LoRa 接入点、以太网交换机等)将感知终端层的各类数据信息汇聚到核心骨干网中；在核心骨干网层，系统中各类设备间可实现互联互通，同时核心骨干网通过安全网关可以与外部公共网络(Internet)进行连接，为上层数据管理及应用服务提供支撑。

数据管理层通过云计算技术对系统数据和计算资源进行统一管理和调度。针对多源异构数据的不同特点，数据管理层采用结构化和非结构化模式，并结合 MySQL、Oracle、MongoDB 等不同数据库技术进行存储，同时向上层应用提供统一的数据访问及更新接口。针对集群化服务器设备，为了提高工作效率，采用虚拟化技术对服务器计算资源进行集中管理和调度，并根据上层应用对计算能力的不同需求进行分配和管理，从而实现计算资源的可裁剪、可扩展，保证计算资源利用的最大化。此外，该层还提供了基础的安全功能，包括证书管理、安全算法、安全策略等。

业务应用层的主要功能是在下层采集数据和计算能力的支撑下，基于面向服务架构开发并形成与业务需求相适应、可共享、可联动的服务应用。针对复杂多变的社区环境，通过中间件及服务组合技术，并根据用户/系统的需求随时快速构建应用，实现不同应用间的高效联动与协同，使得整个系统对业务的适应能力明显提高，进而解决"信息孤岛"带来的传统信息服务响应不及时、质量难保证的难题。

此外，针对智慧城市各层次所面临的不同网络和系统攻击的威胁，由下至上为感知安全、网络安全、数据安全以及服务安全提供多层次的安全防护机制，从而为智慧城市整个系统提供全方位网络安全态势感知、全生命周期数据安全防护等功能，在保证服务可用性的同时保障信息安全。

1.3.2 智慧城市关键技术

智慧城市关键技术涉及感知技术、网络通信技术、数据存储与处理技术、软件服务技术和安全支撑技术。

1. 感知技术

感知技术体现在各类感知终端上。感知终端位于物联网的末梢，是实现感知的首要环节。感知终端通过有线或无线的方式接入与互联网相结合而成的泛在网络，实现物联网节点的识别和管理，使计算无处不在。感知技术对物体进行探测，并将声、光等模拟信号转化为适合计算机处理的数字信号，也可以对物体进行识别和定位，以达到传送、处理、存储、显示、记录和控制信息的目的，使物联网中的节点充满感应能力。

2. 网络通信技术

智慧城市具有覆盖范围广、用户数量大、服务类型多等特点，这些特点决定了智慧城市异构多域的网络架构，如图 1-3 所示。其中，智慧城市无线接入网络由不同机制的无线子网组成，负责各类终端以及城市子网的接入；智慧城市核心网络由各种智慧城市应用服务中心组成，负责从无线接入网络汇聚、处理和存储信息，并提供集成化的城市服务；公共网络由 Internet、电信网、广电网等组成，实现城市间的广域互联，进而构建数字城市和数字地球。

3. 数据存储与处理技术

数据存储与处理是智慧城市的核心，是网络感知的目标，同时也是应用服务的基础。智慧城市复杂多变的物理环境，导致了城市中海量多样信息并存，而多类型的感知技术也决定了所获取信息的异构性，最终形成了多源异构数据并存的现状，给城市中高效的数据存储与处理带来了极大的挑战。通过采用云计算中的虚拟化技术，实现结构化与非结构化数据的海量存储；在此基础上，采用并行计算与处理技术提高数据处理效率，为上层应用提供支撑。

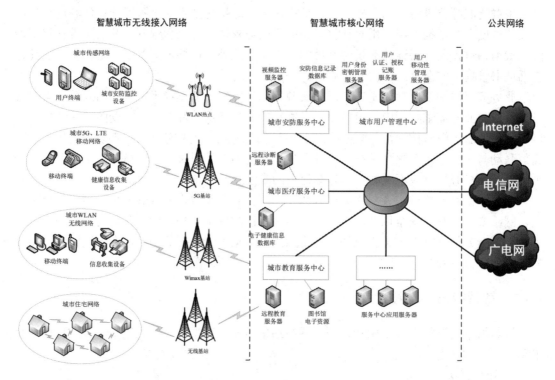

图 1-3　智慧城市网络架构

4. 软件服务技术

智慧城市服务作为直接面向用户的最终形式，具有便捷性、智能化、可协同等特征。针对复杂多变的城市环境，采用基于面向服务的体系架构(Service Oriented Architecture，SOA)的软件设计方法，将各类软件功能服务化、组件化，并通过中间件及服务组合技术，实现不同服务组件间的可交互与可协同，以及通过提供可重用的快速服务部署方法，进一步满足智慧城市环境下用户动态变化的业务需求。

5. 安全支撑技术

智慧城市为用户提供了更加丰富的应用服务，但同时动态变化的物理环境、开放的通信网络以及软硬件的漏洞缺陷等因素不可避免地给个人信息安全、公司/企业的运营安全乃至国家的网络空间安全带来了严峻的安全挑战。为此，结合智慧城市层次化技术体系结构，针对不同层次的安全需求设计相应的安全机制。通过不同层级安全机制的相互协同，可形成智慧城市安全支撑技术体系，最终为智慧城市的健康运行提供最安全的保障。

总之，智慧城市是一个层次化的综合性复杂信息系统，它将为城市提供更加有效的管理、更加丰富的文化、更加全面的服务，为居民打造一个高效、绿色、和谐的生活工作环境。掌握各层次不同的关键技术，处理好不同层次技术间的协同交互，是建设智慧城市这一复杂信息系统的关键，也是构建其他物联网典型信息系统的核心。

1.4 智慧城市典型应用

通过科技创新和数字化转型，可创建一个真正意义上高水平的信息化、网络化、智能化的城市，并通过运用先进的信息技术，可进一步改善和提高城市、社会的综合服务功能和质量。基于这样一种大众化的综合服务系统，不仅可以使大众从这种高质量的信息网络服务中直接受益，同时还可以为社区服务业创立一种全新的、高效的运营体系和模式。现今智慧城市建设应用涉及经济、民生、医疗、教育等多个领域，目前较为成熟的典型应用包括电子商务、智能家居、智慧医疗、智能安防等。

1. 电子商务

在智慧城市中，电子商务是指针对社区居民，以成片的社区为服务单位，以"集成消费"为经营理念，依托网络平台和电子商务网站，满足社区居民消费需求的商业模式。它可以使社区居民购物更方便，并提供轻松愉快的休闲活动，以及满足社区居民的家政服务需求等。目前各大互联网公司(如百度、腾讯、阿里等)纷纷部署了相应的服务。在当前社区网络服务支持下，人们足不出户就可以完成生活所需，例如在网上订购午饭(美团外卖)，在网上开设专栏(博客)，同时也可以开展自己的业务(淘宝卖家)。电子商务强调的是服务，它是以社区居民为服务对象，通过提供与日常生活息息相关的服务来获得相应利益的。社区电子商务以真实社区为单位，将社区内的实体商务全部搬到网络上来，它是现实社会中的 B2C 的完全虚拟形式，是电子商务发展模式的一次新突破，不仅兼具实体形式的安全性与可靠性，还完美解决了 C2C 模式中的"诚信质疑"问题。社区电子商务让居民能够在二维空间中自由走动，开心方便地购物，安全且省钱省心，还具有真实、快捷、就近、方便等特点。

2. 智能家居

智能家居是利用通信、电视和计算机等数字技术，把家庭中的各种通信设备、计算机设备、电视设备、家用电器、安防设备等，通过智能家居网络连接在一起，进行监视、控制与管理的一种智能家庭信息化平台。智能家居受到国家的高度重视，是国家科学与技术中长期发展计划的重要组成部分。随着物联网技术的快速发展，智能家居产业化进程正在逐步落实。智能家居应用场景如图 1-4 所示。

智能家居的设计内容涵盖日常生活的方方面面。目前广泛应用的智能家居服务主要包括家庭安全系统、环境控制服务、家庭机器人等。其中，家庭安全系统包括智能门锁、窗户和门禁的防盗报警联动功能，检测煤气、水浸和火灾等意外情况的报警功能，家电的异常运行监测与控制功能，周围环境的入侵侦测与报警功能。环境控制服务包括智能温控系统、智能空气净化系统和智能照明系统。智能温控系统通过自动调节室内的温度和湿度，提供舒适的居住环境。智能空气净化系统可以实时监测室内空气质量，并自动净化空气，保证室内空气清新。智能照明系统可根据用户的需求自动调节室内光照强度和颜色，提供更舒适、更智能的照明体验。家庭机器人种类繁多，常见的有扫地机器人、智慧音箱和护理机器人。扫地机器人具备路径规划、预约打扫、自动清扫、自动回充等功能，并且多数体积小，可清扫沙发、床底等难以清扫的死角区域，节约了人们的时间。智慧音箱可以通过语音唤醒，执行播放音乐、控制家电、查询信息等指令。护理机器人具有行动辅助、日常生活护理、健康监测和心理支持等功能，可以减轻照顾者的负担，提高老年人与残障人士的生活质量。

图 1-4　智能家居应用场景

3. 智慧医疗

智慧医疗是把现代计算机技术、信息技术应用于整个医疗过程的一种新型的现代化医疗方式，是公共医疗的发展方向和管理目标。智慧医疗设备的出现，大大丰富了医学信息的内涵和容量。从一维信息的可视化，如心电图(ECG)和脑电图(EEG)等重要的电生理信息，到二维信息的可视化，如计算机断层扫描(CT)、磁共振成像(MRI)、彩超、数字 X 射线摄影(DR)等医学影像信息，进而到三维信息的可视化，甚至可以获得四维信息，如实时动态显示的三维心脏，这极大地丰富了医生的诊断技术，使医学进入了一个全新的可视化的信息时代。目前全国许多大型医院已经进行部署并投入使用。

智慧医疗通过无线网络，使医护人员能够随时掌握每个病人的病案信息和最新的诊疗报告，随时随地快速制订诊疗方案。首先，智慧医疗是互联的，经授权的医生能够随时查阅社区病人的病史、病历、治疗措施和保险细则，患者本人也可以自主选择更换医生或者医院。其次，智慧医疗是协作的，可以把信息仓库变成一个可分享的记录，用来构建一个专业综合的医疗网络。智慧医疗是预防的，能够实时地感知、处理和分析重大的医疗事件，从而快速有效地作出响应。再者，智慧医疗是创新的，能够提升知识和过程的处理能力，进一步推动临床创新和研究。最后，智慧医疗是可靠的，能够使社区医生通过搜索、分析和引用大量的科学数据来支持他们的诊断。

4. 智能安防

物联网技术的普及应用，使得城市的安防从过去简单的安全防护系统向城市综合化体系演变。城市的安防项目涵盖众多的领域，有街道社区、楼宇建筑、道路监控、银行邮局、机动车辆、移动物体、船只、警务人员等。特别是针对重要场所，例如机场、水电气厂、桥梁大坝、码头、河道、地铁等，引入物联网技术后就可以通过无线移动、跟踪定位等手段建立全方位的立体防护。它兼顾了整体城市管理系统、环保监测系统、交通管理系统、应急指挥系统等应用的综合体系。特别是随着车联网的兴起，在公共交通管理、车辆事故处理、车辆偷盗防范等方面都可以更加快捷准确地跟踪定位处理。同时还可以随时随地通过车辆获取更加精准的灾难事故信息、道路流量信息、车辆位置信息、公共设施安全信息、气象信息等。目前最典型的城市安防系统包括公安部门的"天网"系统以及交通部门使用的交通违章监控系统。

除此之外，智慧城市中的智慧政务、环境监控、智慧养老等应用也逐步在人们的日常生活中开展起来，未来将为居民提供更加丰富的信息服务。

第2章 信息感知与识别技术

各种个人行为或者社会活动都会产生一定量的数据，比如每个地方的温度、湿度等天气信息，每个人的身体特征信息(如温度、血压等)，全国所有快递的状态，全国所有车辆的位置，等等。通过采集、处理和分析这些数据，可以为社会以及个人提供决策辅助、行为分析，从而影响人们的生活以及社会的运转。因此，有必要对各种有用的数据信息进行采集，并以此为基础为人们所享受的服务提供数据支撑，而对万事万物的信息进行采集可以称之为"感知"。本章首先介绍智慧城市感知识别体系，然后依次介绍与智慧城市相关的感知识别技术，包括传感器技术、自动识别技术、定位技术和智能设备信息采集技术。

2.1 智慧城市感知识别体系

智慧城市和人们的生活息息相关，其中信息感知与识别技术不可或缺。例如，智慧城市中的智慧医疗服务需要各种医疗传感器设备获取人的身体特征信息，智能抄表服务需要智能三表(电表、水表、气表)收集信息，小区门禁系统需要对居民的门禁卡进行识别。由此可见，感知识别体系是智慧城市最基础的组成部分，为智慧城市提供底层支撑，以支持上层智慧城市的服务。可以认为，感知技术是智慧城市的"神经末梢"。

物联网是一种新型的物物互联的网络，感知作为物联网的核心和基础，在整个网络中发挥了重要的作用。位于物联网三层架构最底层的感知层利用射频识别技术、传感器技术等随时随地获取物体的信息。物联网的通信不再仅仅局限于人与人之间的通信和交互，还扩展到了现实世界中物物之间的通信和交互，以及物和人之间的通信和交互。人是具有独立感知能力的生物，而传统的物体虽然能表现出一些特征，但无法直接向人们传递准确有用的信息。物联网感知层解决的就是物理世界和人类世界的数据获取以及数据共享的问题。感知层是物联网架构的基础层面，是物联网发展和广泛应用的基础。物联网中的感知层通过传感器、射频识别、条形码或者二维码、音视频采集器等装置或设备采集物品的信息，并将其交给上层处理，为物联网提供基础支撑。

智慧城市作为物联网的一个典型案例，必须有一套完整的信息感知识别体系。智慧城市中，服务领域有许多，如环境、医疗、交通等，在每一个服务领域中，监测和采集的信息是提供智慧城市服务的基础。智慧城市只有通过信息感知识别体系的支撑，才能获取到丰富且有用的信息以供后台处理分析，从而向城市内广大用户提供便利的智能服务。由于智慧城市应用服务的多样性,因此需要利用物联网感知(如图 2-1 所示)采集大量不同种类的信息(如视频信息、传感器信息等)。

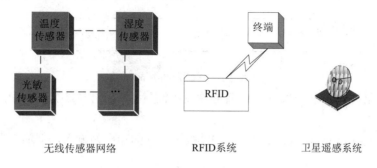

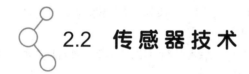

图 2-1 物联网感知

通过信息感知与识别技术,可以实现对物体的感知,让物体"开口说话",从而把物质世界和数字世界有机地联系起来,实现虚拟世界和现实世界的融合。根据硬件设备和感知对象的不同,现今的智慧城市中的信息感知与识别技术主要包括传感器技术、自动识别技术、定位技术和智能设备信息采集技术等。

2.2 传感器技术

传感器技术广泛应用于工业、军事、民用监测领域,如获取工厂中各种工控参数、发射导弹的状态、粮仓中的温湿度信息等。传感器技术同样可以在智慧城市中得到广泛的应用,以提供一些基本的监测信息(如温度信息、湿度信息等)。

2.2.1 传感器概述

1. 传感器的定义

国家标准 GB/T 7665—2005 对传感器的定义是:"能感受被测量并按照一定的规律转换成可用输出信号的器件或装置,通常由敏感元件和转换元件组成"。传感器是一种检测装置,能感受被测量的信息,并能将感受到的信息,按一定规律变换为电信号或其他所需形式的信息输出,以满足信息的传输、处理、存储、显示、记录和控制等要求。

传感器是一种以一定的精确度把被测量转换为与之有确定对应关系的、便于应用的某种物理量的测量装置。它包含以下几个方面的含义:

(1) 传感器是测量装置,能完成检测任务。

(2) 传感器的输入量是某一被测量,该被测量可能是物理量,也可能是化学量、生物量等。

(3) 传感器的输出量是某种物理量,这种物理量要便于传输、转换、处理、显示等,它可以是气、光、电量,但主要是电量。

(4) 输入量和输出量有对应关系,且应有一定的精确度。

2. 传感器的组成

传感器一般由敏感元件、转换元件、转换电路三部分组成，如图 2-2 所示。

图 2-2　传感器的组成

(1) 敏感元件(Sensitive Element)：直接感受被测量，并输出与被测量有确定关系的某一物理量。

(2) 转换元件(Transduction Element)：以敏感元件的输出为输入，把输入量转换成电路参数。

(3) 转换电路(Transduction Circuit)：输入上述电路参数，并将其转换成电量输出。

实际上，有些传感器很简单，仅由一个敏感元件(兼作转换元件)组成，它感受被测量时直接输出电量，如热电偶。有些传感器由敏感元件和转换元件组成，但缺失转换电路。有些传感器，转换元件不止一个，电量的输出要经过若干次转换。

3. 传感器的基本特性

传感器是实现自动检测和自动控制的基础。传感器的特点包括：微型化、数字化、智能化、多功能化、系统化、网络化。

在实际部署过程中，传感器的基本特性可以分为静态特性和动态特性。

1) 传感器的静态特性

传感器的静态特性是指检测系统的输入信号为不随时间变化的恒定信号时，系统的输出量与输入量之间的关系。因为这时输入量与输出量都和时间无关，所以它们之间的关系，即传感器的静态特性可用一个不含时间变量的代数方程表示，或用以输入量为横坐标、以与其对应的输出量为纵坐标而画出的特性曲线来描述。表征传感器静态特性的主要参数有线性度、灵敏度、迟滞、重复性、漂移等。

(1) 线性度：指传感器的输出量与输入量之间的实际特性曲线偏离拟合直线的程度。定义为在全量程范围内实际特性曲线与拟合直线之间的最大偏差值与满量程输出值之比。

(2) 灵敏度：传感器静态特性的一个重要指标。其定义为输出量的增量与引起该增量的相应输入量增量之比。用 S 表示灵敏度，即

$$S = \frac{\Delta y}{\Delta x} \tag{2-1}$$

(3) 迟滞：指传感器在输入量由小到大(正行程)及输入量由大到小(反行程)变化期间，其输入输出特性曲线不重合的现象。对于同一大小的输入信号，传感器的正、反行程输出信号大小不相等，这个差值称为迟滞差值。传感器在全量程范围内最大的迟滞差值 $\Delta H_{\max}$ 与满量程输出值 Y_{FS} 之比称为迟滞误差，用 γ_H 表示，即

$$\gamma_H = \frac{\Delta H_{\max}}{Y_{FS}} \tag{2-2}$$

(4) 重复性：指传感器在输入量按同一方向做全量程连续多次变化时，所得特性曲线不一致的程度。重复性误差(γ_R)属于随机误差，常用标准偏差 σ 计算，也可用正、反行程中

最大重复差值 ΔR_{max} 计算，即

$$\gamma_R = \pm \frac{(2 \sim 3)\sigma}{Y_{FS}} \times 100\% \tag{2-3}$$

或

$$\gamma_R = \pm \frac{\Delta R_{max}}{Y_{FS}} \times 100\% \tag{2-4}$$

(5) 漂移：指在输入量不变的情况下，传感器输出量随着时间变化的现象。产生漂移的原因有两个方面：一是传感器自身结构参数；二是周围环境(如温度、湿度等)。温度漂移通常用传感器的工作环境温度偏离标准环境温度(一般为 20℃)时的输出值的变化量与温度变化量之比(ξ)来表示，即：

$$\xi = \frac{y_t - y_{20}}{\Delta t} \tag{2-5}$$

式中，Δt 为工作环境温度 t 与标准环境温度 t_{20} 之差，即 $\Delta t = t - t_{20}$；y_t 为传感器在环境温度 t 下的输出。

2) 传感器的动态特性

所谓动态特性，是指传感器在输入变化时，它的输出的特性。在实际工作中，传感器的动态特性常用它对某些标准输入信号的响应来表示。这是因为传感器对标准输入信号的响应容易用实验方法求得，并且它对标准输入信号的响应与它对任意输入信号的响应之间存在一定的关系，往往知道了前者就能推定后者。最常用的标准输入信号有阶跃信号和正弦信号两种，所以传感器的动态特性常用阶跃响应和频率响应来表示。

(1) 阶跃响应：指一个系统在接收到单位阶跃信号时，所产生的输出响应。在传感器中，阶跃响应通常被用来衡量传感器对输入信号的响应速度和灵敏度。通过观察其响应曲线的特点，可以判断传感器对某变化的响应时间、灵敏度等性能指标是否满足要求，进而优化传感器的设计和应用。

(2) 频率响应：指一个系统对不同频率的输入信号的响应能力。这个系统可以是电子电路、音响设备、传感器、控制系统等。在传感器中，频率响应通常用幅频响应曲线来表示，该曲线可以显示传感器输出信号随着输入信号频率的变化而发生的变化情况。通常情况下，传感器具有一定的工作范围，对于超出这个工作范围的频率信号，则会产生失真等各种问题。

2.2.2　传感器的分类

通常，一种传感器可以检测多种参数，一种参数又可以用多种传感器测量，所以传感器的分类方法有很多，归纳起来一般有以下几种。

1. 按传感器的工作原理分类

这是传感器最常见的分类方法，这种分类方法将物理、化学、生物等学科的原理、规律和效应作为分类的依据，有利于对传感器工作原理的阐述和对传感器的深入研究与

分析。

按照传感器工作原理的不同,可将传感器分为电参数式传感器(包括电阻式、电感式和电容式传感器)、压电式传感器、光电式传感器(包括一般光电式、光纤式、激光式和红外式传感器等)、热电式传感器、半导体式传感器、波式和辐射式传感器等。这些类型的传感器大部分是基于其各自的物理效应原理命名的。常见的传感器如图2-3、图2-4所示。

图2-3　电容式传感器和压电式传感器

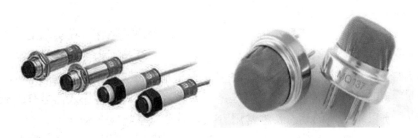

图2-4　光电式传感器和半导体式传感器

2. 按被测量的性质分类

按被测量的性质,可将传感器分为温度传感器、湿度传感器、压力传感器、位移传感器、力传感器、加速度传感器等。这种分类方法有利于准确地表达传感器的用途,对人们系统地使用传感器很有帮助。为更加直观、清晰地表述各类传感器的用途,将种类繁多的被测量分为基本被测量和派生被测量。对于各派生被测量的测量亦可通过对基本被测量的测量来实现。

3. 按结构分类

按传感器的结构构成,可将传感器分为结构型传感器、物性型传感器和复合型传感器。

结构型传感器依靠传感器结构参数(如形状、尺寸等)的变化,利用物理规律,实现信号的变换,从而检测出被测量。例如,图2-3中的电容式传感器就是一种典型的结构型传感器。它是目前应用最多、最普遍的传感器。这类传感器的特点是其性能以传感器中元件相对结构(位置)的变化为基础,而与其材料特性关系不大。

物性型传感器则是利用某些功能材料本身所具有的内在特性及效应将被测量直接转换成电量的传感器。比如图2-4中的光电式传感器就是一种典型的物性型传感器;又例如,热电偶传感器就是利用金属导体材料的温差电动势效应和不同金属导体间的接触电动势效应实现对温度的测量的；而利用压电晶体制成的压力传感器则是利用压电材料本身所具有的压电效应实现对压力的测量的。这类传感器的"敏感元件"就是材料本身，无所谓"结构变化"，因此，通常具有响应速度快的特点，而且易于实现小型化、集成化和智能化。

复合型传感器则是结构型和物性型传感器的组合，同时兼有二者的特征。

4. 按能量转换关系分类

按照传感器的能量转换情况，可将传感器分为能量控制型和能量转换型传感器两大类。

能量控制型传感器变换的能量是由外部电源供给的，而外界的变化(即传感器输入量的变化)只起到控制的作用。如电阻、电感、电容等电参数式传感器(如图 2-3 中的电容式传感器)和霍尔传感器等都属于这一类传感器。

能量转换型传感器主要由能量变换元件构成，它不需要外接电源。如基于压电效应、热电效应、光电效应等的传感器都属于此类传感器(如图 2-4 中的光电式传感器)。

此外，根据传感器的使用材料，也可以将传感器分为半导体传感器、陶瓷传感器、金属材料传感器、复合材料传感器、高分子材料传感器等；根据应用领域的不同，还可将传感器分为工业用、农用、民用、医用及军用传感器等；根据具体的使用目的，又可将传感器分为测量用、监视用、检查用、诊断用、控制用和分析用传感器等。

2.2.3 传感器的基本应用

通常，人类要从外界获取信息只能依赖自身的感觉器官，但是随着人们生活水平的提高和科学技术的发展，仅靠自身感觉器官获得的信息已经不足以满足人类的需求，而为了满足这种需求，传感器这一代替人类感觉器官的设备就应运而生。

随着新技术革命的到来，世界开始进入信息时代。在利用信息的过程中，首先要解决的是如何获取准确可靠的信息，而传感器就是获取自然和生产领域中信息的主要途径与手段。在现代工业生产尤其是自动化生产过程中，要用各种传感器来监视和控制生产过程中的各个参数，使设备在正常状态或最佳状态下工作，并使产品达到最好的质量。因此可以说，没有众多优良的传感器，现代化生产也就失去了基础。

在基础学科的研究中，传感器也具有突出的地位。同时，随着现代科学技术的发展，出现了许多新领域，例如在宏观上要观察上千光年的茫茫宇宙，在微观上要观察小到飞米(fm，1 fm =0.001 pm)的粒子世界，在纵向上要观察长达数十万年的天体演化，短到秒的瞬间反应。此外，还出现了对深化物质认识、开拓新能源和新材料等具有重要作用的各种极端技术研究，如超高温、超低温、超高压、超高真空、超强磁场、超弱磁场等。显然，要获取大量人类感官无法直接获取的信息，没有相适应的传感器是不可能的。许多基础科学研究的障碍，首先就在于对象信息的获取存在困难，而一些新机理和高灵敏度的检测传感器的出现，往往会促进该领域内的突破。一些传感器的发展，往往是一些边缘学科开发的先驱。

传感器早已渗透到诸如工业生产、宇宙开发、海洋探测、环境保护、资源调查、医学诊断、生物工程、文物保护等等极其广泛的领域。可以毫不夸张地说，从茫茫的太空，到浩瀚的海洋，以至各种复杂的工程系统，几乎每一个现代化项目，都离不开各种各样的传感器。

由此可见，传感器技术在发展经济、推动社会进步方面的重要作用，是十分明显的。另外，传感器在智慧城市的建设中也发挥着重要的作用，对于周围环境数据的监测与采集都需要利用传感器，多种多样的传感器也可以满足各个领域的不同的信息需求。接下来介绍传感器在一些主要领域中的应用。

1. 工业生产

传感器在工业自动化生产中占有极其重要的地位。在石油、化工、电力、钢铁、机械等加工工业中，传感器在各工作岗位上发挥着相当于人类感觉器官的作用，它们每时每刻按需要完成对各种信息的检测，再把测得的大量信息通过自动控制、计算机处理等进行反馈，用以进行生产过程、质量、工艺管理与安全方面的控制。在自动控制系统中，电子计算机与传感器的有机结合在实现控制的高度自动化方面起到了关键的作用。

2. 智慧医疗

利用无线传感器网络的低成本、低能耗和网络自组织等特点，可以组建无线数字化社区网络。比如现在大家都很关心的独居老人的健康监测问题，利用无线传感器，可以制作一些小巧的可佩戴装置，为社区内的老人佩戴，这样在家或小区里就可以把心跳速率和血氧饱和度等生命体征数据，通过分布在家里或小区各个角落的无线传感器网络路由节点，以无线通信的方式发送至社区卫生保健计算机监控中心或通过计算机网络发送至远程医院计算机监护中心。这样监控中心的医生就可以远程监控整个被监测社区内需护理的人群，根据需要把获取的相关生理数据进行在线显示、分析或统计，掌握病人的病情，一旦发现某一个被监控人病情异常，则可通过手机短信方式告知病人、家属和相关主治医生。并且，随着医用电子学的发展，应用医用传感器可以对人体的表面和内部温度、血压及腔内压力、血液及呼吸流量、肿瘤、血液的分析、脉搏及心音、心脑电波等进行高难度的诊断，提高了诊断的准确性。

3. 智慧汽车

目前，传感器在汽车上的应用已经不再局限于对行驶速度、行驶距离、发动机旋转速度及燃料剩余量等有关参数的测量。由于汽车交通事故的不断增多和汽车对环境的危害，传感器在一些新的设施(如汽车安全气囊系统、防盗装置、防滑控制系统、防抱死装置、电子变速控制装置、排气循环装置、电子燃料喷射装置及汽车"黑匣子"等)上得到了实际应用。可以预测，随着汽车电子技术和汽车安全技术的发展，传感器在汽车领域的应用将会更加广泛。

4. 智能家居

信息化现代家庭中普遍应用着传感器。传感器在电子炉灶、自动电饭锅、吸尘器、空调器、电子热水器、热风取暖器、风干器、报警器、电熨斗、电风扇、游戏机、电子驱蚊器、洗衣机、洗碗机、照相机、电冰箱、彩色电视机、录像机、录音机、收音机、电唱机及家庭影院等方面得到了广泛的应用。

随着人们生活水平的不断提高，人们对提高家用电器产品的功能及自动化程度的要求极为强烈。为满足这些要求，首先要使用能检测模拟量的高精度传感器，以获取正确的控制信息，再由微型计算机进行控制，使家用电器的使用更加方便、安全、可靠，并减少能源消耗，为更多的家庭创造一个舒适的生活环境。

目前，家庭自动化的蓝图正在设计之中。未来的家庭将作为中央控制装置的微型计算机，通过各种传感器代替人监视家庭的各种状态，并通过控制设备进行各种控制。家庭自动化的主要内容包括安全监视与报警、空调及照明控制、耗能控制、太阳光自动跟踪、家务劳动自动化等。家庭自动化的实现，可使人们有更多的时间用于学习、教育或休息娱乐。

5. 环境保护

目前，大气污染、水质污浊及噪声已严重地破坏了地球的生态平衡和我们赖以生存的环境，这一现状引起了世界各国的重视。为保护环境，利用传感器制成的各种环境监测仪器正在发挥着积极的作用。

6. 城市环境监测

同样，传感器也可应用于现代智慧城市之中，比如自来水在线监测可以实现余(总)氯、浊度、电导率、pH 等指标的在线监测，确保居民喝到环保无污染的自来水。环境空气质量监测实现了对 PM2.5、PM10、O_3(臭氧)、SO_2(二氧化硫)、NO_x(氮氧化物)、CO(一氧化碳)的监测，将最新数据直接送到百姓家门口。智慧环保落地于智慧城市，让人们的生活更智慧，也更安心。

2.3　自动识别技术

自动识别技术是以计算机技术和通信技术为基础的综合性科学技术，是将信息数据自动识读、自动输入计算机的重要方法和手段。自动识别技术提供了快速、准确地进行数据采集输入的有效手段，实现了数据的快速读取，解决了手工输入速度慢且容易出错的问题。目前，自动识别技术已经在人们的日常生活和工作中得到了广泛的应用。本节将重点介绍语音识别技术、生物特征识别技术、图像识别技术、一维条码识别技术、二维码识别技术、RFID 技术以及 IC 卡技术等主流识别技术。

2.3.1　语音识别技术

语音识别，又可以称为自动语音识别(Automatic Speech Recognition，ASR)，目标是将人类的语音中的词汇内容转换为计算机可读的输入。其应用主要包括语音拨号、语音导航、室内设备控制、语音文档检索、简单的听写数据录入等。目前，语音识别技术已经发展成为涉及统计模式、数字信号处理、概率论、声学、语言学、人工智能等多学科交叉的综合性技术。

1. 工作模型

目前，主流的大词汇量语音识别系统多采用统计模式识别技术。典型的基于统计模式识别技术的语音识别系统由信息处理及特征提取、发音词典、统计声学模型、语言模型、解码器五个模块组成，如图 2-5 所示。

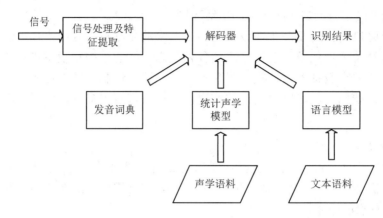

信号 → 信号处理及特征提取 → 解码器 → 识别结果

发音词典　统计声学模型　语言模型

声学语料　　文本语料

图 2-5　语音识别技术原理

（1）信号处理及特征提取。信号处理及特征提取的主要任务是从输入语音信号中提取声学特征，并对环境噪声、通话信道、说话人声道特征等进行归一化和补偿，得到声学建模和匹配的特征。

（2）发音词典。发音词典包含系统所能处理的词汇集及其音素序列，发音词典实际提供了声学模型建模单元与语言模型建模单元间的关联映射。

（3）统计声学模型。统计建模的方法已经被成功地应用到了语音识别技术中。主流的语音识别系统一般都采用基于高斯混合分布隐马尔可夫模型(Gaussian Mixture Model Hidden Markov Model，GMM-HMM)进行建模，最新的有基于深层神经网络隐马尔可夫模型(Deep Neural Network Hidden Markov Model，DNN-HMM)的声学模型，对数千小时语料进行统计建模，有效覆盖发音特征分布。

（4）语言模型。语言模型对系统所针对的语言领域进行建模，采用高阶 N 元语法(N-gram)和回归神经网络(Recurrent Neural Network，RNN)，对海量文本数据(TB 级语料)进行统计建模。

（5）解码器。解码器是语音识别系统的核心之一，利用最先进的加权有限状态转换(Weighted Finite-State Transducer，WFST)技术，将声学模型、发音词典、语言模型进行有效整合，并以最有效的方式，对输入的语音信号特征进行搜索和匹配，找到统计意义下最匹配的词串作为识别结果。

2. 工作原理

语音识别技术有三个基本原理：第一，语音信号中的语言信息是按照短时幅度谱的时间变化模式来编码的；第二，语音是可以阅读的，即它的声学信号可以在不考虑说话人试图传达的信息内容的情况下用数十个具有区别性的、离散的符号来表示；第三，语音交互是一个认知过程，因而不能与语言的语法、语义和语用结构割裂开来。

语音识别系统可以分为：特定人与非特定人的识别、独立词与连续词的识别、小词汇量与大词汇量以及无限词汇量的识别。但无论哪种语音识别系统，其基本原理和处理方法都大体类似。

如图 2-6 所示，语音识别过程主要包括语音信号的预处理、特征提取、模式匹配几个部分。预处理包括预滤波、采样和量化、加窗、端点检测、预加重等过程。语音信号识别最重要的环节就是特征参数提取。提取的特征参数必须满足以下的要求：

(1) 提取的特征参数能有效地代表语音特征，具有很好的区分性；

(2) 各参数之间有良好的独立性；

(3) 特征参数要计算方便，最好有高效的算法，以保证语音识别的实时实现。

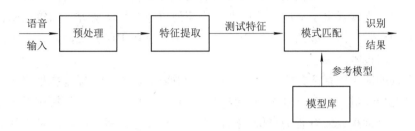

图 2-6　语音识别过程

语音识别系统的构建过程整体上包括两大部分：训练和识别。训练过程通常是离线完成的，对预先收集好的海量语音、语言数据库进行信号处理和知识挖掘，以获取语音识别系统所需要的"声学模型"和"语言模型"；而识别过程通常是在线完成的，对用户实时的语音进行自动识别。识别过程通常又可以分为"前端"和"后端"两大模块。"前端"模块的主要作用是进行端点检测(去除多余的静音和非说话声)、降噪、特征提取等；"后端"模块的作用是利用训练好的"声学模型"和"语言模型"对用户说话的特征向量进行统计模式识别(又称"解码")，得到其包含的文字信息。此外，"后端"模块还存在一个"自适应"的反馈模块，可以对用户的语音进行自学习，从而对"声学模型"和"语音模型"进行必要的"校正"，进一步提高识别的准确率。但是传统语音识别的应用存在限制，只有在特定条件下才能够正常识别，而如果存在方言或周围环境噪声过大的情况，那么将会严重地影响识别。因此设计融入了自适应、理解纠错、智能反馈的机器学习技术，能够实现"深度理解"和"自动纠错"，使得识别准确度更高。

2.3.2　生物特征识别技术

生物特征识别技术指的是利用可以测量的人体生物学或行为学特征来核实个人身份的一种技术。这里的生物特征通常具有唯一的(与他人不同)、可以测量或可自动识别和验证、遗传性或终身不变等特点。生物特征识别的核心就在于如何获取这些生物特征，并将其转换为数字信息，存储于计算机中，利用可靠的匹配算法来完成验证与识别个人身份。生物特征识别技术是目前最为方便与安全的识别技术，无须复杂的密码，也无须随身携带钥匙、门卡之类的物品。生物特征识别技术认定的是某个人本身，这使得这种认证方式更加安全和方便。

人体生物学特征包括指纹、静脉、掌型、视网膜、虹膜、人体气味、脸型、DNA、骨骼等；行为学特征则包括签名、语音、行走步态等。生物识别系统对生物特征进行取样，提取唯一的特征并将其转化成数字代码，进一步将这些代码组成特征模板。当人们同生物识别系统交互进行身份认证时，生物识别系统将获取的特征与数据库中的特征模板进行比对，以确定二者是否匹配，从而决定接受或拒绝服务请求。

其中，指纹识别技术、虹膜识别技术和人脸识别技术是目前应用最为广泛的 3 种生物特征识别技术。

1. 指纹识别技术

指纹识别技术主要是指根据人体指纹的纹路、细节特征等信息对操作或被操作者进行身份鉴定。得益于现代电子集成制造技术和快速而可靠的算法研究，指纹识别技术已经开始走入我们的日常生活，成为目前生物特征识别技术领域中研究最深入、应用最广泛、发展最成熟的一门技术。

指纹识别的应用包括两方面：指纹验证和指纹辨识。指纹验证是指把采集到的指纹与一个登记过的指纹进行比对，以对个人身份进行验证。指纹辨识则是指在不确定指纹所属者的情况下，查询指纹所有者的身份。简而言之，指纹验证回答的问题是"他是他自称的这个人吗"，而指纹辨识回答的问题是"他是谁"。

图 2-7 是指纹识别原理图。指纹识别主要涉及以下四个部分：读取指纹图像、提取特征、保存数据和比对。在一开始，通过指纹读取设备读取人体指纹的图像，读取到指纹图像之后，要对原始图像进行初步的处理，使之更清晰。接下来，指纹辨识软件建立指纹的数字表示——特征数据，这是一种单方向的转换，可以从指纹转换成特征数据但不能从特征数据转换成指纹，而且两枚不同的指纹不会产生相同的特征数据。有的算法把节点和方向信息组合，由此产生了更多的数据，这些方向信息表明了各个节点之间的关系，也有算法处理整幅指纹图像。总之，这些数据通常称为模板，保存为 1 KB 大小的记录。需要注意的是，无论它们是怎样组成的，至今仍然没有一种标准的模板，也没有一种公布的抽象算法。最后，通过计算机模糊比较的方法，把两枚指纹的模板进行比较，计算出它们的相似程度，最终得到两枚指纹的匹配结果。

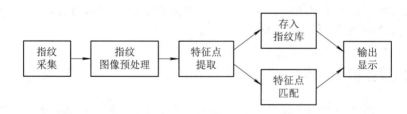

图 2-7　指纹识别原理图

目前，从实用的角度看，指纹识别技术是优于其他生物特征识别技术的身份鉴别方法。这是因为指纹各不相同、终身基本不变的特点已经得到公认，而且近二三十年的警用指纹自动识别系统的研究和实践也为指纹自动识别打下了良好的技术基础。特别是现有的指纹自动识别系统已达到操作方便、准确可靠、价格适中的阶段，是实用化的生物测定方法。

在计算机系统中，指纹识别可以用于开机登录时的身份确认，远程网络数据库的访问权限及身份的确认，银行储蓄防冒领及通存通兑的加密方法，保险行业中投保人的身份确认，期货证券提款人的身份确认，医疗卫生系统中医疗保险人的身份确认，等等。还可以将指纹信息记录在具有特殊用途的卡或证件(如信用卡、医疗卡、会议卡、储蓄卡、驾驶证、准考证、护照等)上，通过现场比对，可以防止冒充等欺诈行为。

2. 虹膜识别技术

人的眼睛由巩膜、虹膜、瞳孔三部分构成。虹膜是位于黑色瞳孔和白色巩膜之间的圆环状部分，它包含很多相互交错的斑点、细丝、冠状、条纹、隐窝等细节特征。虹膜的形成由遗传基因决定，人体基因表达决定了虹膜的形态、生理、颜色和总的外观。人发育到八个月左右时，虹膜就基本上发育到了足够尺寸，进入了相对稳定的时期。只有极少见的反常状况、身体或精神上大的创伤才可能造成虹膜外观上的改变，通常虹膜形貌可以保持数十年没有多少变化。另外，虹膜是外部可见的，但同时又属于内部组织，位于角膜后面。要改变虹膜外观，需要做非常精细的外科手术，而且要冒着视力损伤的危险。虹膜的高度独特性、稳定性及不可更改的特点，是虹膜可用于身份鉴别的物质基础。这些特征决定了虹膜的唯一性，同时也决定了身份识别的唯一性。

从直径 11 mm 的虹膜上，可以使用相关算法用 3.4 个字节的数据来代表每平方毫米的虹膜信息，这样，一个虹膜约有 266 个量化特征点，而一般的生物特征识别技术只有 13 个到 60 个特征点。在生物特征识别技术中，这个特征点的数量是相当大的。

虹膜识别技术的关键同样在于特征提取和分析。虹膜的定位可在 1 秒内完成，产生虹膜代码的时间也仅需 1 秒，数据库的检索时间也相当快。但处理器速度是大规模检索的一个瓶颈，另外网络和硬件设备的性能也制约着检索的速度。由于虹膜识别技术采用的是单色成像技术，因此很难把它从瞳孔的图像中分离出来。但是虹膜识别技术所采用的算法允许图像质量在某种程度上有所变化。相同的虹膜所产生的虹膜代码有 25%的变化，这听起来好像是这一技术的致命弱点，但在识别过程中，这种虹膜代码的变化只占整个虹膜代码的 10%，即它所占代码的比例是相当小的。

在包括指纹识别技术在内的所有生物特征识别技术中，虹膜识别技术是当前应用最为方便和精确的一种技术。虹膜识别技术被认为是 21 世纪最具有发展前途的生物认证技术，未来在安防、国防、电子商务等多个领域的应用上，也必然会以虹膜识别技术为重点。这种趋势已经在全球各地的各种应用中逐渐开始显现出来，市场应用前景非常广阔。

3. 人脸识别技术

人脸与人体的其他生物学特征(指纹、虹膜等)一样是与生俱来的，它的唯一性和不易被复制的良好特性为身份鉴别提供了必要的前提。与其他类型的生物特征识别技术相比，人脸识别技术具有如下特点。

(1) 非强制性：用户不需要专门配合人脸采集设备，设备可以在用户无意识的状态下获取人脸图像。

(2) 非接触性：设备不需要和用户直接接触就能获取人脸图像。

(3) 并发性：在实际应用场景下可以进行多个人脸的分拣、判断及识别。

除此之外，人脸识别技术还符合视觉特性，即"以貌识人"的特性，以及具有操作简单、结果直观、隐蔽性好等特点。

人脸识别原理如图 2-8 所示。人脸识别系统主要包括四个组成部分：人脸图像采集及检测、人脸图像预处理、人脸图像特征提取以及匹配与识别。

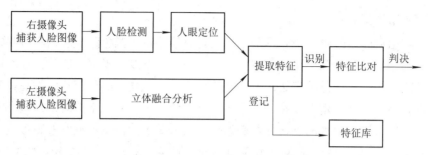

图 2-8　人脸识别原理

(1) 人脸图像采集及检测。

人脸图像采集：不同的人脸图像都能通过摄像头被采集。当用户在采集设备的拍摄范围内时，采集设备会自动搜索并拍摄用户的人脸图像。

人脸检测：在实际应用中人脸检测主要用于人脸识别的预处理，即在图像中准确标定出人脸的位置和大小。人脸图像中包含的模式特征十分丰富，如直方图特征、颜色特征、模板特征、结构特征及 Haar 特征等。人脸检测就是把其中有用的信息挑出来，并利用这些特征实现人脸检测。

(2) 人脸图像预处理。

人脸图像的预处理是基于人脸检测结果，对图像进行处理并最终服务于特征提取的过程。由于系统获取的原始图像受到各种条件的限制和随机干扰，往往不能直接使用，因此必须在图像处理的早期阶段对它进行灰度校正、噪声过滤等图像预处理。对于人脸图像而言，其预处理过程主要包括人脸图像的光线补偿、灰度变换、直方图均衡化、归一化、几何校正、滤波以及锐化等。

(3) 人脸图像特征提取。

人脸图像特征提取，又称人脸表征，它是对人脸进行特征建模的过程。人脸图像特征提取的方法归纳起来分为两种：一种是基于知识的表征方法；另外一种是基于代数特征或统计学习的表征方法。接下来主要介绍基于知识的表征方法。

基于知识的表征方法主要是根据人脸器官的形状描述以及他们之间的距离特性来获得有助于人脸分类的特征数据，其特征分量通常包括特征点间的欧氏距离、曲率和角度等。人脸由眼睛、鼻子、嘴、下巴等部分构成，对这些部分和它们之间结构关系的几何描述，可作为识别人脸的重要特征，这些特征被称为几何特征。基于知识的人脸表征方法主要包括基于几何特征的方法和模板匹配法。

(4) 人脸图像匹配与识别。

人脸识别就是将待识别的人脸特征与已得到的人脸特征模板进行比较，根据相似程度对人脸的身份信息进行判断。这一过程又分为两类：一类是确认，即一对一进行图像比较的过程；另一类是辨认，即一对多进行图像匹配对比的过程。

人脸识别的优势在于其具有自然性和不被被测个体察觉的特点。所谓自然性，是指该识别方式同人类(甚至其他生物)进行个体识别时所利用的生物特征相同。人脸识别就是通过观察比较人脸来区分和确认身份的。不被察觉的特点会使该识别方法不令人反感，并且因为不容易引起人的注意而不易被欺骗。

众所周知，相同的人在不同的年龄阶段其人脸是不断变化的，若数据库没有及时更新，则可能发生识别不准确的情况。人脸在不同环境下(包括不同背景、不同灯光和不同的表情下)也是不一样的,在这种情况下要想准确识别简直难如登天,但是这些都是真实存在的情况,在图像采集的时候出现不配合的情况也确实会存在,在这种情况下对人脸识别算法的要求比较高。

作为最容易隐蔽使用的自动识别技术,人脸识别成为当今国际反恐和安全防范最重要的手段之一。国际银行组织、国际民间航空组织(ICAO)的生物特征识别护照的标准中规定:必选的特征是人脸,可选的特征是指纹、虹膜或者在其他特征中任选一种。目前,我国在已有的监狱、口岸、银行等地方已经在用人脸识别系统,并且在布控排查、犯罪嫌疑人识别、人像鉴定以及重点场所门禁等领域取得了良好的应用效果。

2.3.3 图像识别技术

图像识别技术是指利用计算机对图像进行处理、分析和理解,以识别各种不同模式的目标和对象的技术。

1. 工作原理

在计算机视觉识别系统中,图像内容通常用图像特征进行描述。事实上,基于计算机视觉的图像检索可以分为类似文本搜索引擎的三个步骤:提取特征、建索引和查询。

如图 2-9 所示,图像识别的过程分为五部分:图像信息获取、图像预处理、图像特征提取、分类和匹配。

图 2-9　图像识别流程图

(1) 图像信息获取。将采集的图像输入计算机进行处理是图像识别的首要步骤。

(2) 图像预处理。为了减少后续算法的复杂度和提高效率,图像预处理是必不可少的。图像预处理可分为图像分割、图像增强、图像二值化和图像细化等几个部分。其中图像分割是将图像区与背景分离,从而避免在没有有效信息的区域进行特征提取,加速后续处理的速度,提高图像特征提取和匹配的精度;图像增强的目的是改善图像质量,恢复其原来的结构;图像二值化是将图像从灰度图像转换为二值图像;图像细化是把清晰但不均匀的二值图像转化成线宽仅为一个像素的点线图像。

(3) 图像特征提取。图像特征提取负责把能够充分表示该图像唯一性的特征用数值的形式表达出来。尽量保留真实特征,剔除虚假特征。

(4) 分类。在图像识别系统中,输入计算机的图像要与数百甚至上千个图像进行匹配,为了减少搜索时间、降低计算的复杂度,需要将图像以一种精确一致的方法分配到不同的图像库中。

(5) 匹配。图像匹配是在图像预处理和图像特征提取的基础上,将当前输入的测试图像特征与事先保存的模板图像特征进行比对,通过它们之间的相似程度,判断这两幅图像是否一致。

2. 常用算法

图像识别技术是现在应用非常广泛的技术，针对不一样的图像，有不一样的图像识别算法。比如识别人脸图像时，通常需要进行图像降维处理，这时常采用 PCA(Principal Component Analysis，主成分分析)算法、LDA(Linear Discriminant Analysis，线性判别分析)算法等。另外，根据处理的图像的不同，可将图像识别算法分为静态对象识别算法和动态对象识别算法。图像识别由于其处理对象的特殊性，经常需要根据处理对象来适应性地选择算法。

3. 技术应用

图像识别技术是立体视觉、运动分析、数据融合等实用技术的基础，在导航、地图与地形配准、自然资源分析、天气预报、环境监测、生理病变研究等许多领域具有重要的应用价值，在智慧城市中也有着极为广泛的应用。现在很多社区都有与图像识别技术相对应的安保措施。比如许多现代化小区都有的智能门禁系统，可以通过图像识别技术对已登记的住户车牌进行识别，实现对住户车辆自动放行，或者智能收取停车费用等功能，有效保证小区安全的同时也提高了工作的效率。另外，图像识别技术在公安系统中也有非常重要的应用价值，比如针对一些案件，警察可以通过将嫌疑人的监控画面与公安系统资料库中的图片进行比对识别，快速确定嫌疑人身份，让破案更有效率。

2.3.4　一维条码识别技术

条码识别技术是在计算机和信息技术的基础上产生和发展起来的集编码、识别、数据采集、自动录入和快速处理等功能于一体的新兴信息技术。条码识别技术具有输入快、准确度高、成本低、可靠性强等优点。正因其独特的技术性能，条码识别技术广泛应用于邮政、图书管理、仓储、工业生产过程控制、交通等领域，迅速地改变着人们的工作方式和生产作业管理，极大地提高了生产效率。

条码按照不同的分类方法可以分为很多种，主要依据条码的编码结构和条码的性质来决定。如按照维数可以将条码分为一维条码、二维条码和三维条码。本节着重介绍一维条码的相关知识。

条码技术研究的内容包括两个方面：一是如何将数据信息存储在条码中，二是如何将条码中的数据读取出来，并转换为计算机可以识别的数据。条码技术包括条码的编码技术、条码标识符号的设计、快速识别技术和计算机管理技术，它是实现计算机管理和电子数据交换必不可少的前端采集技术。

1. 条码的起源和发展

条码技术最早产生在 20 世纪 20 年代，但世界上第一个条码专利纪录诞生于 20 世纪40 年代。当时美国两位工程师研究用条码表示信息，这种最早的条码由几个黑色和白色的同心圆组成，被形象地叫作牛眼式条码。

1966 年，IBM 公司和 NCR 公司在调查了商店销售结算中使用扫描器和计算机的可行性的基础上推出了世界上首套条码技术应用系统。1972 年美国统一代码委员会(Uniform Code Council，UCC)将通用商品代码(Universal Product Code，UPC)作为统一的商品代码，用于商品标识，并且确定 UPC 条码作为条码标准在美国和加拿大普遍应用。这一措施为今后商品条码的统一和广泛应用奠定了基础。

到了 20 世纪 80 年代后期，一种能够在更小面积上表示更多信息的新条码产生了，这就是二维条码。二维条码在平面的横向和纵向上都能表示信息，因此携带的信息量和信息密度都提高了几倍。二维条码可表示图像、文字，甚至声音。二维条码的出现，使条码技术从简单地标识物品转化为描述物品，其功能发生了质的变化，条码技术的应用领域也就扩大了。

随着科技的不断发展和进步，条码技术发展得越来越成熟，现在市场上的条码有将近 300 种。从 20 世纪 70 年代至 2016 年，条码技术及其应用都得到了快速的发展，从一维条码到二维条码，条码介质从传统的纸质发展到特殊介质。

2. 一维条码的分类

一维条码指的是通常所说的条形码，如图 2-10 所示。一维条码由一组规则排列的条、空以及对应的字符组成，常用作商品、包裹、文档等物品的唯一标识。从应用上可以将其分为商品条码和物流条码，商品条码包括 EAN 码和 UPC 码，物流条码包括 Code 39 码、Code 128 码、ITF 码和库德巴码等。下面是各类一维条码的详细介绍。

图 2-10　条形码示意图

(1) EAN 码。EAN 码是一种常用于标识商品的一维条码。它由 13 个数字组成，包含商品制造商代码、产品代码和校验码等信息。EAN 码可以在全球范围内使用，并且大多数商店和超市都支持读取该类型的条码。

(2) UPC 码。UPC 码是一种在北美地区广泛使用的一维条码，常用于标识商品。它由 12 个数字组成，其中包括商品制造商代码、产品代码和校验码。

(3) Code 39 码。Code 39 码是一种字符集较小的一维条码，适用于标识字母、数字和一些特殊字符。它由宽度不同的黑色条和白色空格组成，可以容纳大约 43 个字符。Code 39 码广泛应用于物流和库存管理领域。

(4) Code 128 码。Code 128 码是一种高密度的一维条码，相较 Code 39 码可以容纳更多的字符。它由符号字符、校验字符和起始/停止字符组成，可以用于标识商品、文档和货物等。Code 128 码也被广泛应用于物流和库存管理领域。

(5) ITF 码。ITF 码是一种用于标识运输中的商品和包装的一维条码。它由 14 个数字组成，包括商品制造商代码、产品代码和校验码。ITF 码通常用于标识托盘、箱子和包裹等大件物品。

(6) 库德巴码。库德巴码由数字 0~9、字母 A~D 和特殊字符(如-, $, /, +, .)组成。它的特点是字符集较小、密度较低，通常用于标识图书馆书籍、邮件、医院标本等。由于它不能表示校验位，其可靠性相对较低，因此不常用于商品标识。

3. 一维条码的识别原理

一维条码是由宽度不同、反射率不同的条和空，按照一定的编码规则(码制)编制成的，用以表达一组数字或字母符号信息的图形标识符。常见的条形码是由反射率相差很大的黑条(简称条)和白条(简称空)组成的。

不同颜色的物体，其反射的可见光的波长不同，白色物体能反射各种波长的可见光，黑色物体则吸收各种波长的可见光。当条形码扫描器光源发出的光经光阑及凸透镜，照射到黑白相间的条形码上后，反射光经凸透镜聚焦，照射到光电转换器上；光电转换器接收到与白条和黑条相对应的强弱不同的反射光信号，并转换成相应的电信号输出到放大整形电路；整形电路把模拟信号转化成数字电信号，再经译码接口电路译成数字字符信息。

条码应用系统就是将条码技术应用于某一系统中，充分发挥条码技术的优点，使应用系统更加完善。条码应用系统的组成如图 2-11 所示，由数据源、识读器、计算机、应用软件和输出设备组成。

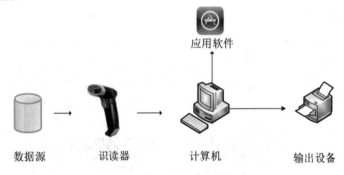

图 2-11　条码应用系统的组成

(1) 数据源标志着客观事物的符号集合，是反映客观事物原始状态的依据，其准确性直接影响着系统处理的结果。

(2) 识读器是条码应用系统的数据采集设备，它可以快速准确地捕捉到条码表示的数据源，并将这一数据送给计算机处理。

(3) 计算机是条码应用系统中的数据存储与处理设备。由于计算机存储容量大，运算速度快，许多烦冗的数据处理工作变得方便、迅速、及时。计算机用于管理，可以大幅度地减轻劳动者的劳动强度，提高工作效率，在某些方面还能完成人工无法完成的工作。

(4) 应用软件是条码应用系统的一个组成部分。它是以系统软件为基础，为解决各类实际问题而编制的各种程序。应用程序一般是用高级语言编写的，把要被处理的数据组织在各个数据文件中，由操作系统控制各个应用程序的执行，并自动地对数据文件进行各种操作。程序设计人员不必再考虑数据在存储器中的实际位置，从而为程序设计带来了方便。

(5) 输出设备则是把数据经过计算机处理后得到的信息以文件、表格或图形方式输出，供管理者及时、准确地掌握这些信息，作出正确的决策。

开发条码应用系统时，组成系统的每一环节都影响着系统的质量。其中，应用软件是条码应用系统的核心，需要完成以下功能。

(1) 定义数据库：包括全局逻辑数据结构的定义、局部逻辑结构的定义、存储结构的定义及信息格式的定义等。

(2) 管理数据库：包括对整个数据库系统运行的控制、数据存取、增删、检索、修改等操作管理。

(3) 建立和维护数据库：包括数据库的建立、数据库更新、数据库再组织、数据库恢复及性能监测等。

(4) 数据通信：需具备与操作系统的联系处理能力、分时处理能力及远程数据输入与处理能力。

2.3.5 二维码识别技术

二维码又称为二维条码，它是将特定的几何图形按一定规律在平面(二维方向)上进行分布，用以记录和表达一组信息的条码格式。二维码可以存储大量数据，与一维条码相比，它具有更高的信息密度和更广泛的应用范围。

1. 二维码的分类

二维码按照排列方式可以分为行排式二维码和矩阵式二维码。行排式二维码是一种将一维条码进行特定排列组合的二维码类型。它由一组平行的线条和空白组成，但这些线条和空白并不是按照一定间隔排列的，而是按照一定规律排列在一个矩形区域内。行排式二维码通常不具备纠错能力，即使存在少量损坏或干扰，也可能导致扫描器无法识别。矩阵式二维码，由许多小方块组成，每个小方块的颜色可以是黑色或白色，它们按照一定的规律排列在一个矩形区域内，通常是一个正方形。矩阵式二维码通常具有较强的纠错能力，即使存在一定程度的损坏或干扰，扫描器仍能正确识别，并从中获取有效信息。图 2-12 展示了部分常见的矩阵式二维码。

    (a) 支付码   (b) 乘车码   (c) 登录验证码

图 2-12 常见的矩阵式二维码(已做模糊处理)

相较行排式二维码，矩阵式二维码在容错率、可读性、信息读取速率和信息存储量等方面具备优势，因此矩阵式二维码的适用范围更加广泛。常见的矩阵式二维码包括 QR 码、Data Matrix 码和 Aztec 码等。

(1) QR 码。QR 码的全称为 Quick Response Code，它是目前较为常见、使用范围较为广泛的二维码之一，应用场景包括商品包装、票务、移动支付等。QR 码能够存储大量的数据和信息，具有较高的容错性和快速读取的特点。QR 码可被扫描器、手机等设备读取，并转化为相应的文本、链接或操作指令。

(2) Data Matrix 码。Data Matrix 码是一种紧凑型矩阵式二维码，可以存储多达 2335 个数字、3116 个字母或者 3116 个 8 位字节的信息。它通常用于工业生产、物流追溯和文档管理等领域。Data Matrix 码在信息密度和可靠性上有很高的优势，即使部分损坏或受干扰，其信息也能得到较好的恢复。

(3) Aztec 码。Aztec 码是一种高密度、紧凑型矩阵式二维码，可以存储多达 3800 个数字、3000 个字母或者 1900 个 8 位字节的信息。它由黑白两种颜色的模块组成，采用十字形中心区域表示编码方案和纠错能力。它广泛应用于物流、交通、医疗等领域，能够提高数据的存储和传输效率。

2. 二维码的识别原理

二维码的识别过程与一维条码的识别过程相同，均需经过数据源、识读器、计算机、应用软件和输出设备五个模块。但是其编码与解码原理与一维条码的有所差别，下面将以 QR 码为例，详细介绍二维码的编码与解码原理。

1) QR 码编码原理

QR 码的编码过程包括 3 个重要部分：数据编码、纠错码字构造和掩膜技术。

(1) 数据编码。数据编码是指将输入的文本或数字数据转换为一串二进制代码，以便在 QR 码中存储和传输。QR 码支持多种类型的数据，如数字、字母、汉字等。数据编码过程需要对输入的数据进行分段和转换，然后根据数据类型选择相应的编码方式进行编码，最终生成一串二进制代码序列。不同的数据类型和编码方式会影响 QR 码的存储容量和读取效率。

(2) 纠错码字构造。QR 码采用纠错码来增强其容错能力，从而使得二维码即使部分被损坏或遮挡，也能够恢复原始数据。纠错码字构造过程是将数据编码后，加入一定数量的冗余信息，使得 QR 码能够容忍一定数量的错误或损坏。纠错码字构造过程中需要选择合适的生成多项式，并利用矩阵运算计算出纠错码字，然后将其添加到数据编码的结果中，生成最终的 QR 码。

(3) 掩膜技术。掩膜技术是 QR 码的一个重要特性，可以提高 QR 码的可读性和容错率。掩膜技术通过在二维码中添加一些特定的掩膜图案，可以减少相邻模块的相似性，提高 QR 码的辨识率和识别速度。掩膜技术的实现需要对纠错码字构造得到的二维码进行遍历和计算，找到最优的掩膜图案，并将其应用于二维码中。

完成这三个过程后，QR 码就可以成功生成。

2) QR 码解码原理

如图 2-13 所示，QR 码的解码过程包括 4 个重要步骤：图像预处理、定位和校准、数据提取与纠错、译码。

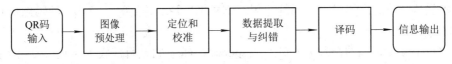

图 2-13　QR 码解码流程图

(1) 图像预处理。QR 码图像在扫描之前，需要进行预处理，以便更好地定位二维码的位置。预处理包括图像的灰度化、二值化、去噪和增强等步骤。灰度化与二值化将彩色图像转换为灰度图像，并对黑白块设置阈值加以区分，去噪消除图像中的干扰和噪声，增强使图像更加清晰。

(2) 定位和校准。在预处理之后，需要进行定位和校准，以确定二维码的位置和方向。定位和校准通常通过在图像中寻找 QR 码的特征模式来实现，如寻找三个大正方形的位置，这些正方形包围着 QR 码，并检查它们是否符合特定的比例关系。如果 QR 码的定位和校准成功，则 QR 码的数据提取将更加准确和可靠。

(3) 数据提取与纠错。QR 码数据提取与纠错的目的是将 QR 码中的信息提取出来，并修正其中可能存在的错误。该过程会先读取图像对应的值，将黑白的图像块分别识别为"0"和"1"组成的矩阵。然后读取格式信息与版本信息，获得掩膜图形与纠错级别，确定 QR 码版本。之后会消除掩膜，用掩膜图形与 QR 码做异或处理，得到掩膜前的原始图形。纠错时先根据布置模块的规则，识读符号字符，恢复出原始信息的数据区与纠错码，再根据纠错等级和纠错码对数据进行纠错。

(4) 译码。QR 码译码是通过相应的编码规则和字符集，将已经提取并纠错的数据转换为可读的文本或其他形式的信息，如文本、网址或其他数据。这些数据可以被使用者直接读取或通过应用程序进行进一步的处理。

通过上述步骤即可完成 QR 码的解码过程。

3. 二维码的应用

随着智能手机、平板电脑等移动设备的普及和快速发展，二维码作为一种方便、快捷的信息传递方式，已经成为人们日常生活和商业活动中不可或缺的一部分。常见的应用场景包括移动电子支付、身份认证、智慧物流。

(1) 移动电子支付。自 2013 年第三方支付服务提供商"支付宝"推出了移动支付服务支付宝钱包以来，QR 码支付等移动创新产品悄然涌入市场，并推动中国朝无现金社会迈进。如果要使用二维码移动支付服务，用户就需要在其移动设备上安装具有二维码扫描和生成功能的移动应用程序。用户打开应用程序扫描商家展示的二维码，输入需要支付的金额并确认，即可完成支付。QR 码支付技术采用了多种安全保障措施，这些措施包括加密技术、双向验证、风险控制、实名认证以及安全认证等。这些措施共同作用于支付过程中，通过保障用户的支付信息在传输过程中不被窃取、支付行为不被未经授权的人所执行、异常交易得到及时的风险提示或阻止等，提高支付过程中的安全性和可靠性，进而保障用户的支付权益。

(2) 身份认证。如今二维码在身份认证领域的应用已经非常广泛，可用于登录验证、身份识别、票务管理等多种场景。其工作原理是将用户的身份信息编码成二维码的形式，扫描器通过扫描二维码读取身份信息，并与服务器的数据库匹配，进行身份认证，从而实现快速、便捷的认证过程。其优势在于方便快捷、易于推广，并且由于采用了加密技术、实名认证、安全认证等措施，用户信息安全性与认证结果可靠性得到保障。疫情防控期间的健康码就是其应用的体现。健康码于 2020 年年初启用，在疫情防控期间不断演进完善，并在短时间内塑造了新的数字身份，推动了突发公共卫生事件下的国家认证基础设施建设。

(3) 智慧物流。二维码在智慧物流领域的应用与近年来智能物流技术的发展息息相关。通过将物流信息、设备信息、数据信息等编码成二维码，可以在整个物流过程中实现信息的精准传递和管理。二维码在智慧物流中的应用包括货物跟踪管理、设备管理、安全监管等方面。将货物信息编码成二维码，可以实现货物的精准追踪和管理；将设备信息编码成二维码，可以实现设备的远程管理和维护；将安全信息编码成二维码，可以实现安全监管的快速响应。此外，还可以使用信息隐藏技术将用户隐私信息嵌入快递面单上的二维码中，实现对隐私信息的访问权限控制。这样一来，快递在物流系统中高效运转的同时，也能够保护用户的隐私信息不被泄露。使用二维码的优势在于简单易用，信息可靠性高，能够提高物流管理的精准度和效率。具体操作包括扫描二维码记录物流信息、远程管理设备、快速响应安全事件等。

2.3.6 RFID 技术

射频识别(RFID)技术是一种无线通信技术，可以通过无线电信号识别特定目标并读写相关数据，而无须在识别系统与特定目标之间建立机械或光学接触。

无线电信号通过无线电频率的电磁场，可以将附着在物品上的标签数据传送出去，以自动辨识与追踪该物品。标签包含了电子存储的信息，数米之内都可以被识别。与条形码不同的是，射频标签不需要处在识别器视线之内，也可以嵌入被追踪物体之内。

许多行业都运用了射频识别技术。射频标签可以附着于牲畜与宠物上，方便对牲畜进行识别，防止数只牲畜使用同一个身份。采用射频识别技术的身份识别卡可以使员工得以进入锁住的建筑部分，汽车上的射频应答器也可以用来征收收费路段与停车场的费用。

从概念上来讲，RFID 类似于条码识别技术。对于条码识别技术而言，它是将已编码的条形码附着于目标物，并使用专用的扫描读写器，利用光信号将信息由条形码传送到扫描读写器。而 RFID 则使用专用的 RFID 读写器及专门的可附着于目标物的 RFID 标签，利用频率信号将信息由 RFID 标签传送至 RFID 读写器。

从结构上讲，RFID 是一种简单的无线系统，由一个询问器和很多应答器组成，可用于控制、检测和跟踪物体。

1. RFID 技术的工作原理

RFID 技术的基本工作原理并不复杂。标签进入磁场后，接收读写器发出的射频信号，凭借感应电流所获得的能量发送出存储在芯片中的产品信息(无源标签或被动标签)，或者由标签主动发送某一频率的信号(有源标签或主动标签)，解读器读取信息并解码后，送至中央信息系统进行相关的数据处理。

如图 2-14 所示，一套完整的 RFID 系统，由读写器与电子标签也就是所谓的应答器及应用软件系统三个部分组成，其工作原理是读写器发射一特定频率的无线电波能量，用以驱动电路将内部的数据送出，此时读写器便依序接收解读数据，送给应用程序做相应的处理。

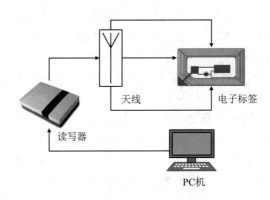

天线 电子标签

读写器

PC机

图 2-14 RFID 工作图

从 RFID 读写器及电子标签之间的通信及能量感应方式来看,大致上可以分成感应耦合及后向散射耦合两种。一般低频的 RFID 大都采用第一种方式,而较高频的大多采用第二种方式。

阅读器根据使用的结构和技术不同可以是读或读/写装置,是 RFID 系统信息控制和处理中心。阅读器通常由耦合模块、收发模块、控制模块和接口单元组成。阅读器和应答器之间一般采用半双工通信方式进行信息交换,同时阅读器通过耦合给无源应答器提供能量和时序。在实际应用中,可进一步通过以太网或无线网络等实现对物体识别信息的采集、处理及远程传送等管理功能。应答器是 RFID 系统的信息载体,应答器大多是由耦合原件(线圈、微带天线等)和微芯片组成无源单元。

2. RFID 产品的分类

RFID 技术中所衍生的产品大概有三大类:无源 RFID 产品、有源 RFID 产品、半有源 RFID 产品。

无源 RFID 产品发展最早,也是发展最成熟、市场应用最广的产品。无源 RFID 产品在我们的日常生活中随处可见,比如公交卡、食堂餐卡、银行卡、宾馆门禁卡、二代身份证等,属于近距离接触式识别类。其产品的主要工作频率有低频 125 kHz、高频 13.56 MHz、超高频 433 MHz,超高频 915 MHz。

有源 RFID 产品,是最近几年慢慢发展起来的,其远距离自动识别的特性,决定了其巨大的应用空间和市场潜质。在远距离自动识别领域,如智能监狱、智能医院、智能停车场、智能交通、智慧地球及物联网等领域有重大应用。有源 RFID 在这个领域异军突起,属于远距离自动识别类。产品的主要工作频率有超高频 433 MHz、微波 2.45 GHz 和 5.8 GHz。

有源 RFID 产品和无源 RFID 产品的不同特性,决定了不同的应用领域和不同的应用模式,也有各自的优势所在。但在本系统中,我们着重介绍介于有源 RFID 和无源 RFID 之间的半有源 RFID 产品,该产品集有源 RFID 和无源 RFID 的优势于一体,在门禁进出管理、人员精确定位、区域定位管理、周界管理、电子围栏及安防报警等领域有着很大的优势。

半有源 RFID 产品,结合了有源 RFID 产品及无源 RFID 产品的优势,在低频 125 kHz 频率的触发下,让微波 2.45 GHz 发挥优势。半有源 RFID 技术,也可以叫作低频激活触发技术,利用低频近距离精确定位,微波远距离识别和上传数据,来解决单纯的有源 RFID 和无源 RFID 没有办法实现的功能。简单地说,就是近距离激活定位,远距离识别及上传数据。

3. RFID 系统的组成

在具体的应用过程中,根据不同的应用目的和应用环境,RFID 系统的组成会有所不同,但从 RFID 系统的工作原理来看,RFID 系统一般都由信号发射机、信号接收机、天线 3 部分组成。

(1) 信号发射机根据不同的应用目的,会以不同的形式存在,典型的形式是标签(TAG)。标签一般是带有线圈、天线、存储器与控制系统的集成电路。标签相当于条码识别技术中的条码符号,用来存储需要识别传输的信息。但是,与条码不同的是,标签能够自动或在外力的作用下,把存储的信息主动发射出去。

(2) 信号接收机一般叫作阅读器(或读写器)。根据支持的标签类型不同与完成的功能不同，阅读器的复杂程度是显著不同的。阅读器的基本功能就是提供与标签进行数据传输的途径。另外，阅读器还提供相当复杂的信号状态控制、奇偶错误校验与更正功能等。标签中除了存储需要传输的信息，还必须含有一定的附加信息，如错误校验信息等。识别数据信息和附加信息按照一定的结构编制在一起，并按照特定的顺序向外发送。阅读器通过接收到的附加信息来控制数据流的发送。一旦到达阅读器的信息被正确地接收和译解后，阅读器通过特定的算法决定是否需要发射机对发送的信号重发一次，或者知道发射器停止发信号，这就是"命令响应协议"。使用这种协议，即便在很短的时间、很小的空间阅读多个标签，也可以有效地防止"欺骗问题"的产生。

(3) 天线是标签与阅读器之间传输数据的发射、接收装置。在实际应用中，除了系统功率，天线的形状和相对位置也会影响数据的发射和接收，需要专业人员对系统的天线进行设计、安装。

射频识别系统最重要的优点是非接触识别，它能穿透雪、雾、冰、涂料、尘垢和条形码无法使用的恶劣环境阅读标签，并且阅读速度极快，大多数情况下不到100 ms。有源式射频识别系统的速写能力也是重要的优点，可用于流程跟踪和维修跟踪等交互式业务。

制约射频识别系统发展的主要问题是标准不兼容。射频识别系统的主要厂商提供的都是专用系统，导致不同的应用和不同的行业采用不同厂商的频率和协议标准，这种混乱和割据的状况已经制约了整个射频识别行业的增长。许多欧美组织正在着手解决这个问题，并已经取得了一些成绩。标准化必将刺激射频识别技术的大幅度发展和广泛应用。

4. RFID 技术的应用

目前基于 RFID 技术的物联网应用已经无处不在，渗透到了人们生活的许多领域，如智能医疗、智能公交、智能安防等。

(1) 智能医疗。RFID 技术用于病患监测的双接口无源 RFID 系统设计。病患监测设备通常用于测量表征病患生命迹象的数据(例如，血压、心率等参数)，管理这些重要数据的要求远远超出了简单的库存控制范围，需要设备能够提供设备检查、校准和自检结果。与静态的标签贴纸不同，动态的双接口 RFID EEPROM 电子标签解决方案能够记录测量参数，以备日后读取，还能把新数据输入系统。

(2) 智能公交。基于物联网技术的公交停车场站安全监管系统，主要由车辆出入口管理系统、场站智能视频监控系统两部分组成。基于 RFID 的物联网智能公交系统应用方案，利用先进的"物物相联技术"，将用户端延伸和扩展到公交车辆、停车场站中的任何物品间进行数据交换和通信，全面立体地解决公交行业中的监管问题。

(3) 智能安防。基于 RFID 技术的公共安防系统设计解决方案。在社区的各个通道和人员可能经过的通道中安装若干个阅读器，并且将它们通过通信线路与地面监控中心的计算机进行数据交换。同时在每个进入社区的人员车辆上放置安置有 RFID 电子标签的身份卡，当人员车辆进入社区，只要通过或接近放置在通道内的任何一个阅读器，阅读器即会感应到信号的同时立即上传到监控中心的计算机上，计算机就可判断出具体信息(如：是谁，在哪个位置，具体时间)，管理者也可以根据大屏幕上或电脑上的分布示意图点击社区内的任一位置，计算机即会把这一区域的人员情况统计并显示出来。同时，一旦社区内发生事故(如火灾、抢劫等),可根据电脑中的人员定位分布信息马上查出事故地点周围的人员车辆情况,然后再用探测器在事故处进一步确定人员准确位置,以便帮助公安部门准确快速地营救出遇险人员和破案。

2.3.7 IC 卡技术

集成电路卡(Integrated Circuit Card,IC 卡),又称智能卡(Smart Card)、智慧卡(Intelligent Card)、微电路卡(Microcircuit Card)或微芯片卡(Microchip Card)等。它是将一个微电子芯片嵌入符合 ISO 7816 标准的卡基中,做成卡片形式。IC 卡与读写器之间的通信方式可以是接触式,也可以是非接触式。根据通信接口把 IC 卡分成接触式 IC 卡、非接触式 IC 和双界面卡(同时具备接触式与非接触式通信接口)。

IC 卡由于其固有的信息安全、便于携带、比较完善的标准化等优点,在身份认证、银行、电信、公共交通、车场管理等领域正得到越来越多的应用。例如,二代身份证、银行的电子钱包、电信的手机 SIM 卡、公共交通的公交卡、地铁卡、用于收取停车费的停车卡等,都在人们日常生活中扮演重要角色。

1. IC 卡的工作原理

IC 卡工作的基本原理如图 2-15 所示。射频读写器向 IC 卡发射一组固定频率的电磁波,卡片内有一个 LC 串联谐振电路,其频率与读写器发射电磁波的频率相同,这样在电磁波激励下,LC 串联谐振电路产生共振,从而使电容内有了电荷。在这个电容的另一端,接有一个单向导通的电子泵,将电容内的电荷送到另一个电容内存储,当所积累的电荷达到 2 V 时,此电容可作为电源为其他电路提供工作电压,将卡内的数据发射出去或接收读写器的数据。

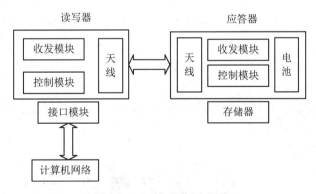

图 2-15 IC 卡工作原理图

IC 卡的核心是集成电路芯片,是利用现代先进的微电子技术,将大规模集成电路芯片嵌在一块小小的塑料卡片之中。其开发与制造技术比磁卡复杂得多。IC 卡主要技术包括硬件技术、软件技术及相关业务技术等。硬件技术一般包含半导体技术、基板技术、封装技术、终端技术及其他零部件技术等;而软件技术一般包括应用软件技术、通信技术、安全技术及系统控制技术等。

2. 产品分类

IC 卡按照结构可以分为下面几类。

(1) 存储器卡。其内嵌芯片相当于普通串行 EEPROM 存储器，这类卡信息存储方便，使用简单，价格便宜，在很多场合可替代磁卡，但由于其本身不具备信息保密功能，因此，只能用于保密性要求不高的场合。

(2) 逻辑加密卡。其内嵌芯片在存储区外增加了控制逻辑，在访问存储区之前需要核对密码，只有密码正确，才能进行存取操作，这类卡的信息保密性较好，使用与普通存储器卡相类似。

(3) CPU 卡。CPU 卡内嵌芯片相当于一个特殊类型的单片机，内部除了带有控制器、存储器、时序控制逻辑等，还带有算法单元和操作系统。由于 CPU 卡有存储容量大、处理能力强、信息存储安全等特性，广泛用于信息安全性要求特别高的场合。

(4) 超级智能卡。在卡上具有 MPU 和存储器，并装有键盘、液晶显示器和电源，有的卡上还具有指纹识别装置等。

3. 技术应用

IC 卡已是当今国际电子信息产业的热点产品之一，除了在商业、医疗、保险、交通、身份识别等非金融领域得到广泛应用，在金融领域的应用也日益广泛，影响十分深远。

(1) 银行业。IC 卡既可以由银行独自发行，又可以与各企事业单位合作发行联名卡。这种联名卡形成银行 IC 卡的专用钱包账户。

(2) 电信行业。电信通用版 IC 电话卡又叫集成电路卡，在其卡面上内嵌着一个集成电路(IC)芯片。使用 IC 电话卡插入电话机读卡器，实现通话。

(3) 收费系统。IC 卡收费系统包括电费、水费、煤气费、通信费、停车费等各种消费资源费用的收取，该类系统可以提高管理效率和可靠性。

(4) 停车管理。专业车场管理系统，大部分都是采用 IC 卡管理车辆进出的，即 IC 卡可作为车辆出入的凭证。

(5) 医疗保险。随着中国医疗体制的改革，居民可以持保险公司发行的 IC 卡到医院就医。医疗 IC 卡除了具有医疗费用的支付功能，卡内还可以存储病人的病历信息。

(6) 公共交通。乘客持 IC 卡乘车，通过收费机可完成自动付费，可以有效地减少上、下车时间，提高管理效益，杜绝贪污、假币现象。

此外，还有交警管理系统、工商管理系统、IC 卡电子门锁系统、IC 卡税务管理系统、高速公路收费系统等多种 IC 卡应用系统。

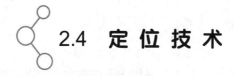

2.4 定 位 技 术

当前，基于个人消费者需求的智能化，伴随全球定位系统(Global Positioning System，GPS)和无线上网技术的发展，位置信息服务的需求将呈大幅度增长趋势。位置服务(Location-Based Service，LBS)不但可以提升企业运营与服务水平，而且能为车载 GPS 的用户提供更多样化的便捷服务。GPS 用户可以享受从地址点导航到兴趣点的服务，这种实时路况技术的应用，不仅可引导用户找到附近的产品和服务，还具有更高的便捷性和安全性。

位置信息不只是空间信息，它包括三个要素：对象、位置和时间。对象是人或者设备或者其他物体，位置是指对象所在的地理位置，时间是对象处在某地理位置的时间。位置信息承载了"空间""时间""任务"三大关键信息，内涵丰富。利用这些信息不仅可以因地制宜，提供所在地附近的相关服务，还可以见机行事，提供时效性更强的服务，更可以因人而异，提供个性化的定制服务。

2.4.1 GPS 定位技术

GPS 是英文 Global Positioning System(全球定位系统)的简称。GPS 起始于 1958 年美国军方的一个项目，1964 年投入使用。20 世纪 70 年代，美国陆海空三军联合研制了新一代卫星定位系统 GPS。研制 GPS 的主要目的是为陆海空三大领域提供实时、全天候和全球性的导航服务，并用于情报搜集、核爆监测和应急通信等一些军事活动。经过 20 余年的研究实验，耗资 300 亿美元，到 1994 年，全球覆盖率高达 98% 的 24 颗卫星组成的 GPS 卫星星座已布设完成。利用卫星在全球范围内实时进行定位、导航的系统，称为全球卫星定位系统。该系统能为全球用户提供低成本、高精度的三维位置、速度和精确定时等导航信息，是卫星通信技术在导航领域的应用典范，它极大地提高了地球社会的信息化水平，有力地推动了数字经济的发展。

1. GPS 的组成

GPS 的组成如图 2-16 所示。GPS 包括空间部分、地面控制系统和用户设备三大部分。

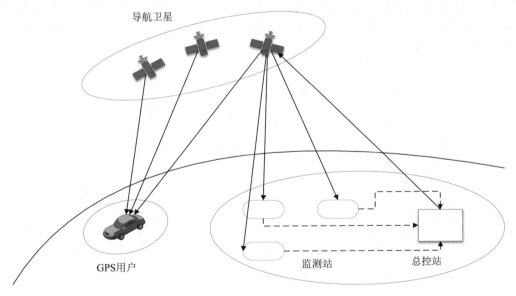

图 2-16　GPS 的组成

(1) 空间部分。

GPS 的空间部分是由 24 颗卫星组成(21 颗工作卫星；3 颗备用卫星)的，它们位于距地表 20 200 km 的上空，运行周期为 12 h。卫星均匀地分布在 6 个轨道面上(每个轨道面 4 颗)，轨道倾角为 55°。卫星的这种分布使得在全球任何地方、任何时间都可观测到 4 颗以上的卫星，并能在卫星中预存导航信息。但 GPS 的卫星因为大气摩擦等问题，随着时间的推移，导航精度会逐渐降低。

(2) 地面控制系统。

地面控制系统由监测站(Monitor Station)、主控制站(Master Monitor Station)、地面天线(Ground Antenna)组成。主控制站位于美国科罗拉多州春田市(Colorado Springfield)。地面控制系统负责收集由卫星传回的讯息，并计算卫星星历、相对距离和大气校正等数据。

(3) 用户设备部分。

用户设备部分即 GPS 信号接收机，其主要功能是捕获到按一定卫星截止角所选择的待测卫星，并跟踪这些卫星的运行。GPS 接收机的结构分为天线单元和接收单元两部分。当接收机捕获到跟踪的卫星信号后，就可以测量出接收机至卫星的伪距和距离的变化率，解调出卫星轨道参数等数据。根据这些数据，接收机中的微处理计算机就可按定位解算方法进行定位计算，计算出用户所在地理位置的经纬度、高度、速度、时间等信息。接收机硬件和机内软件以及 GPS 数据的后处理软件包构成了完整的 GPS 用户设备。

2. GPS 的工作原理

GPS 定位的基本原理是测量出已知位置的卫星到接收机之间的距离，然后综合多颗卫星的数据就可知道接收机的具体位置，如图 2-17 所示。要达到这一目的，卫星的位置可以根据星载时钟所记录的时间在卫星星历中查出。而用户到卫星的距离则通过记录卫星信号传播到用户所经历的时间，再将其乘以光速得到(由于大气层电离层的干扰，这一距离并不是用户与卫星之间的真实距离，而是伪距)。在用户接收到导航电文后，提取出卫星时间并将其与自己的时钟作对比便可得知卫星与用户的距离，再利用导航电文中的卫星星历数据推算出卫星发射电文时所处位置，用户在 WGS-84 大地坐标系中的位置速度等信息便可得知。

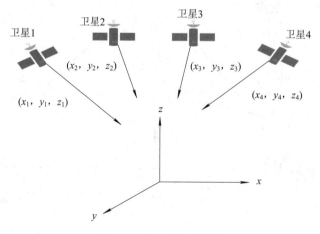

图 2-17　GPS 定位原理图

GPS 卫星部分的作用就是不断地发射导航电文。然而，由于接收机使用的时钟与卫星星载时钟不可能总是同步的，所以除了用户的三维坐标 x、y、z 外，还要引进一个 Δt(即卫星与接收机之间的时间差)，然后用 4 个方程将这 4 个未知数解出来。因此，如果想知道接收机所处的位置，至少要能接收到 4 颗卫星的信号。

GPS 定位的基本原理是将高速运动的卫星瞬间位置作为已知的起算数据，采用空间距离后方交会的方法，确定待测点的位置。假设 t 时刻在地面待测点上安置接收机，可以测定 GPS 信号到达接收机的时间 Δt，再加上接收机所接收到的卫星星历等其他数据就可以确定以下四个方程式：

$$\begin{cases} \left[(x_1 - x)^2 + (y_1 - y)^2 + (z_1 - z)^2 \right]^{1/2} + c(v_{t1} - v_{t0}) = d_1 \\ \left[(x_2 - x)^2 + (y_2 - y)^2 + (z_2 - z)^2 \right]^{1/2} + c(v_{t2} - v_{t0}) = d_2 \\ \left[(x_3 - x)^2 + (y_3 - y)^2 + (z_3 - z)^2 \right]^{1/2} + c(v_{t3} - v_{t0}) = d_3 \\ \left[(x_4 - x)^2 + (y_4 - y)^2 + (z_4 - z)^2 \right]^{1/2} + c(v_{t4} - v_{t0}) = d_4 \end{cases}$$

其中，$d_i = c\Delta t_i (i = 1，2，3，4)$，$d_i$ 为卫星1、卫星2、卫星3或卫星4到接收机的距离，Δt_i 为卫星1、卫星2、卫星3或卫星4的信号到达接收机所经历的时间，c 为光速；(x, y, z) 为待测空间点的空间直角坐标，(x_i, y_i, z_i) 为卫星1、卫星2、卫星3或卫星4在 t 时刻的空间直角坐标，v_{ti} 为卫星1、卫星2、卫星3或卫星4的卫星钟的钟差，v_{t0} 为接收机的钟差。

由以上四个方程即可解算出待测点的坐标 (x, y, z) 和接收机的钟差 v_{t0}。

GPS 接收机可接收到用于授时的准确至纳秒级的时间信息；用于预报未来几个月内卫星所处概略位置的预报星历；用于计算定位时所需卫星坐标的广播星历，精度为几米至几十米(各个卫星不同，随时变化)；以及 GPS 系统信息，如卫星状况等。

根据 GPS 接收机对码的量测，可得到卫星到接收机的距离。由于含有接收机卫星钟的误差及大气传播误差，故称其为伪距。对 CA 码测得的伪距称为 CA 码伪距，精度约为 20 m；对 P 码测得的伪距称为 P 码伪距，精度约为 2 m。

GPS 接收机对收到的卫星信号进行解码，或采用其他技术将调制在载波上的信息去掉后，就可以恢复载波。严格而言，载波相位应被称为载波拍频相位，它是收到的受多普勒频移影响的卫星信号载波相位与接收机本机振荡产生信号相位之差。一般在接收机钟确定的历元时刻量测，保持对卫星信号的跟踪，就可记录下相位的变化值，但开始观测时的接收机和卫星振荡器的相位初值是不知道的，起始历元的相位整数也是不知道的，即整周模糊度，只能在数据处理中作为参数解算。相位观测值的精度高至毫米，但前提是解出整周模糊度，因此只有在相对定位并有一段连续观测值时才能使用相位观测值，而要达到优于米级的定位精度也只能采用相位观测值。

按定位方式，GPS 定位分为单点定位和相对定位(差分定位)。单点定位就是根据一台接收机的观测数据来确定接收机位置的方式，它只能采用伪距观测量，可用于车、船等的概略导航定位。相对定位(差分定位)是根据两台以上接收机的观测数据来确定观测点之间的相对位置的方法，它既可采用伪距观测量，也可采用相位观测量。大地测量或工程测量均应采用相位观测值进行相对定位。

在 GPS 观测量中包含了卫星和接收机的钟差、大气传播延迟、多路径效应等误差，在定位计算时还要受到卫星广播星历误差的影响，在进行相对定位时大部分公共误差被抵消或削弱，因此定位精度将大大提高，双频接收机可以根据两个频率的观测量抵消大气中电离层误差的主要部分，在精度要求高、接收机间距离较远时(大气有明显差别)，应选用双频接收机。

2.4.2 基站定位技术

GPS 定位技术虽然得到了广泛的应用，提供了大量的定位相关服务，但是它也不能够应对所有的情况。如前面所说，在室内环境中，GPS 的定位效果很差，甚至很多情况下根本无法使用 GPS 进行定位。此外，在一些不需要高定位精度的情况下，使用 GPS 进行定位大材小用，增加了成本。更重要的在于，GPS 是美国研发的，向公众提供一般的定位服务时，还可以使用 GPS，但在涉及国家基础设施、军事相关方面时，就不能再使用 GPS。在很多情况下，人们都需要使用蜂窝基站定位作为 GPS 定位的补充。

基站定位一般应用于手机用户，它是通过电信移动运营商的网络(如 GSM 网)获取移动终端用户的位置信息(经纬度坐标)，在电子地图平台的支持下，为用户提供相应服务的一种增值业务，例如目前中国移动动感地带提供的动感位置查询服务等。

基站定位的原理为：移动电话测量不同基站的下行导频信号，得到不同基站下行导频的 TOA(Time of Arrival，到达时刻)或 TDOA(Time Difference of Arrival，到达时间差，如图2-18 所示)，根据该测量结果并结合基站的坐标，一般采用三角公式估计算法，就能够计算出移动电话的位置。实际的位置估计算法需要考虑多基站(3 个或 3 个以上)定位的情况，因此算法要复杂很多。一般而言，移动台测量的基站数目越多，测量精度越高，定位性能改善越明显。

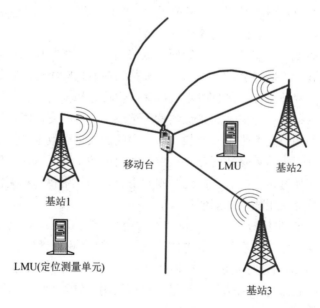

图 2-18　观察到达时间差示意图

基站定位的具体计算方程如下：

$$\begin{cases} r_1 - r_0 = c \cdot \Delta t_1 \\ r_2 - r_0 = c \cdot \Delta t_2 \\ r_0 = \sqrt{(x-x_0)^2 + (y-y_0)^2 + (z-z_0)^2} \\ r_i = \sqrt{(x-x_i)^2 + (y-y_i)^2 + (z-z_i)^2}, \quad i=1,2 \\ \dfrac{x^2}{N^2} + \dfrac{y^2}{N^2} + \dfrac{z^2}{N^2(1-e^2)^2} = 1 \end{cases} \tag{2-6}$$

其中，r_0、r_1、r_2 分别为移动终端到三个基站的距离，c 为电磁波速度，Δt_1、Δt_2 分别为信号从移动终端到基站 1 和到基站 2、基站 3 的时差。(x, y, z) 为该物体所在的空间中的坐标，也就是假设的位置，(x_i, y_i, z_i)（其中 $i=0, 1, 2$）为基站的坐标。最后一个方程式是一个三维椭球的方程，描述了一个三维椭球体在笛卡尔坐标系下的形状和位置，式中 N 为赤道半径，e 为椭圆的离心率。由此方程组即可求出移动终端的坐标。

基站定位一方面要求覆盖的范围要足够大，另一方面要求覆盖的范围要包括室内。用户大部分时间是在室内使用该功能，因此从高层建筑到地下设施必须保证覆盖到每个角落。手机定位覆盖率的范围，可以分为三种覆盖率的定位服务：在整个本地网、覆盖部分本地网和提供漫游网络服务类型。除了考虑覆盖率，网络结构和动态变化的环境因素也可能使一个电信运营商无法保证在本地网络或漫游网络中的服务。

2.5 智能设备信息采集技术

智能终端设备是指那些具有多媒体功能的智能设备，这些设备支持音频、视频、数据等方面的功能。例如，可视电话、会议终端、内置多媒体功能的 PC、掌上电脑、平板电脑、智能手机都属于智能终端设备。而这些在我们的生活中广泛应用的智能设备，具有很丰富的感知功能。利用智能设备的这一特点，提出了一种智能设备参与感知、构建综合传感器网络的构想，即让普通用户拥有的各种智能设备都参与到传感器网络当中去，将自己感知到的数据采集并汇总起来，加强传感器网络的感知能力。智能设备参与感知具有覆盖面广、数据丰富，并且不需要额外软硬件投资等优点，利用这一技术可以拓宽传感器网络的应用范围，最终方便人们的生活。

2.5.1 智能设备信息采集

典型的智能设备由硬件系统和软件系统组成，是一种能独立运行并完成特定功能的设备。智能设备中涉及信息采集部分的结构如图 2-19 所示。

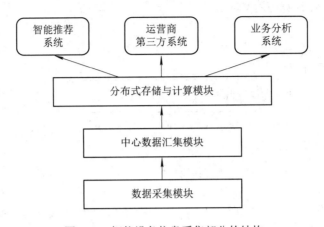

图 2-19　智能设备信息采集部分的结构

1. 数据采集模块

数据采集模块监听终端业务应用，把用户操作产生的用户行为数据以及获取到的环境数据、位置数据等，实时地上报中心数据汇聚模块。首先，终端传感器将用户行为数据通过中间件的消息接口发送给数据采集模块，然后由数据采集模块统一向前端上报全部业务数据、位置数据、环境数据等。同时，本模块向各种应用提供 SDK 接口，以供集成。数据采集模块可通过 UDP 上传数据，同时支持 TCP 作为辅助协议上传数据。

2. 中心数据汇聚模块

中心数据汇聚模块是采集部分的重要中枢，接收数据采集模块传输的行为数据及第三方对接系统(如 EPG 系统、点播系统、回看系统、广告系统等)的内容数据，并负责把接收到的数据汇总、日志记录，同时再分发给分布式存储与计算模块。中心数据汇聚模块可同时接收多个采集服务器提交的用户行为数据以及第三方的内容数据，具有高速稳定、可靠的功能结构。

3. 分布式存储与计算模块

在一些不能及时对数据进行处理或者发送的情况下，会使用终端的分布式存储与计算模块进行临时存储或初步处理。

2.5.2　典型智能设备

典型智能设备包括基于 ARM 处理器的嵌入式设备、台式机、一体机、笔记本电脑、掌上电脑、智能手机、平板电脑、智能车载终端、智能电视等。下面介绍几种常见的智能设备。

1. 基于 ARM 处理器的嵌入式设备

ARM 的全称为 Acorn RISC Machine，ARM 处理器是 Acorn 有限公司面向低预算市场设计的第一款 RISC 微处理器。ARM 处理器本身是 32 位设计，但也配备 16 位指令集，一般来讲比纯 32 位可节省 35%的代码，却能保留 32 位系统的所有优势。信息化程度很高的今天，ARM 处理器及其技术的应用几乎已经深入各个领域。

2. 智能手机

在掌上电脑的基础上加上手机功能，就成了智能手机(Smartphone)。智能手机，是指像个人电脑一样，具有独立的操作系统和独立的运行空间，可以由用户自行安装软件、游戏、导航等第三方服务商提供的程序，并且可以通过移动通信网络来实现无线网络接入的手机类型的总称。

3. 智能车载终端

智能车载终端(又称卫星定位智能车载终端)融合了 GPS 技术、里程定位技术及汽车黑匣技术，能用于对运输车辆的现代化管理，包括行车安全监控管理、运营管理、服务质量管理、智能集中调度管理、电子站牌控制管理等。

利用上述智能终端，参与到感知网络当中去，能够优化感知网络的能力，提供更全面的服务。

第3章 网络构建与传输技术

网络是智慧城市建设和运维过程中重要的基础设施。通过面向异构设备(如传感器、监控器、用户终端等)的网络接入方式,物理世界设备与计算机系统得以完成互联互通,不同设备之间、用户终端与设备之间的数据实现交互,从而保障了智慧城市中各类服务的正常提供。本章首先介绍智慧城市的基本网络体系,在此基础上深入介绍智慧城市中典型的无线接入技术和核心骨干网构建技术。

3.1 多网融合的智慧城市网络体系

网络是整个智慧城市系统的基础支撑——智慧城市的"骨架"。在感知技术的支持下,传感器及终端设备能够有效地获取物理世界的信息,并通过智慧城市网络实现物理世界信息的传递与共享,从而为用户享受多样化、智能化应用服务提供支撑。整个智慧城市网络架构如图 3-1 所示。根据不同的网络功能和处理能力,网络架构可以分为接入网络层和核心网络层两个层次。

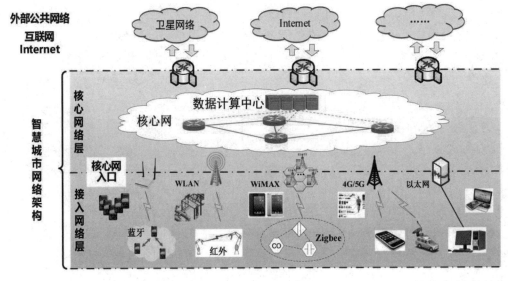

图 3-1 智慧城市网络架构

接入网络层主要由各类传感网络、无线网络和有线网络组成,负责智慧城市中各类传感器、智能终端设备之间的互连及其与核心网络的连接。接入网络层涉及多种类型的通信网络，低速的通信网络技术主要包括红外、蓝牙、Zigbee、LoRa 以及 NB-IoT 等技术；高速的通信网络技术则包括 WLAN、3G/4G/5G、以太网等。

核心网络层采用互联网技术构建智慧城市核心骨干网。通过将接入网终端设备与智慧城市数据计算中心及各种应用服务中心相连，可实现感知数据的高效分析及服务的快速提供。此外，通过核心网与外部公共网络的互联，实现了智慧城市与外部信息系统之间的数据交互与服务共享。

由于通信环境及需求的多样性，不同的设备根据其功能、计算能力的差异采用了不同的通信方式。例如，对于智慧城市中采集的人员流动信息或者温湿度监测信息，因为数据信息量不大，且对网络带宽没有很高的要求，所以采用低速网络技术(如蓝牙、ZigBee、LoRa、NB-IoT 等)就可以及时完成数据的传输。而对于智慧城市中的视频监控设备，由于需要采集大量的视频数据，此时就需要采用 WLAN、3G/4G/5G、LTE 等无线高速网络技术或以太网等有线网络技术传输数据。此外，不同的网络运营商也造成了智慧城市中多种异构网络并存的现状。为了打破异构网络间的联通壁垒，使多种网络之间取长补短，满足快速、高质量的智慧城市业务需求，异构融合网络成为智慧城市或其他物联网系统的主要表现形态。

在构建智慧城市网络时，智慧城市异构融合网络主要包含：接入网络层中的传感网、无线局域网、蜂窝移动网、以太网等，以及外部网络中的固定电话网、广播电视网、计算机网络等。这些网络的融合主要体现在以下几个方面：

(1) 异构无线网络的融合。智慧城市中涉及多种类型的无线网络，按照覆盖范围及传输速率，这些无线网络可以分为无线低速网络和无线高速网络两类。其中，无线低速网络主要包括红外、蓝牙、Zigbee、LoRa 和 NB-IoT 等自组织传感网络；无线高速网络主要包括 WLAN、3G/4G/5G 移动网络等。通过无线网络的融合，能够实现接入网中不同类型的无线传感器、终端设备的统一接入及互联互通。

(2) 无线网络与有线网络的融合。在智慧城市网络中，通过无线网络与有线网络的融合，接入网中无线终端与有线设备实现了联通，同时更重要的是实现了接入网中各类无线网络与核心骨干网的连接，从而实现了接入网络层终端设备与核心网络层数据计算中心的互联互通，为感知数据的汇聚和处理、多样化信息服务的提供奠定了基础。

(3) 核心网与外部公共网络的融合。在外部公共网络中，为了满足不同的需求，形成了卫星网络、全球互联网等多种不同的公共互联网。通过核心网与外部公共网络的融合，实现了智慧城市与外部信息系统的互联，从而能够最大化地整合外部公共网络的信息资源，为智慧城市用户提供更快、更好、更全面的信息服务。

3.2　无线低速网络

在无线通信中，带宽、能耗、处理能力、通信距离和通信成本是通信系统设计中相互制约的因素。在智慧城市的接入网络层，大约 20% 的感知数据需要高带宽，如视频、图片等；剩余的对带宽没有很高的要求，例如温湿度监测信息的数据量小，对实时性和带宽的要求不高。因此低速、低成本的短距无线通信技术成为智慧城市获取物理世界信息的首选方式。目前无线低速网络主要应用在智慧城市的传感网、小范围自组织网络中，虽然大部分设备的计算能力、存储能力是有限的，但无线低速网络能够适应设备多样性，具有低成本、低速率、低通信半径、低计算能力和低能量来源的特征。下面将介绍无线低速网络中典型的通信技术，包括红外通信、蓝牙、Zigbee、LoRa 和 NB-IoT。

3.2.1 红外通信

利用红外线来传输信号的通信方式，叫作红外通信。红外通信利用红外技术实现两点间的近距离保密通信和信息转发。红外通信系统一般由红外发射系统和接收系统两部分组成。发射系统对一个红外辐射源进行调制后发射红外信号，而接收系统用光学装置和红外探测器进行接收。红外通信技术适用于低成本、跨平台、点对点高速数据连接，尤其是嵌入式系统间的通信。红外通信技术是一种点对点的数据传输技术，是传统设备之间有线连接的一种替代。红外通信技术的通信距离一般在 0～1 m 之间，传输速率最快可达 16 Mb/s，通信介质为波长为 900 nm 左右的近红外线。

1. 工作原理

红外通信利用 950 nm 近红外波段的红外线作为传递信息的媒体，即通信信道。红外通信工作原理如图 3-2 所示。发送端将基带二进制信号调制为一系列的脉冲串信号，通过红外发射电路发射红外信号。接收端将接收到的红外光脉冲信号转换成电信号，再经过放大、滤波等处理后送给解调电路进行解调，还原为二进制数字信号后输出。常用的有通过调节脉冲宽度来实现信号调制的脉宽调制(Pulse Width Modulation，PWM)和通过调节脉冲位置来实现信号调制的脉冲位置调制(Pulse Position Modulation，PPM)两种方法。简而言之，红外通信的实质就是对二进制数字信号进行调制与解调，以便利用红外信道进行传输。红外通信接口就是针对红外信道的调制解调器。

图 3-2　红外通信原理图

2. 技术应用

红外通信有着成本低廉、简单易用和结构紧凑的特点，因此在小型移动设备中得到了广泛的应用。从应用领域来看，红外通信主要应用于遥控和数据通信两方面。红外遥控的特点为距离较近，传输速率慢，且通信时对设备角度有所限制，主要应用于电器设备的控制中，例如电视机、空调器的遥控等；而基于红外的数据通信则被更高速的蓝牙所替代。

3.2.2 蓝牙

蓝牙(Bluetooth)是一种无线个人局域网(Wireless Personal Area Network，WPAN)，最初由爱立信创制，后来由蓝牙技术联盟(Bluetooth Special Interest Group，Bluetooth SIG)订定技术标准。蓝牙技术是一种支持设备短距离(一般在 10 m 内)通信的无线电技术，通过该技术能实现移动电话、PDA、无线耳机、笔记本电脑等设备之间的无线信息交换。利用蓝牙技术，能够有效地简化通信终端之间的通信，也能够简化设备与因特网(Internet)之间的通信，从而使数据传输变得更加迅速高效。蓝牙连接过程如图3-3所示。

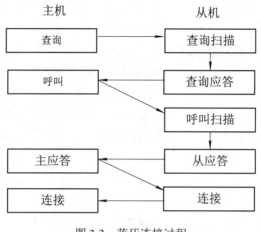

图3-3　蓝牙连接过程

1. 概述

蓝牙采用分散式网络结构以及快跳频和短包技术，支持一对一及一对多的通信，工作在全球通用的 2.4 GHz ISM(即工业、科学、医学)频段。蓝牙的数据传输速率理论上最高为 24 Mb/s，蓝牙采用时分全双工传输方案，由 Bluetooth SIG 管理。Bluetooth SIG 在全球拥有超过 25 000 家成员公司，这些成员公司分布在电信、计算机、网络和消费电子等多个领域。IEEE 将蓝牙技术列为 IEEE 802.15.1，但如今已不再维持该标准。Bluetooth SIG 负责监督蓝牙规范的开发，管理认证项目，并维护商标权益。2023 年蓝牙技术联盟发布了蓝牙 5.4 核心规范，单个接入点与数千个终端节点可以进行双向无连接通信，支持最高 48 Mb/s 的传输速率和 300 m 的传输距离，支持通信数据加密，在传输效率、安全性、稳定性等方面均得到了提高。

2. 工作原理

1) 主从关系

蓝牙技术规定，每一对设备之间进行蓝牙通信时，只有设定一个设备为主端，另一个设备为从端，才能进行通信；通信时，必须由主端设备进行查找，发起配对，建链成功后，双方即可收发数据。理论上，一个蓝牙主端设备，可同时与七个蓝牙从端设备进行通信。一个具备蓝牙通信功能的设备，可以在两个角色间切换，平时该设备在从模式状态下工作，等待其他主端设备来连接，需要时可转换为主模式，向其他从端设备发起呼叫。一个蓝牙设备以主模式发起呼叫时，需要知道对方的蓝牙地址、配对密码等信息，配对完成后，可直接发起呼叫。

2) 呼叫过程

蓝牙主端设备发起呼叫后，首先开始查找周围处于可被查找范围的蓝牙设备。主端设备找到从端设备后，与从端设备进行配对，此时需要输入从端设备的 PIN 码，也有设备不需要输入 PIN(个人识别号码)。配对完成后，从端设备会记录主端设备的信任信息，此时主端设备即可向从端设备发起呼叫。已配对的设备在下次呼叫时，不需要再重新配对。在已配对的设备中，作为从端的蓝牙设备也可以发起建链请求。链路建立成功后，主端设备和从端设备之间即可进行双向的数据或语音通信。在通信状态下，主端设备和从端设备都可以发起断链，断开蓝牙链路。

3) 数据传输

蓝牙数据传输应用主要采用一对一串口数据通信模式。蓝牙设备在建链时会提前设好两个蓝牙设备之间的配对信息，主端设备预存从端设备的 PIN、地址等，两端设备通电即可自动建链，采用透明串口传输，无须外围电路干预。一对一串口数据通信应用中，从端设备可以设为两种状态：一种是静默状态，即只能与指定的主端设备通信，不被别的蓝牙设备发现；另一种是开放状态，既可以被指定的主端设备查找，也可以被别的蓝牙设备发现。

3. 技术应用

1) 办公应用

过去的办公室因各种有线设备的存在显得非常混乱。从为设备供电的电线到连接计算机、键盘、打印机、鼠标和其他移动终端的电缆，无不造成了一个杂乱无序的工作环境。蓝牙无线技术可以简化办公室的办公环境。例如，移动终端可与计算机同步以共享日历和联系人列表，外围设备可直接与计算机通信，员工可通过蓝牙耳机在整个办公室内接听电话，这些都无须电线或电缆连接。

蓝牙技术的用途不局限于解决办公室环境的杂乱问题。启用蓝牙的设备能够创建自己的即时网络，让用户能够共享演示文稿或其他文件，且不受兼容性或电子邮件访问的限制。同时，通过蓝牙设备能方便地召开小组会议，与其他办公室进行对话。

2) 车载应用

开车时接听或者拨打电话的情况在街头并不少见，这种行为不但违反交通法规，还存在安全隐患。蓝牙的应用使驾驶更安全，许多汽车的车载多媒体信息系统都支持蓝牙接入功能，包括智能手机、平板电脑和多媒体播放器等多媒体设备的接入。车主可以通过蓝牙配对，将这些便携设备中的信息共享到车载系统。比如，车载系统可以读取手机中的通讯录，车主通过车载系统的人声识别功能可直接进行语音拨叫；车载系统可以读取手机或多媒体播放器中的音乐文件，这些音乐文件可通过车载系统在车内的音响中播放，并在车载系统的显示屏上显示曲目名、歌词和专辑封面图像等。

3) 手机应用

蓝牙在手机使用方面的应用起步很早，应用也较为广泛。通过手机蓝牙，不同手机的用户可以在一定的范围内互相收发文件、音频、视频、图片等，这为手机的使用提供了更便利的条件。

3.2.3 Zigbee

Zigbee 是基于 IEEE 802.15.4 标准的低功耗局域网协议。国际标准规定，Zigbee 技术是一种短距离、低功耗的无线通信技术。Zigbee(又称为紫蜂协议)这一名称来源于蜜蜂的八字舞，由于蜜蜂(Bee)是靠飞翔和"嗡嗡"地抖动翅膀的"舞蹈"来与同伴传递花粉所在方位信息的，也就是说蜜蜂依靠这样的方式构成了群体中的通信网络。Zigbee 技术主要应用于自动控制和远程控制领域，可以嵌入各种设备。简而言之，Zigbee 技术就是一种低成本、低功耗的近距离无线组网通信技术。Zigbee 协议从下到上分别为物理层(PHY)、媒体访问控制层(MAC)、传输层(TL)、网络层(NWK)、应用层(APL)等。其中物理层和媒体访问控制层遵循 IEEE 802.15.4 标准的规定。

1. Zigbee 技术概述

Zigbee 技术是以 IEEE 802.15.4 标准为基础发展起来的一种短距离无线通信技术，用于传感控制。

2009 年开始，Zigbee 采用了 IETF 的 IPv6 6LoWPAN 标准作为新一代智能电网 Smart Energy 的标准(SEP 2.0)，致力于形成全球统一的易于与互联网集成的网络，实现端到端的网络通信。

Zigbee 技术具有如下特点：

(1) 低功耗。在低耗电待机模式下，两节 5 号干电池可支持 1 个节点工作 6～24 个月，甚至更长。而蓝牙仅能工作数周，无线局域网(Wireless Local Area Networks，WLAN)只能工作数小时，相比之下，低功耗的 Zigbee 具备突出优势。

(2) 低成本。通过大幅度地简化协议，降低了对通信控制器的要求。按预测分析，以 8051 的 8 位微控制器测算，全功能的主节点需要 32 KB 代码，子功能节点少至 4 KB 代码。而且 Zigbee 协议免专利费，每块芯片的价格大约为 2 美元。

(3) 低速率。Zigbee 在 20～250 kb/s 的速率下工作，提供了 250 kb/s(2.4 GHz)、40 kb/s(915 MHz)和 20 kb/s(868 MHz)的原始数据吞吐率，满足低速率传输数据的应用需求。在 2.4 GHz 的频段，工作速率只有 250 kb/s，而且这只是链路上的速率，除掉信道竞争应答和重传等消耗，真正能被应用所利用的速率可能不足 100 kb/s，并且余下的速率可能要被邻近的多个节点和同一个节点的多个应用瓜分，因此 Zigbee 不适合传输视频。

(4) 远距离。传输范围一般介于 10～100 m，但在增加发射功率后，亦可增加到 1～3 km。这指的是相邻节点间的距离。如果通过路由和节点间通信的接力，传输距离将可以更远。在发射功率为 0 dBm 的情况下，蓝牙通常能有 10 m 的作用范围。而 Zigbee 在室内通常能达到 30～50 m 的作用范围，在室外空旷地带甚至可以达到 400 m。

(5) 短时延。Zigbee 的响应速度较快，一般从睡眠转入工作状态只需 15 ms，节点接入网络只需 30 ms，这进一步节省了电能。相比较，蓝牙需要 3～10 s，WLAN 需要 3 s。

(6) 高容量。Zigbee 可采用星状、树状和网状网络结构，由一个主节点管理若干子节点，一个主节点最多可管理 254 个子节点；同时主节点还可由上一层网络节点管理，最多可组成 65 000 个节点的大网。

(7) 高可靠性。Zigbee 提供了三级安全模式，包括无安全设定、使用访问控制清单(Access Control List，ACL)防止非法获取数据以及采用高级加密标准(AES 128)的对称密码，以灵活确定其安全属性。在可靠性方面，Zigbee 在很多方面进行保证。其中，物理层采用了扩频技术，能够在一定程度上抵抗干扰，链路层(APS 部分)有应答重传功能。MAC 层的载波监听多路访问(Carrier Sense Multiple Access，CSMA)机制使节点发送前先监听信道，可以起到避开干扰的作用。当 Zigbee 网络受到外界干扰，无法正常工作时，整个网络可以动态地切换到另一个工作信道上。

(8) 免执照频段。使用 ISM 频段，分别为 915 MHz(美国)、868 MHz(欧洲)、2.4 GHz(全球)。由于此 3 个频带的物理层并不相同，因此其各自信道的带宽也不同，分别为 0.6 MHz、2 MHz 和 5 MHz。3 个频带分别有 1 个、10 个和 16 个信道。

2. Zigbee 组网

Zigbee 支持自组网、多点中继，可实现网状拓扑的复杂的组网协议，加上其低功耗的特点，使得网络间的设备各司其职，有效地协同工作。例如，士兵在野外作战时，每人持有一个 Zigbee 网络模块终端，只要他们彼此间在网络模块的通信范围内，通过彼此自动寻找，很快就可以形成一个互联互通的 Zigbee 网络。此外，由于人员的移动，彼此间的联络还会发生变化。因此，模块还可以通过重新寻找通信对象，确定彼此间的联络，对原有网络进行刷新，这就是自组织网。Zigbee 网络有三种网络拓扑结构：星状、网状和树状，如图 3-4 所示。

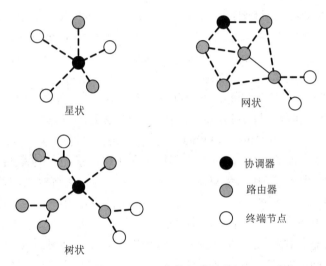

图 3-4 Zigbee 网络拓扑结构图

在 Zigbee 网络中，有三种不同类型的设备，分别叫作协调器(Coordinator)、路由器(Router)和终端节点(End Device)。

每个 Zigbee 网络只允许有一个协调器，协调器首先选择一个信道和网络标识(Personal Area Network ID，PAN ID)，然后开始组建这个网络。因为协调器是整个网络的开始，所以它具有网络的最高权限，是整个网络的管理维护者。协调器负责保持间接寻址用的绑定表格，进行安全管理和执行其他动作，保持网络其他设备的可靠、安全通信。

路由器是一种支持关联的设备，能够实现其他节点的消息转发功能。Zigbee 的树状网络可以有多个 Zigbee 路由器，但 Zigbee 的星状网络不支持 Zigbee 的路由器。协调器在选择频道和 PAN ID 并组建网络后，其功能相当于一个路由器。协调器或者路由器均允许其他设备加入网络，并为其路由数据。

Zigbee 终端节点是具体执行数据采集和传输的设备，不能转发其他节点的消息。终端节点通过协调器或者某个路由器加入网络后，便成为其子节点；对应的路由器或者协调器即成为父节点。当终端节点进入睡眠模式时，其父节点便需要为其保留其他节点发来的数据，直至终端节点进入工作模式，并将此数据取走。

组建一个完整的 Zigbee 网状网络包括网络初始化和节点加入网络两个步骤。其中节点加入网络包括通过协调器连接入网和通过已有节点入网两个步骤。

(1) 网络初始化。

如图 3-5 所示，Zigbee 网络的建立是由网络协调器发起的，任何一个 Zigbee 节点要组建一个网络必须满足以下两点要求：① 节点是全功能节点(Full Function Device，FFD)，具备 Zigbee 协调器的功能；② 节点还没有与其他网络连接。当节点已经与其他网络连接时，此节点只能作为该网络的子节点，因为一个 Zigbee 网络中有且只有一个网络协调器。

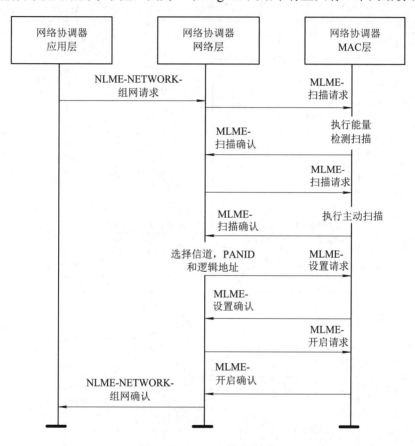

图 3-5 ZigBee 网络初始化

首先判断节点是不是 FFD，接着判断此 FFD 是否在其他网络里或者网络里是否已经存在协调器。

接下来进行信道扫描过程，信道扫描过程包括能量检测扫描和主动扫描两个过程。首先对指定的信道或者默认的信道进行能量检测扫描，以避免可能的干扰；然后进行主动扫描，搜索节点通信半径内的网络信息。

最后需要设置网络 ID。

上面步骤完成后，就成功完成了 Zigbee 网状网络的初始化，之后就等待其他节点的加入。节点入网时将选择范围内信号最强的父节点(包括协调器)加入网络，成功后将得到一个网络短地址，并通过这个地址进行数据的发送和接收，网络拓扑关系和地址就会保存在各自的缓存中。

(2) 节点通过协调器加入网络。

如图 3-6 所示，在协调器确定之后，节点首先需要和协调器建立连接并加入网络。为了建立连接，FFD 需要先向协调器提出请求，协调器接收到节点的连接请求后根据情况决定是否允许其连接，然后对请求连接的节点作出响应，节点与协调器建立连接后，才能实现数据的收发。节点通过协调器加入网络的具体流程可以分为下面的步骤。

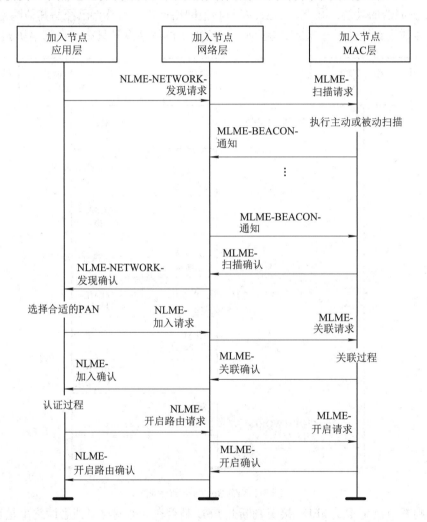

图 3-6 子节点接入网络

首先，节点会主动扫描，查找周围网络的协调器。然后，节点将关联请求命令发送给协调器，协调器收到后立即回复一个确认帧，表示已经收到节点的连接请求。

当节点收到协调器对其加入关联请求的确认后，节点 MAC 层将在一段时间内等待协调器的连接响应。若协调器的资源足够，协调器会给节点分配一个 16 位的短地址，并将连接成功的消息发送给节点，节点收到后回复一个确认帧，则此节点将成功地和协调器建立连接并可以开始通信。若协调器资源不够，待加入的节点将重新发送请求信息，直到入网成功。

(3) 节点通过已有节点加入网络。

当靠近协调器的 FFD 和协调器关联成功后，处于这个网络范围内的其他节点也可以将这些 FFD 作为父节点加入网络。加入网络的具体方式有两种：一种是通过关联方式，由待加入的节点发起加入网络；另一种是直接方式，即待加入的节点直接加入已有节点下，作为该节点的子节点。其中关联方式是 Zigbee 网络中新节点加入网络的主要途径。

对于节点来说，只有没有加入过网络的才能进行加入网络。根据节点类型的不同，节点接入方式可分为孤儿节点接入和新节点接入两种。在这些加入节点中，有些曾经加入过网络中，但是却与它的父节点失去联系，这样的节点被称为孤儿节点，而有些则是新节点。

对于孤儿节点来说，由于在它的相邻表中存有原父节点的信息，因此它可以直接给原父节点发送加入网络的请求信息。如果原父节点有足够资源同意它加入，则直接告诉它以前被分配的网络地址，它便入网成功；如果此时原父节点的网络中，子节点数已达到最大值，也就是说网络地址已经分配满，父节点便无法批准它加入，则它只能以新节点的身份重新寻找并加入网络。

对于新节点来说，它首先会通过主动或被动扫描查找周围它可以找到的网络，寻找有能力批准自己加入网络的父节点，并把找到的父节点的资料存入自己的相邻表。存入相邻表的父节点的资料包括 Zigbee 协议的版本、协议栈的规范、PAN ID 和可以加入的信息。在相邻表中的所有父节点中选择一个深度最小的节点，并对其发出请求信息。如果相邻表中没有合适的父节点的信息，那么表示入网失败，终止过程。如果发出的请求被批准，那么父节点同时会分配一个 16 位的网络地址，此时入网成功，子节点可以开始通信。如果请求失败，那么重新查找相邻表，继续发送请求信息，直到加入网络。

3. Zigbee 技术的应用

自从 Zigbee 技术被提出来以后，在 Zigbee 联盟展览会上，TI、飞思卡尔、NEC 等多家供应商展示了 Zigbee 技术的美好应用前景。

Zigbee 技术主要应用于无线传感器网络中。无线传感器网络是一种以数据为中心的自组织无线网络。网络中的节点密集，数量巨大，且部署在拓扑结构动态变化的区域，网络具有自组织和自调整的特点。在 Zigbee 联盟的推动下，Zigbee 技术与其他无线技术配合，不仅在工业、农业、军事、环境、医疗等传统领域具有巨大的运用价值，在未来其应用几乎可以涉及人类日常生活和社会生产活动的所有领域。

3.2.4 LoRa

LoRa(Long Range)技术是由美国 Semtech 公司采用和推广的一种基于扩频技术的远距离无线传输技术。LoRa 技术的目标是实现长距离通信，希望可以通过一个网关或基站覆盖整个城市。因此，LoRa 技术成为低功率广域网(Low Power Wide Area Network，LPWAN)技术中的关键技术之一。

2015 年 3 月 LoRa 联盟宣布成立，这是一个开放的、非营利性的组织，其目的在于将

LoRa 技术推向全球，实现 LoRa 技术的商用。该联盟由美国 Semtech 公司牵头，发起成员还有法国 Actility、中国 AUGTEK 和荷兰皇家电信 KPN 等企业。到目前为止，联盟成员数量达 330 多家，包括美国 IBM、美国思科、法国 Orange 等重量级厂商。

1. LoRa 技术概述

LoRa 是创建长距离通信连接的物理层无线调制技术。基于线性调频扩频(Chirp Spread Spectrum，CSS)技术的 LoRa 技术相较于传统的频移键控(Frequency Shift Keying，FSK)技术，能极大地增加通信范围，且 CSS 技术已经广泛应用于军事和空间通信领域，具有传输距离远、抗干扰性强等特点。

LoRaWAN 是为 LoRa 远距离通信网络设计的一套通信协议和系统架构。它是一种媒体访问控制(MAC)层协议。LoRaWAN 在整个流程中充当 MAC 的功能，而 LoRa 调制充当物理层。

2. LoRa 组网

LoRa 网络主要由终端节点(内置 LoRa 模块，如传感器、监控器)、网关(或称为基站)、网络服务器和应用服务器四部分组成，应用数据可双向传输，如图 3-7 所示。

图 3-7　LoRa 网络架构图

终端节点代表了海量的各类传感应用。节点使用 LoRa 线性扩频调制技术，遵守 LoRaWAN 协议规范，实现了点对点远距离传输。网关完成空中接口物理层的处理，负责接收终端节点的上行链路数据，并对多路数据分别建立单独的回程连接，解决多路数据并发问题，实现数据的收集和转发。终端设备可采用单跳与一个或多个网关通信，所有的节点均是双向通信。网关和网络服务器通过以太网或宽带无线通信技术(如 4G、5G)建立通信链路，使用标准的 TCP/IP 连接。网络服务器负责进行 MAC 层处理，包括消除重复的数据包、自适应速率选择、网关管理和选择、进程确认、安全管理等。应用服务器从网络服务器获取应用数据，并分析及利用传感器数据，进行应用状态展示、即时警告等。

LoRa 组网采用一主多从的星形网络拓扑结构，用户首先将模块设置为相应的主机和从机节点，并开启自组网功能。在自组网模式下，主机节点会自动选择周围没有被使用的物理信道和调制参数形成一个独立的网络，并能自动分配一个唯一的本地网络地址给从机节点，从机节点不需要进行任何的配置操作，加入网络后就能跟主机进行通信。一个主机节点最多可连接 200 个从机节点。而后可通过命令查询方式追溯到主机网内存储的从机信息，方便管理与通信。

3. LoRa 技术应用

LoRa 技术能够提供安全的远距离、低数据量的双向通信，并且能用最少的网络基础设施覆盖大片城市区域。LoRa 技术在智慧建筑、智慧农业等多种应用场景中都得到了广泛应用。

1) 智慧建筑

以往的建筑设施渐渐无法满足人类对于居住质量的要求，建筑智能化已成为趋势。对于建筑的改造，加入温、湿度以及安全传感器等，并定时将监测到的信息上传，便于建筑管理者的监管，随时掌握建筑的最新状况。

2) 智慧农业

对农业来说，低功耗及低成本的传感器是十分重要的。智慧农业就是将物联网技术运用于传统农业，将温、湿度以及盐碱度等环境数据通过传感器定期上传，这些信息可以有效提高农产品产量以及减少水资源的消耗。

3.2.5 NB-IoT

窄带物联网(Narrow Band Internet of Things，NB-IoT)技术是物联网领域的一种基于蜂窝的运营商级窄带物联网的新兴技术，支持低功耗设备在广域网的蜂窝数据连接，同时它也是低功耗广域网(Low Power Wide Area Network，LPWAN)通信技术。NB-IoT 是国际标准化组织 3GPP 在成熟商用的 4G LTE 技术基础上，针对 5G mMTC 场景代表的多连接、广覆盖、低功耗等要求而提出的一种更为精简的物联网新型终端通信技术。NB-IoT 使用 License 授权频段，并依赖运营商进行大规模网络部署，可采取独立、保护带和带内部署等三种部署方式，是目前唯一的商用 5G 物联网技术，并在全球 70 多个国家进行了广泛的商用部署和运营。

1. NB-IoT 技术概述

NB-IoT 的接入网物理层设计大部分沿用 FDD-LTE 系统技术，高层协议设计沿用 LTE 协议，主要针对其小数据包，即针对低数据传输速率、低功耗、深度广覆盖和大连接等特性进行功能增强。此外，NB-IoT 物联网终端能够容忍较大时延，即对时延不敏感或具有低时延特性要求。NB-IoT 核心网部分基于 S1/S11 接口连接，并引入 T6a 接口支持非 IP 数据传输，支持独立部署和升级部署方式。

下面详细介绍 NB-IoT 的特性。

(1) 超强覆盖。设计目标是在全球移动通信系统(Global System for Mobile communications，GSM)的基础上覆盖增强 20 dB。以 144 dB 作为 GSM 的最小耦合损耗(Minimum Coupling Loss，MCL)，NB-IoT 设计的 MCL 为 164 dB。其中，下行覆盖增强主要依靠增大各信道的最大重复次数(最大可达 2048 次)和下行基站的发射功率。上行覆盖增强技术通过减少上行传输带宽来提高上行功率谱密度，以及增加上行发送数据重复次数。

(2) 超低功耗。在 3GPP 标准中的终端电池寿命设计目标为 10 年。在实际设计中，

NB-IoT 引入扩张非连续接收(extended Discontinuous Reception，eDRX)与节电模式(Power Saving Mode，PSM)等节电技术以降低功耗，该技术通过降低峰均比来提升功率放大器(PA)效率，通过减少周期性测量及仅支持单进程等多种方案提升电池效率，以此达到 10 年寿命的设计预期。

(3) 超低成本。采用更简单的调制解调和编码方式，不支持 MIMO(多输入多输出)，以降低存储器及处理器要求，并通过采用半双工的方式、无须双工器、降低带外及阻塞指标等一系列方法来降低终端模块成本。

(4) 超大容量。其在设计之初所定目标为 5 万连接数/小区，根据初期计算评估，目前版本可基本达到要求。但是否可达到该设计目标取决于小区内各 NB-IoT 终端业务模型等因素，需要后续进一步测试评估。

2. 网络架构

NB-IoT 的网络架构包括：NB-IoT 终端、接入网络基站、归属用户签约服务器(HSS)、服务 GPRS 支持点、移动性管理实体(MME)、服务网关(SGW)、分组数据网网关(PGW)、业务能力开放单元(SCEF)、第三方服务能力服务器(SCS)或第三方应用服务器(AS)，如图3-8 所示。和现有的 4G 网络相比，NB-IoT 网络主要增加了 SCEF 来优化小数据传输和支持非 IP 数据传输。为了减少物理网元的数量，可以将 MME、SGW 和 PGW 等核心网网元合一部署，称之为蜂窝物联网服务网关节点(C-SGN)。NB-IoT 系统基本沿用了基于 4G LTE/演进的分组核心网(EPC)网络架构，并结合 NB-IoT 系统的多连接、小数据、低功耗、低成本、深度覆盖等特点，对现有 4G 网络架构和处理流程进行了优化。

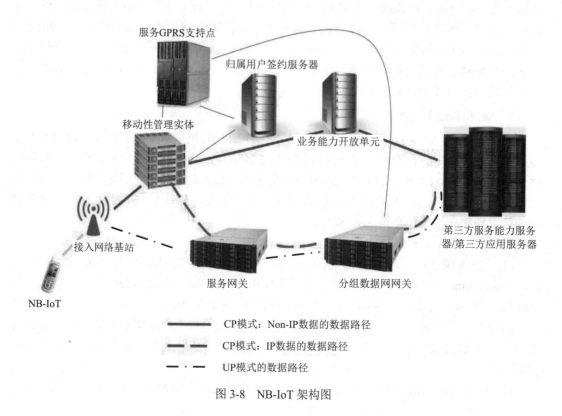

图 3-8　NB-IoT 架构图

3. 部署模式

对于未部署 LTE FDD 的运营商，NB-IoT 的部署更接近于全新网络的部署，将涉及无线接入网及核心网的新建或改造及传输结构的调整。同时，若无现成的空闲频谱，则需要对现网频谱(通常为 GSM)进行调整。因此，实施代价相对较高。而对于已部署 LTE FDD 的运营商，NB-IoT 的部署在很大程度上可利用现有设备与频谱，通过软件升级完成，其部署相对简单。但无论是依托哪种制式进行建设，都需要独立部署核心网或升级现网设备。接下来介绍 NB-IoT 的三种部署模式。

1) 独立部署

独立部署的模式可以利用重耕的 GSM 频段，GSM 的信道带宽为 200 kHz，这刚好为 NB-IoT 180 kHz 的带宽辟出了空间，且两边还有 10 kHz 的保护间隔。本模式频谱独占，不存在与现有系统共存问题，适合运营商快速部署试商用 NB-IoT 网络。而且多个连续的 180 kHz 带宽还可以捆绑使用，组成更大的部署带宽，以提高容量和数据传输速率，类似 LTE 的载波聚合技术(Carrier Aggregation，CA)。

2) 保护带部署

保护带部署的模式可以利用 LTE 边缘保护频带中未使用的 180 kHz 带宽的资源。适合运营商利用现网 LTE 网络频段外的带宽，最大化频谱资源利用率，但需解决与 LTE 系统干扰、射频指标共存等问题。实际上，1 个或多个 NB-IoT 载波(具体个数取决于 LTE 小区带宽)可以部署在 LTE 载波两侧的保护带内。

3) 带内部署

带内部署的模式可以利用 LTE 载波中间的任何资源块(PRB)。若运营商优先考虑利用现网 LTE 网络频段中的 PRB(物理资源块)，则可考虑带内(Inband)方式部署 NB-IoT，但同样面临与现有 LTE 系统共存的问题。实际上，带内部署模式又可以细分为两种：一种是 NB-IoT 小区 PCI 跟 LTE 主小区 PCI 相同，这样 NB-IoT 终端还可以借用 LTECRS 信号辅助进行下行信号强度测量和下行相干解调；另一种是 NB-IoT 小区 PCI 跟 LTE 主小区 PCI 不相同。

4. NB-IoT 技术的应用

NB-IoT 技术的低功耗和深度覆盖属性正好弥补了传统通信技术的诸多不足。基于这种属性，对于在室内隐秘地段或室外区域的物件，NB-IoT 网络都可以与其建立连接。NB-IoT 技术也因其低功耗、广覆盖、低成本、小尺寸等特点而成为资产追踪领域不可或缺的通信方式。

NB-IoT 技术的具体应用场景还包括公共事业应用场景、农业领域、消费领域等。其中，公共事业应用场景即民生工程、智慧城市(水表、智能停车、智能路灯、煤气管网系统、监控、环保等)通过 NB-IoT 技术可有效降低成本。同时，随着农业领域向集约化、高附加值化、规模化的方向发展，NB-IoT 技术在温度、湿度等方面可以提供低廉的监测模式。而在消费领域中，智能家居、共享单车、远程医疗以及智能穿戴可以通过 NB-IoT 技术来实现。

3.2.6 无线低速网络的应用

无线低速网络可以为智慧城市提供底层感知支撑，如使用 Zigbee、蓝牙对传感器的信息进行收集和汇聚，使用红外通信对家庭中的家电设备进行控制。无线低速网络在家庭中的应用如图 3-9 所示。用户可以使用蓝牙设备在 9 m 以内无线控制存储在 PC 或 Apple iPad 上的音频文件。蓝牙技术还可以用在适配器中，允许人们从相机、手机、计算机向电视发送照片，从而与朋友共享。Zigbee 模块可安装在电视机、冰箱和其他家电产品中，用户可以通过智慧家庭服务查看家庭环境并控制家电，从而使用户的生活更便捷。

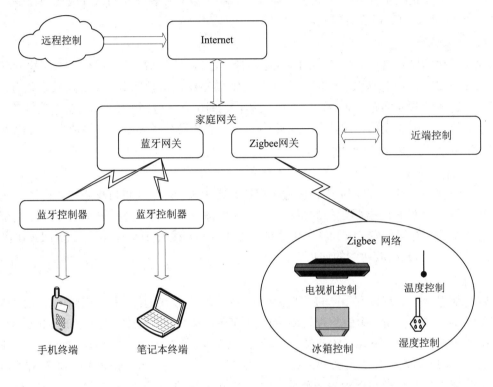

图 3-9　无线低速网络在家庭中的应用

 ## 3.3　无线宽带网络

　　从 20 世纪 90 年代中期开始，互联网逐渐走进人们的生活，各种网络应用和服务已经和人们的生活密不可分。由于有线网络连接在空间上的局限性，同时无法克服接入网布线困难的问题，也就是通常所说的"最后一公里"问题，因此如何将更多的智能设备稳定、快速地接入到互联网中成为首先需要解决的问题。同时，人们越来越不希望受到有线网络的约束，希望可以随时随地享受高速网络带来的便捷。无线宽带技术应运而生，对于解决"最后一公里"难题起到了至关重要的作用。无线宽带网络相比于有线网络，同样支持高速接入，但解决了有线网络对设备接入位置的限制和布线困扰问题，节省了布线的设施成本。无线宽带网络使得人们能够非常方便地使用手机、平板电脑以及其他无线智能终端设

备，在任何有无线宽带网络信号覆盖的地方享受上网服务。下面将对智慧城市中典型的无线宽带网络，即无线局域网(Wireless Local Area Networks，WLAN)进行介绍。

3.3.1 无线局域网概述

WLAN 的全称是 Wireless Local Area Networks，即无线局域网。通过 WLAN，可以将智能手机、PDA、平板电脑或 PC 以无线的方式接入网络。WLAN 以其自身的诸多优点，受到了人们的推崇，取得了广泛的应用。WLAN 属于短距离无线技术，它的物理层和 MAC 层使用的都是 IEEE 802.11 系列标准。

最初的 IEEE 802.11 标准是在 1997 年被提出的，称为 IEEE 802.11b，主要目的是提供 WLAN 接入，也是目前 WLAN 的主要技术标准，它的工作频段是 ISM 2.4 GHz。随着技术的发展和 IEEE 802.11a 以及 IEEE 802.11g 等标准的出现，现在 IEEE 802.11 系列标准已经成为 WLAN 的通用标准。

1999 年加上了两个补充版本：IEEE 802.11a 和 IEEE 802.11b。

2003 年 7 月 IEEE 802.11 工作组批准了 IEEE 802.11g 标准，该标准开始成为人们关注的焦点。

2009 年，IEEE 802.11 工作组批准了 IEEE 802.11n 标准。

在发布了 IEEE 802.11n 标准后，IEEE 802.11 工作组着手下一代标准 IEEE 802.11ac 的制订工作。IEEE 802.11ac 继续工作在 5.0 GHz 频段上以保证向下兼容性，但数据传输通道会大大扩充，在当前 20 MHz 的基础上增至 40 MHz 或者 80 MHz，甚至有可能达到 160 MHz。再加上大约 10%的实际频率调制效率提升，新标准的理论传输速率最高有望达到 1 Gb/s，是 IEEE 802.11n 300 Mb/s 的三倍多。

自 1997 年 IEEE 发布了第一个网络标准 IEEE 802.11 开始，无线宽带网络就凭借其独特的优势取得了极速发展。WLAN 能够得到大范围的使用和快速的发展，得益于其存在下述的几个优点：

(1) WLAN 的覆盖范围广。基于蓝牙技术的电波覆盖半径为 15 m 左右，而 WLAN 的覆盖半径可达几百米甚至几千米。

(2) 传输速率高。WLAN 的传输速率非常快，IEEE 802.11b 标准的数据传输速率可以达到 11 Mb/s，IEEE 802.11 n 标准的数据传输速率最高可达 600 Mb/s。

(3) 无须布线。与以太网相比，WLAN 可以在保证数据传输速率的同时，无须复杂的布线，节省了布线成本。

(4) 发射功率低，辐射较小。IEEE 802.11 规定 WLAN 的发射功率不可以超过 100 mW，实际发射功率为 60～70 mW，远远低于手机 200～1000 mW 的发射功率，对人体的辐射影响更小。

(5) WLAN 组网方法简单，容易实现。一般只需要一个无线网卡以及一个无线接入点(Access Point，AP)就可以组成一个 WLAN 网络，再结合已有的有线网络便可以分享网络资源，其架设费用和复杂程度远远低于传统的有线网络。有线宽带网络接入用户后，连接到一个无线 AP，然后用户通过支持 WLAN 的设备接入到 WLAN 网络中即可享受互联网服务。

3.3.2　WLAN 网络结构及工作原理

1. WLAN 网络结构

WLAN 网络结构如图 3-10 所示。

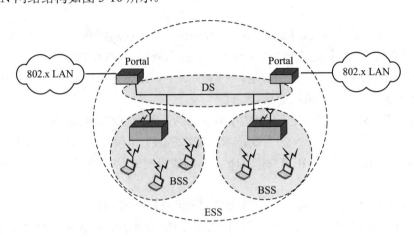

图 3-10　WLAN 网络结构

WLAN 网络的基本组成单元如下：

(1) 站点(Station)。站点是网络最基本的组成部分。

(2) 基本服务单元(Basic Service Set，BSS)。基本服务单元是 IEEE 802.11 标准规定的无线局域网的最小构件。一个基本服务单元包括一个基站和至少一个站点，所有的站点可以动态地连接到基本服务单元中。同一个 BSS 内部的站点相互间可以直接进行通信，但与外部 BSS 的站点通信时必须通过本 BSS 的基站。

(3) 分配系统(Distribution System，DS)。分配系统用于连接不同的基本服务单元。逻辑上分配系统使用的媒介和基本服务单元使用的媒介是截然分开的，尽管物理上它们可能会是同一个媒介，例如同一个无线频段。

(4) 接入点(Access Point，AP)。接入点既有普通站点的身份，又有接入到分配系统的功能。

(5) 扩展服务单元(Extended Service Set，ESS)。扩展服务单元由分配系统和基本服务单元组成。一个基本服务单元可以是独立的，也可以通过 AP 连接到主干 DS 中，然后再接入到另一个 BSS，这样就构成了一个扩展服务单元。

(6) 关口(Portal)。关口的作用相当于网桥，主要是将无线局域网和有线局域网或其他网络联系起来。所有来自非 IEEE 802.11 网络的数据都必须经过关口才能够进入 IEEE 802.11 网络结构。

2. 工作原理

根据 AP 实现功能的不同，WLAN 组网方式分为 fat AP(胖 AP)和 fit AP(瘦 AP)。

1) fat AP 组网

fat AP 将 WLAN 物理层的功能、用户数据加密、用户认证、QoS(服务质量)、网络管理、漫游技术以及其他应用层的功能集于一身。

fat AP 组网方式比较简单，只需要在接入层添加 AP 即可，通过 ADSL(非对称数字用户线)或以太网专线接入到宽带接入服务器(Broadband Access Server，BAS)，再由 BAS 接入到城域网。无线用户一般采用 PPPoE 或 Web portal 认证接入网络，BAS 作为无线用户的认证点。为了便于管理热点地区的 AP 设备，需要给这些 AP 分配固定的 IP 地址，然后采用管理平台通过简单网络管理协议(Simple Network Management Protocol, SNMP)标准对热点地区的 AP 进行统一管理。典型的 fat AP 组网模式如图 3-11 所示。

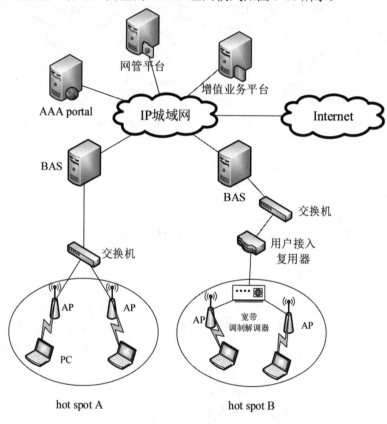

图 3-11　fat AP 组网模式

2) fit AP 组网

与 fit AP 相比，fat AP 配置比较方便，但是在 fat AP 数量庞大的情况下，AP 的配置将成为耗时耗力的工作，并且在 AP 发生故障后又需要重新配置。

fit AP 是一个只有加密、射频功能的 AP，它的功能单一，不能独立工作。整个 fit AP 无线网络解决方案由无线路由器和 fit AP 在有线网的基础上构成。

典型的 fit AP 组网模式如图 3-12 所示。相对于 fat AP 组网方式，fit AP 组网增加了无线控制器设备。无线控制器可以旁挂于 BAS 设备或串接于 AP 与 BAS 设备的中间。在这种组网方式下，无线控制器作为网管的代理负责整个热点地区 AP 的管理；BAS 作为无线用户的认证点，负责无线用户的认证和接入控制，采用 PPPoE 认证时，客户的 PPPoE 认证报文终结在 BAS 设备上。为了简化管理配置工作，AP 本身不支持 SNMP，网管对 AP 的管理控制是通过配置无线控制器间接完成的，同时无线控制器会将 AP 的统计和告警信息上报给网管。

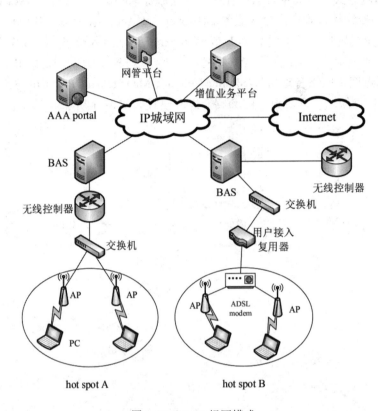

图 3-12   fit AP 组网模式

　　fit AP 组网最大的优点在于 AP 本身零配置，AP 上电后会自动从无线控制器下载软件版本和配置文件，无线控制器会自动调节 AP 的工作信道以及发射功率。另外，通过无线控制器的 RF(射频)扫描探测热点地区 Rough AP(非法 AP)，可以及时排除其他 AP 存在的干扰。在网络管理方面，网管可以只通过管理无线控制器设备就达到控制 AP 的效果，极大地减少了无线网络后期维护和管理的工作量。

3.3.3   WLAN 的应用

1. WLAN 热点

　　WLAN 热点的应用主要体现在以下两个方面：

　　(1) 具有 WLAN 功能的设备(如个人电脑、智能手机或平板电脑)可以通过范围内的无线网络连接到网络中。WLAN 覆盖范围的一个或多个接入点称为热点。WLAN 除了用于家庭和办公室，还可以提供公众访问的热点免费使用服务或各种商业服务，以吸引或协助客户。商家会依照客户的希望提供服务，甚至企业在某些领域有时也会提供免费的 WLAN 接入。

　　(2) 在智慧城市中，WLAN 热点的分布十分广泛，用户根据自己的需要接入网络后，就可以浏览网页数据、图片等信息，或者观看视频，对各种类型数据进行下载等，这极大地方便了用户的生活。

21 世纪初期，世界各地的许多城市都宣布了计划构建全市 WLAN 网络。全球已建和建造中的 WLAN 城市已经超过 500 个，其中覆盖率最高的城市为台北市，全市已有 4000 个无线 AP，未来将至 10 000 个，覆盖率达到 90%。目前，谷歌也将通过谷歌光纤的附属项目在 34 个城市开展 WLAN 覆盖服务。

2. 点对点直接通信

WLAN 无线通信无须通过接入点即可实现从一台电脑到另一台的直接通信。这就是所谓的点对点(Ad-hoc)模式的 WLAN 传输。同样，WLAN 联盟推动一种称为 WiFi Direct 的具有突破意义的新技术。通过这种技术，WiFi Direct 设备能够随时随地实现互相连接，以及直接进行文件传输和媒体共享。

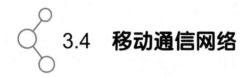

3.4 移动通信网络

WLAN 通信在被广泛使用的同时也存在一些问题：WLAN 无线通信的覆盖范围不够全面；WLAN 的安全性不高，已经确认有线等效保密(Wired Equivalent Privacy，WEP)加密可以在短时间内被破解，WiFi 保护接入(WiFi Protected Access，WPA)加密经过一定时间的抓包也可能会被破解；部分终端不支持；对传输资源的要求高；频点不足等。仅仅依靠 WLAN 已无法满足人们正常的通信需求，这时就需要移动通信网络的支持。

移动通信是指移动用户之间，或移动用户与固定用户之间的通信，即移动通信双方中有一方或两方处于运动中的通信。随着电子技术的发展，特别是半导体、集成电路和计算机技术的发展，移动通信得到了迅速的发展。随着其应用领域的扩大和对性能要求的提高，移动通信在技术上和理论上向更高水平发展。20 世纪 80 年代以来，移动通信已成为现代通信网中不可缺少并发展较快的通信方式之一。

3.4.1 移动通信网络概述

早在 20 世纪 20 年代，移动通信就有了初步的发展，不过当时的移动通信使用范围非常小，主要使用对象是船舶、飞机、汽车等专用移动工具，以及运用于军事通信中，使用频段主要是短波段。移动通信技术的迅速发展经历了第一代模拟移动通信系统(1G)、第二代数字移动通信系统(2G)、以提供宽带多媒体业务为主要特征的第三代移动通信系统(3G)和真正高速的移动通信系统(4G、5G)。

第一代移动通信系统是基于模拟传输的，其特点是业务量小、质量差、安全性差、没有加密和速度低。第一代移动通信系统主要采用的是模拟技术和频分多址(Frequency Division Multiple Access，FDMA)技术。由于受到传输带宽的限制，第一代移动通信系统不能进行移动通信的长途漫游，是一种区域性的移动通信系统。第一代移动通信系统有多种制式，我国主要采用的是全接入通信系统(Total Access Communication System，TACS)。第一代移动通信系统有很多不足之处，如容量有限、制式太多、互不兼容、保密性差、通话质量不高、不能提供数据业务和不能提供自动漫游等。

第二代移动通信系统的使用频率范围为 800～900 MHz。2G 表示第二代移动通信系统，代表为全球移动通信系统(GSM)。与第一代模拟移动通信系统相比，第二代数字移动通信系统的频谱利用率较高，可以提供更大的容量；抗干扰和抗衰落的能力增强，能够保证较好的语音质量；可以提供更多的业务；系统保密性好。尽管 2G 技术在发展中不断得到完善，但随着用户规模和网络规模的不断扩大，频率资源已接近枯竭，语音质量不能达到用户满意的标准，数据通信速率太低，无法在真正意义上满足移动多媒体业务的需求。而且，第二代移动通信网络和几个主流技术相互之间并不兼容，无法实现全球漫游，因此产生了第三代移动通信系统——3G。

3.4.2　第三代移动通信系统——3G

第三代移动通信系统(3G)，又称 IMT-2000，它最基本的特征是智能信号处理技术。智能信号处理单元作为基本功能模块，支持话音和多媒体数据通信，它可以提供前两代产品不能提供的各种宽带信息业务，例如高速数据、慢速图像与电视图像等。国际电信联盟(ITU)在 2000 年 5 月确定了 WCDMA(Wideband Code Division Multiple Access)、CDMA2000(Code Division Multiple Access 2000)、TD-SCDMA(Time Division-Synchronous Code Division Multiple Access)三大主流无线接口标准，并写入 3G 技术指导性文件。2007 年，WiMAX (World interoperability for Microwave Access)亦被接受为 3G 标准之一。

中国国内支持 ITU 确定的三个无线接口标准，分别是中国电信的 CDMA2000、中国联通的 WCDMA、中国移动的 TD-SCDMA。业界也将 CDMA 技术作为 3G 的主流技术。GSM 设备采用的是时分多址，而 CDMA 使用码分扩频技术，先进功率和话音激活至少可提供大于 3 倍 GSM 网络容量。

目前，已有 538 个 WCDMA 运营商在 246 个国家和地区开通了 WCDMA 网络，3G 商用市场份额超过 80%，而 WCDMA 向下兼容的 GSM 网络已覆盖 184 个国家，遍布全球，WCDMA 用户数已超过 6 亿。

3.4.3　第四代移动通信系统——4G

4G 是第四代移动通信及其技术的简称，是集 3G 与 WLAN 于一体，能够传输高质量视频图像，并且图像传输质量与高清晰度电视不相上下的技术产品。4G 技术包括 TD-LTE 和 FDD-LTE 两种制式，但从严格意义上来讲，LTE 只是 3.9G，尽管被宣传为 4G 无线标准，但它其实并未被 3GPP 认可为国际电信联盟所描述的下一代无线通信标准 IMT-Advanced，因此在严格意义上其还未达到 4G 的标准。只有升级版的 LTE Advanced 才满足国际电信联盟对 4G 的要求。此外，4G 可以在 DSL 和有线电视调制解调器没有覆盖的地方部署，然后再扩展到整个地区。很明显，4G 有着不可比拟的优越性。目前，4G 已成为全球覆盖范围最广、应用最多的移动通信技术。

1. 概述

4G 系统能够以 100 Mb/s 的速率下载，比拨号上网快 2000 倍，上传的速度也能达到

20 Mb/s，并能够满足几乎所有用户对于无线服务的要求。而在用户最为关注的价格方面，4G 与固定宽带网络在价格方面不相上下，而且计费方式更加灵活机动，用户完全可以根据自身的需求确定所需的服务。相比 3G 等其他移动通信技术，4G 通信技术有以下优势：

(1) 通信速度快。4G 移动通信系统的传输速率可达到 20 Mb/s，甚至最高可以达到 100 Mb/s，这种速率相当于 2009 年最新手机的传输速率的 1 万倍左右，第三代手机传输速率的 50 倍。

(2) 网络频谱宽。4G 网络在通信带宽上比 3G 网络的蜂窝系统的带宽高出许多。据研究 4G 通信的 AT&T 的执行官们说，估计每个 4G 信道会占有 100 MHz 的频谱，相当于 W-CDMA 3G 网络的 20 倍。

(3) 通信灵活。未来的 4G 通信使人们不仅可以随时随地通信，还可以双向下载传递资料、图画、影像，当然也可以和从未谋面的陌生人网上连线对打游戏。也许有被网上定位系统永远锁定无处遁形的苦恼，但是与它据此提供的地图带来的便利和安全相比，这简直可以忽略不计。

(4) 兼容性好。未来的第四代移动通信系统应当具备全球漫游，接口开放，能跟多种网络互联，终端多样化，以及能从第二代平稳过渡等特点。

(5) 提供增值服务。4G 通信并不是从 3G 通信的基础上经过简单的升级而演变过来的，它们的核心建设技术从根本上是不同的。3G 移动通信系统主要是以码分多址(Code Division Multiple Access，CDMA)为核心技术，而 4G 移动通信系统的核心是正交频分复用(Orthogonal Frequency Division Multiplexing，OFDM)技术，利用这种技术人们可以实现例如无线区域环路(WLL)、数字音频广播(DAB)等方面的无线通信增值服务。

(6) 高质量通信。第四代移动通信的出现不仅仅是为了响应用户数的增加，更重要的是，必须响应用户对多媒体的传输需求，当然还包括通信品质的要求。总结来说，首先必须可以容纳市场庞大的用户数、改善现有通信品质不良，以及达到高速数据传输的要求。

(7) 频率效率高。相比第三代移动通信技术，第四代移动通信技术在开发研制过程中使用和引入了许多功能强大的突破性技术。例如一些光纤通信产品公司为了进一步提高无线因特网的主干带宽宽度，引入了交换层级技术，这种技术能同时涵盖不同类型的通信接口，也就是说第四代主要运用了路由技术为主的网络架构。由于利用了几项不同的技术，因此无线频率的使用比第二代和第三代系统有效得多。

(8) 费用便宜。4G 通信不仅解决了与 3G 通信的兼容性问题，让更多的现有通信用户能轻易地升级到 4G 通信，而且 4G 通信引入了许多尖端的通信技术，这些技术保证了 4G 通信能提供一种灵活性非常高的系统操作方式。因此相对其他技术，4G 通信部署起来就容易且迅速得多。在建设 4G 通信网络系统时，通信运营商们会考虑直接在 3G 通信网络的基础设施之上，采用逐步引入的方法，这样就能够有效地降低运行者和用户的费用。

除了上述的优点，4G 通信技术也存在一些缺陷，如下：

(1) 标准多。开发第四代移动通信系统首先必须解决通信制式等需要全球统一的标准化问题，而世界各大通信厂商对此一直争论不休。

(2) 容量受限。人们对未来的 4G 通信的印象最深的莫过于它的通信传输速率会得到极大提升，但手机的速度会受到通信系统容量的限制，如系统容量有限，手机用户越多，速度就越慢。

(3) 市场难以消化。市场正在消化吸收第三代技术，对于第四代移动通信系统的接受还需要一个逐步过渡的过程。

(4) 设施更新慢。如果要部署 4G 通信网络系统，则全球的许多无线基础设施都需要经历较大的变化和更新，而这种变化和更新势必减缓 4G 通信技术全面进入市场、占领市场的速度。

2. 4G 通信网络架构及工作原理

4G 通信网络架构如图 3-13 所示。4G 通信网络可分为三层：物理网络层、中间环境层、应用网络层。物理网络层提供接入和路由选择功能，涉及无线终端、无线网及核心网的部分设备。中间环境层的功能有 QoS 映射、地址变换和完全性管理等，主要由核心网网络管理设备组成。应用网络层直接为应用进程提供服务，由核心网后方的业务平台组成。

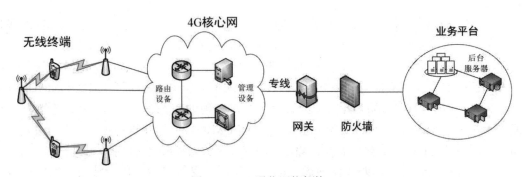

图 3-13 4G 通信网络架构

物理网络层、中间环境层及应用网络层之间的接口是开放的，这使得发展和提供新的应用及服务变得更为容易。此接口提供了无缝高数据率的无线服务，可运行于多个频带。无线服务能自适应多个无线标准及多模终端能力，跨越多个运营者和服务，扩大服务提供范围。

第四代移动通信系统的关键技术包括信道传输，抗干扰性强的高速接入技术、调制和信息传输技术，高性能、小型化和低成本的自适应阵列智能天线，大容量、低成本的无线接口和光接口，系统管理资源，软件无线电、网络结构协议等。

第四代移动通信系统主要是以 OFDM 技术为核心的。OFDM 技术的特点是网络结构高度可扩展，具有良好的抗噪声性能和抗多信道干扰能力，可以提供无线数据技术质量更高(速率高、时延小)的服务和更好的性价比，能为 4G 无线网提供更好的方案。例如，无线区域环路(WLL)、数字音频广播(DAB)等，预计都采用 OFDM 技术。

4G 移动通信对加速增长的广带无线连接的要求提供技术上的回应，对跨越公众的和专用的、室内和室外的多种无线系统和网络保证提供无缝的服务。通过最适合的可用网络为用户提供所需的最佳服务，能应付基于因特网通信所期望的增长，并且增添新的频段，使频谱资源大扩展，提供不同类型的通信接口，运用路由技术为主的网络架构，以傅里叶变换来发展硬件架构实现第四代网络架构。

3. 相关标准

1) LTE 技术标准

LTE 技术标准是 3G 的演进，它改进并增强了 3G 的空中接入技术，采用 OFDM 和 MIMO 作为其无线网络演进的唯一标准。LTE 的主要特点是在 20 MHz 的频谱带宽下能够提供下行 100 Mb/s 与上行 50 Mb/s 的峰值速率，相对于 3G 网络大大提高了小区的容量，同时大大降低了网络延迟，控制平面从睡眠状态到激活状态的迁移时间低于 50 ms，从驻留状态到激活状态的迁移时间小于 100 ms，并且这一标准也是 3GPP 长期演进的项目，是近两年来 3GPP 启动的最大的新技术研发项目。

严格上说 LTE 并非人们普遍误解的 4G 技术，而是 3G 与 4G 技术之间的一个过渡，是 3.9G 的全球标准。随着国际电信联盟放松了 4G 的定义，其也正式加入准 4G 的行列当中。由于目前的 WCDMA 网络的升级版 HSPA+均能够演化到 LTE 这一状态，包括中国自主的 TD-SCDMA 网络也将绕过 HSPA 直接向 LTE 演进，所以这一 4G 标准获得了极大的支持，也将是未来 4G 标准的主流。

2) LTE-Advanced 技术标准

LTE-Advanced 的正式名称为 Further Advancements for E-UTRA，它满足 ITU-R 的 IMT-Advanced 技术征集的需求，是 3GPP 形成欧洲 IMT-Advanced 技术提案的一个重要来源。LTE-Advanced 是一个后向兼容的技术，完全兼容 LTE 是演进而不是革命，相当于 HSPA 和 WCDMA 这样的关系。

如果说 LTE 是作为 3.9G 技术标准的话，那么 LTE-Advanced 作为准 4G 标准更加确切一些。LTE-Advanced 包含 TDD 和 FDD 两种制式，其中 TD-SCDMA 将能够进化到 TDD 制式，而 WCDMA 网络能够进化到 FDD 制式。移动主导的 TD-SCDMA 网络期望能够直接绕过 HSPA+网络而直接进入到 LTE。

4. 发展前景

全球 4G 发展现状呈现以下几个特点：全球 LTE 用户快速发展；TD-LTE 和 LTE FDD 差距大幅缩小；移动通信产业研发重心向 4G 转移；4G 网络流量快速攀升。对于 4G 未来的发展趋势，全球 LTE 版图持续扩张，多频组网成为必然趋势。未来几年全球 LTE 用户复合增长率将达到 100％。未来运营商将面临多频组网的挑战，网络建设可以通过载波聚合的方式，解决多频组网问题。

3.4.4 第五代移动通信系统——5G

5G 是面向 2020 年以后的移动通信需求而发展起来的新一代移动通信系统。根据移动通信的发展规律，5G 将具有超高的频谱利用率和能效，在传输速率和资源利用率等方面较 4G 移动通信提高一个量级或更高，其无线覆盖性能、传输时延、系统安全和用户体验也将得到显著的提高。5G 移动通信将与其他无线移动通信技术密切结合，构成新一代无所不在的移动信息网络，满足未来 10 年移动互联网流量增加 1000 倍的发展需求。由于 5G 系统既包括新的无线传输技术，也包括现有的各种无线接入技术的后续演进，5G 网络必然是多种无线接入技术共存的网络，如 5G、4G、LTE、UMTS (Universal Mobile Telecommunications System) 和 WLAN 等共存，既有负责基础覆盖的宏站，又有承担热点覆盖的低功率小站，如 Micro、Pico、Relay 和 Femto 等多无线接入技术多层覆盖异构网络。

1. 概述

5G 是 4G 之后的下一代移动通信网络标准，其上网速度将比 4G 高出 100 多倍，运营商的服务能力也将极大增强，5G 网络将会对家庭现有的宽带连接形成有益的补充。5G 是新一代移动通信技术发展的主要方向，是未来信息基础设施的重要组成部分。5G 是 4G 的延伸，不仅将进一步提升用户的网络体验，同时还将满足未来万物互联的应用需求。5G 具有以下优势：

(1) 高速率。5G 网络的传输速率可达到 1 Gb/s，例如用户下载一部超清电影只需 1 s。另外，由于 VR 需要 150 Mb/s 以上的宽带才能实现高清传输，因此 VR 产业可借助 5G 实现突破。高速率还可支持远程医疗和远程教育等从概念转向实际应用，这些都是需要高速率网络作为基础的。

(2) 泛在网。在 3G 和 4G 时代，我们使用的是宏基站，其功率大、体积大，不能密集部署，而且距离宏基站越近，信号越强。5G 时代将使用微基站，即小型基站，这种基站能覆盖末梢通信，使得任何角落都能连接到网络信号。其包括两个层面：一是广泛覆盖，指人类足迹延伸到的地方，都需要被覆盖，比如高山、峡谷等；二是纵深覆盖，指人们的生活中已有的网络部署，但需要进入更高品质的深度覆盖，比如信号不好的卫生间、地下车库等狭小深层的空间。

(3) 低功耗。5G 移动通信的低功耗主要采用两种技术手段来实现。一是美国高通公司等主导的 eMTC：基于 LTE 协议演进而来，为了适合物与物之间的通信；eMTC 基于蜂窝网络进行部署，其用户通过 1.4 MHz 射频和基带宽带直接接入现有的 LTE 网络。二是中国华为公司主导的 NB-IoT：基于蜂窝网络，通过 180 KHz 就可接入 GSM 网络、UMTS 网络或 LTE 网络，部署成本降低，平滑升级。

(4) 低时延。3G 网络时延约 100 ms，4G 网络时延约 20～80 ms，5G 网络时延下降到 1～10 ms。5G 对于时延的终极要求是 1 ms，甚至更低。边缘计算技术将被用到 5G 的网络架构中。

(5) 万物互联。移动通信基于蜂窝通信，现在一个基站只能连接 400～500 部手机。爱立信预测，人类未来会有 500 亿个连接，预测 2025 年，中国将有 100 亿个移动通信终端。接入的终端不再以手机为主，还会扩展到日常生活中的更多产品，例如冰箱、空调、电线杆、垃圾桶等个人或者公共设施。

(6) 重构完全体系。传统的互联网的安全机制非常薄弱，信息不加密就直接传送。5G 时代智能互联网的首位要求是安全，没有安全保证，可以不建 5G；5G 建设起来后如果无法重新构建安全体系，则将会产生巨大的破坏力。例如，无人机驾驶系统、汽车驾驶系统、智能健康系统被攻破控制，安全问题不是修补可以解决的，应该在基层构建的时候就解决，为此提出了一系列新的安全防护理念，如内生安全等。

2. 5G 网络架构及工作原理

5G 网络有接入网、承载网、核心网三部分，如图 3-14 所示。接入网一般是无线接入网(RAN)，主要由基站(Base Station)组成。基站通常包括 BBU(主要负责信号调制)、RRU (主要负责射频处理)、馈线(连接 RRU 和天线)和天线(主要负责线缆上导行波和空气中空间波之间的转换)。

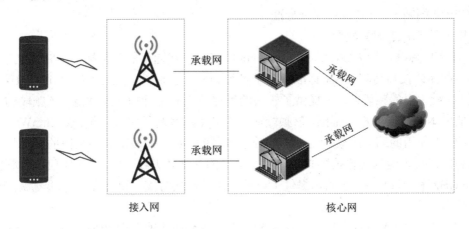

图 3-14 5G 网络架构

4G 每个基站都有一个 BBU，并通过 BBU 直接连到核心网。而在 5G 网络中，接入网不再由 BBU、RRU、天线这些东西组成，而是被重构为以下 3 个功能实体：CU(Centralized Unit，集中单元)，DU(Distribute Unit，分布单元)，AAU(Active Antenna Unit，有源天线单元)。原来 4G 的 RRU 和天线合并成 AAU，把 BBU 分离成 CU 和 DU，DU 下沉到 AAU 处，一个 CU 可以连接多个 DU。

5G 作为新一代的移动通信技术，它的网络结构、网络能力和要求都与过去有很大不同，有大量技术被整合在其中，5G 体现了创新、全面的移动无线通信技术的广度和深度。

OFDM 技术避免多径衰落的能力强，其频谱效率高，实现也较为简单，广泛应用于 LTE、LTE-A 等系统中，但该技术中的基带波很容易会受到方波的干扰。而在 5G 无线网络系统中，要求单位达到吉赫的带宽，从而实现极高速率的数据传输，然而在频率较低的区域中，要想得到不间断的频谱资源较为困难。5G 的波形在 OFDM 的基础上，对波形增加滤波器，FBMC 是对每个子载波加滤波器，能够实现带外频率扩展的降低。

5G 的超高下载速率依赖于 MIMO 技术，主要靠在空中同时传输多路不同的数据来成倍地提升网速。MIMO 技术在 5G 无线网络中被认为是一项关键的、具有可行性的技术。但是要实现该技术也需要一定的条件，否则当小区内采用正交的导频序列、小区间采用相同的导频序列组时，会存在导频污染的问题，导致上、下行数据传输的信干比无法随基站天线数增加相应变化。另外，若在基站侧部署大规模多天线技术，在一定程度上会增加成本的投入，在实际场景中，大规模多天线还要能够灵活地适应复杂的无线电环境，这是该技术面临的挑战。

5G 的另一大特色是全双工技术。全双工技术是指设备的发射机和接收机采用相同的频率资源同时进行工作，使得通信的两端同时在上、下行使用相同的频率，突破了现有的频

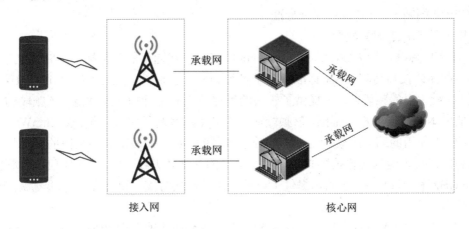

关
键
技
术
篇

69

分双工(FDD)和时分双工(TDD)模式下的半双工缺陷，这是通信节点实现双向通信的关键之一，也是 5G 所需的高吞吐量和低延迟的关键技术。

3. 相关标准

5G 技术是一种新型的无线通信技术，可以提供更高的带宽、更低的延迟和更好的网络可靠性，同时还能支持更多的用户和更多的设备。为了保证 5G 技术的互通性和兼容性，ITU 和 3GPP 共同制定了 5G 的一系列标准。

以下是 5G 的一些重要标准：

(1) NR 标准。新无线(New Radio，NR)是 5G 无线通信的基础标准，它定义了 5G 的物理层和无线接口协议。NR 标准涵盖了多种频段，包括以下三种：① Sub-6GHz 频段。这是 5G 最主要的频段之一，提供了较大的覆盖范围和更好的穿透性能。该频段的主要特点是低成本和广泛的覆盖范围，该频段适合于城市和乡村等多种环境。② mmWave 频段。这是 5G 中使用的高频率波段之一，其频率范围为 24～100 GHz。该频段的主要特点是高带宽和低延迟，但其传输范围较短，需要更多的基站和天线。③ 中频频段。该频段介于 Sub-6 GHz 和 mmWave 之间，提供了一种平衡的解决方案，可以在带宽和覆盖范围之间取得平衡。

(2) SA 和 NSA 标准。独立组网(Stand-Alone，SA)和非独立组网(Non-Stand-Alone，NSA)是 5G 网络部署的两种方式。SA 标准是指使用 5G 核心网的独立部署方式，而 NSA 标准是指在现有 4G 基础设施上部署 5G 网络。SA 标准可以提供更高的带宽和更低的延迟，但需要更多的投资和时间来实现。

(3) MIMO 标准。多进多出(Multiple-Input Multiple-Output，MIMO)技术是一种多天线技术，可以提高无线通信的速度和可靠性。5G 使用的 MIMO 标准可以支持更多的天线和更大的天线阵列，从而提供更高的带宽和更稳定的信号质量。

(4) URLLC 标准。超可靠低延迟通信(ultra-Reliable and Low-Latency Communications，uRLLC)是 5G 中的一种通信服务类型，可以提供超高的可靠性和低延迟的通信服务。该标准对于一些对通信质量有极高要求的应用场景非常重要，比如自动驾驶和远程医疗等。

4. 发展前景

5G 技术具有高速率、低延时、高可靠性、高密度连接、低功耗、安全可靠等优势，将带来全新的移动通信体验，同时也将推动互联网与各行业融合发展，促进数字经济的快速发展。5G 技术的应用场景广泛，包括智能制造、智慧城市、自动驾驶、远程医疗、智能家居、虚拟现实等领域。从 2019 年 5G 被商用以来，截至 2022 年底，我国 5G 电话用户总数屡创新高，5G 套餐用户数突破 10 亿，5G 产业发展迅速，各相关行业人才需求剧增。《5G 人才发展新思想白皮书》显示，到 2030 年，5G 将直接创造 800 多万个就业机会，5G 相关产业和关联领域将间接创造高达千万的人才需求。同时业内专家也曾提出，未来 10 年国内 5G 人才的需求将达到 2000 万。5G+智慧教育和医疗、文化旅游、城市建设等需求的出现，共同推进着基于 5G 技术的智慧服务。不管是政府、学校、医院，还是景区、博物馆，数字化都将向 5G 领域转型，这不管是对以中国移动为首的三大运营商，还是对以华为为首的国内网络通信设备厂家，都提出了更高的要求。

3.4.5　下一代高速移动通信系统

1. 6G

随着 5G 通信技术逐渐步入商业化，全球已经开始了对 6G 通信技术的探索与研发。6G 将在 5G 的增强型移动宽带(enhanced Mobile Broadband，eMBB)、超可靠低时延通信(ultra-Reliable and Low-Latency Communication，uRLLC)和大连接物联网(massive Machine Type Communication，mMTC)三大应用场景的基础上升级并扩展到未来增强型移动宽带(Further-enhanced Mobile Broadband，FeMBB)、极高可靠低时延通信(extremely Reliable and Low-Latency Communication，eRLLC)、远距离高移动性通信(Long-Distance and High-Mobility Communication，LDHMC)、超大连接物联网(ultra-massive Machine Type Communication，umMTC)和极低功耗通信(Extremely Low-Power Communication，ELPC)五大场景。6G 网络带来了更低的延迟、更高的传输速率和更大的传输容量，这将使物联网有能力提供更智能、更便捷的服务，如人机交互、自动驾驶、智能家居及智慧医疗等。面向 6G 的物联网将从各方面为人类的工作、生活提供更多帮助，创造更多价值。同时，随着接入传感器的增加和应用场景的复杂化，物联网系统的工作频段也在向高频频谱资源扩展，如毫米波和太赫兹频段，这将为系统带来更好的连通性，提高智能感知系统的性能。

2. 卫星网络

据 ITU 统计，截至 2022 年，全球约 49 亿人口在使用互联网。但是，仍然有约 27 亿人口受限于地域、经济条件等多方面的因素，未接入互联网。随着 2020 年美国太空探索技术公司(SpaceX)部署的低轨卫星星链(Starlink)开始提供卫星网络公测服务，卫星网络作为地面网络的有效补充，为全球用户提供广覆盖的网络服务，越来越受到学术界和工业界的重视。按照卫星轨道高度，大致可以将卫星分为地球同步轨道卫星(Geostationary Orbit，GEO，亦称为高轨道卫星)、中轨道地球卫星(Medium Earth Orbit，MEO)和低轨道地球卫星(Low Earth Orbit，LEO) 3 类。3 类卫星的轨道距离地球表面的高度分别为 36 000 km 左右、2000～20 000 km、500～1500 km。在实际部署时，网络提供商会根据应用需求确定采用单层网络还是多层网络。目前的卫星网络主要采用倾斜星座(Walker Delta)和极轨道星座(Walker Star)两种星座设计。在发展初期，卫星只能与地面网关通信，通信能力受限于卫星过顶时间。近年来，随着星间链路(Inter-Satellite Link，ISL)的引入，卫星网络可以减少对地面网关的依赖，能够更为灵活地进行路由选择，通信能力得到显著提升。相比于地面互联网，卫星网络具有以下几个显著的优势。

(1) 覆盖范围广。理论上，3 颗 GEO 卫星几乎就可实现全球覆盖。虽然 MEO 和 LEO 卫星的覆盖范围不如 GEO 卫星，但通过部署一定数量的中、低轨道地球卫星，也能形成一个覆盖全球的卫星网络。而且卫星网络可以覆盖沙漠、海洋等难以建立基站的区域，以及人烟稀少、部署成本高、经济回报低的偏远地区。依赖无缝的覆盖范围，卫星网络可以具有较大范围的机动性、在任何时间、任何地点都具备网络服务能力。

(2) 支持大规模灵活通信。借助卫星的多波束能力、星上交换和处理技术，卫星可以在指定区域内同时跟踪数百个目标,可对指定波束功率进行灵活调整,可按需实现点对点、一点对多点、多点对一点和多点对多点等通信方式。

(3) 可应用于抢险救灾、应急通信等特殊场景。在发生自然灾害或战争的情况下,地面通信设施一旦被损坏,地面网络将陷入瘫痪。卫星网络对地面基础设施的依赖程度较低,不受自然灾害和战争等情况的影响,可以提供持续有效的通信服务。

正是由于卫星网络具有上述优势,它可以作为地面 5G 等移动通信网络的有效补充,与地面网络融合,构建天地一体化网络,按需为全球用户提供网络服务。然而天地一体化网络是将异构网络互联,而且卫星网络拓扑动态性高、传播时延大、星上计算能力和存储能力均受限,因此实现卫星网络与地面网络的有机融合面临诸多的技术挑战。

目前国外的发达国家已经部署或正在快速部署多个卫星星座:高轨卫星星座的代表是国际海事卫星通信系统(Inmarsat)。Inmarsat 目前由 14 颗距地球表面约 36 000 km 的地球静止轨道卫星和位于地面的船站、岸站、网络协调站等主要部分组成,其客户主要包括各国政府、媒体机构、远洋船只和飞机等,为全球用户提供语音和数据传输服务。中轨卫星星座的代表是 O3b。O3b 中轨星座最初由 O3b Networks 公司运营,整个星座由 20 颗距离地面表面约 6000 km 的中轨卫星组成,2014 年 3 月开始向客户提供服务。2016 年,O3b Networks 公司被欧洲卫星公司收购。低轨卫星星座的主要代表包括 Iridium、OneWeb 和 Starlink 等。Starlink 是 SpaceX 提出的一个巨型低轨卫星星座,卫星距地球表面约 550 km,为全球用户提供宽带服务。Starlink 初期规划部署约 12 000 颗卫星,最终目标部署超过 4 万颗卫星。截至 2022 年 5 月底,Starlink 已经完成 2373 颗卫星的部署。Starlink 目前已经在美国、加拿大、澳大利亚和英国等国家开展公测服务。澳大利亚一位用户对 Starlink 的移动测速试验结果表明,在百公里时速下,Starlink 可以达到 200 Mb/s 的下行速率。

国内方面,中国航天科技集团的"鸿雁"星座、中国航天科工集团的"虹云"星座、中国电科的"天象"星座均只发射了一至两颗实验星或技术验证星;银河航天于 2022 年 3 月 5 日成功发射了 6 颗低轨宽带通信卫星,构建了星地融合 5G 试验网络"小蜘蛛网",通过该网络可实现单次 30 min 左右的不间断低轨卫星宽带通信服务。2021 年 4 月 28 日,中国卫星网络集团有限公司在雄安新区挂牌成立,对国内"虹云""鸿雁""天象"等多个星座进行统筹协调,加快推进国内卫星互联网事业高质量发展。2023 年,华为发布最新款智能手机,该手机支持卫星通信功能,卫星网络由此走进民众生活。

3.4.6 移动通信系统的应用

移动通信网络可以在移动环境中为人们提供快速便捷的数据传输服务和语音通话服务。智慧城市的构建离不开移动通信系统的支持,人们的生活和工作更离不开移动通信系统。例如,人们使用手机在移动场景拨打电话、进行远程控制等都需要移动通信系统的支持。通过移动通信系统,智慧城市可以向人们推送即时消息和服务信息,使人们能享受智慧城市服务,如家庭发生非法入侵或者火灾报警时,即时向人们发送短信或者拨打电话,以对人们发出预警消息。

3.5 核心骨干网

骨干网(Backbone Network)是用来连接多个区域或地区的核心高速网络。最早的骨干网由固定电话网和广播电视网组成,由基于模拟信号的单一形式的电信、电视广播服务提供。随着计算机技术的兴起,基于层次化网络模型的计算机网络为用户提供了丰富多样的网络服务。与此同时,基于数字信号的全双工通信技术及 TCP/IP 模型在传统固定电话网与广播电视网的基础上得到了应用和推广,从而使得互联网技术成为连接不同区域网络的骨干网的主要形式。下面对互联网的核心关键技术 OSI 网络模型和 TCP/IP 网络模型进行介绍。

3.5.1 OSI 网络模型

互联网(Internet),又称网际网路,或音译为因特网,是网络与网络之间所串联成的庞大网络,这些网络以一组通用的协议相连,形成逻辑上的单一巨大的国际网络。这种将计算机网络互相连接在一起的方法可称作“网络互联”,在这基础上发展出的覆盖全世界的全球性互联网络称为互联网,即互相连接在一起的网络结构。

在计算机网络产生之初,每个计算机厂商都有一套自己的网络体系结构的概念,它们之间互不相容。为此,国际标准化组织(ISO)在 1979 年建立了一个分委员会来专门研究一种用于开放系统互联(Open Systems Interconnection,OSI)的体系结构。“开放”这个词表示:只要遵循 OSI 标准,一个系统就可以和位于世界上任何地方的、同样遵循 OSI 标准的其他任何系统进行连接。也就是说,OSI 标准提供了连接异种计算机的标准框架。

OSI 参考模型,即开放系统互联参考模型,它把网络协议从逻辑上分为了七层,如图3-15 所示。每一层都有相关的、相对应的物理设备,比如常规的路由器是三层交换设备,常规的交换机是二层交换设备。OSI 参考模型的最大优点是将服务、接口和协议这三个概念明确地区分开来,通过层次化的结构模型使不同的系统、不同的网络之间实现可靠的通信。OSI 模型中各层次的功能简要介绍如下。

1. 物理层

物理层(Physical Layer)是 OSI 参考模型的最底层或第一层。该层包括物理联网媒介,如电缆连线连接器。物理层产生并检测电压以便发送和接收携带数据的信号。尽管物理层不提供纠错服务,但它能够设定数据传输速率并检测数据出错率。物理层功能主要通过网卡的通信芯片及硬件电路实现。网络物理问题(如电线断开)将影响物理层。

在这一层,数据还没有被组织,仅作为原始的位流或电平处理,单位是比特(bit)。

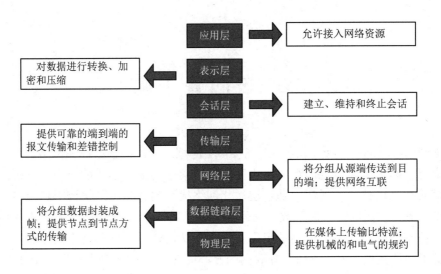

图 3-15   OSI 七层模型结构

2. 数据链路层

数据链路层(Data Link Layer)是 OSI 参考模型的第二层，它控制网络层与物理层之间的通信。数据链路层的主要任务是将一个原始的传输设施转变成一条没有漏检传输错误的线路。数据链路层完成这项任务的做法是将真实的错误掩盖起来，使得网络层看不到。为此，发送方将输入的数据拆分成数据帧，然后按顺序发送这些数据帧。一个数据帧通常为几百个或者几千个字节长。如果服务是可靠的，则接收方必须确认收到的每一帧，即给发送方回复一个确认帧。

数据链路层在不可靠的物理介质上提供可靠的传输。该层协议的代表包括：同步数据链路控制(Synchronous Data Link Control，SDLC)、高级数据链路控制(High-level Data Link Control，HDLC)、点到点协议(Point-to-Point Protocal，PPP)、生成树协议(Spanning Tree Protocol，STP)、帧中继(Frame Relay)等。

3. 网络层

网络层(Network Layer)是 OSI 参考模型的第三层。其主要功能是将网络地址翻译成对应的物理地址，并决定如何将数据从发送方路由到接收方。

网络层通过综合考虑发送优先权、网络拥塞程度、服务质量以及可选路由的花费等因素来决定从一个网络中的节点 A 到另一个网络中的节点 B 的最佳路径。网络层处理并智能指导数据传送，而路由器连接网络各段，因此路由器属于网络层。在网络中，"路由"是基于编址方案、使用模式以及可达性来指引数据的发送的。

网络层负责在源机器和目标机器之间建立它们所使用的路由。这一层本身没有任何错误检测和修正机制，因此，网络层必须依赖于端端之间的由数据链路层提供的可靠传输服务。

网络层用于本地 LAN 网段之上的计算机系统建立通信。它之所以可以这样做，是因为有自己的路由地址结构，这种结构与第二层机器地址是分开的、独立的。这种协议称为路由或可路由协议。路由协议包括互联网协议(Internet Protocol，IP)、Novell 公司的互联网分组交换(Internet work Packet Exchange，IPX)协议以及 AppleTalk 协议。

4. 传输层

传输层(Transport Layer)是 OSI 参考模型的第四层。传输层同时进行流量控制或是基于接收方可接收数据的快慢程度规定适当的发送速率。除此之外，传输层按照网络能处理的最大尺寸将较长的数据包进行强制分割。例如，以太网无法接收大于 1500 字节(Byte)的数据包。发送方节点的传输层将数据分割成较小的数据片，同时对每一数据片安排一序列号，以便数据到达接收方节点的传输层时，能以正确的顺序重组。该过程即被称为排序。

传输层协议包括 TCP/IP 协议套中的 TCP(传输控制协议)和 IPX/SPX 协议集的 SPX(序列包交换)协议。

5. 会话层

会话层(Session Layer)是 OSI 参考模型的第五层。会话层负责在网络中的两节点之间建立、维持和终止通信。会话层的功能包括：建立通信链接，保持会话过程通信链接的畅通，同步两个节点之间的对话，决定通信是否被中断以及通信中断时从何处重新发送。

当通过拨号向用户的 ISP(因特网服务提供者)请求连接到因特网时，ISP 服务器上的会话层向用户及用户的 PC 客户机上的会话层进行协商连接。会话层通过决定节点通信的优先级和通信时间的长短来设置通信期限。

6. 表示层

表示层(Presentation Layer)是 OSI 参考模型中的第六层。表示层是应用程序和网络之间的翻译官。在表示层，数据将按照网络能理解的方案进行格式化。这种格式化会因所使用网络的类型不同而不同。

表示层管理数据的解密与加密，如系统口令的处理。除此之外，表示层还对图片和文件格式信息进行解码和编码。

7. 应用层

应用层(Application Layer)是 OSI 参考模型中的最高层，即第七层。应用层又被称为应用实体(AE)，它由若干个特定应用服务元素(SASE)和一个或多个公共应用服务元素(CASE)组成。每个 SASE 提供特定的应用服务，例如文件传输访问和管理(FTAM)、消息处理系统(MHS)、虚拟终端协议(VAP)等。CASE 提供一组公共的应用服务，例如联系控制服务元素(ACSE)、可靠运输服务元素(RTSE)和远程操作服务元素(ROSE)等。应用层主要负责对软件提供接口以使程序能使用网络服务。

但是在实际应用中，OSI 参考模型制订得太过细致，反而失去了一定的实用性，因此现在国际上广泛使用 TCP/IP 这一网络模型。

3.5.2 TCP/IP 网络模型

TCP/IP(Transmission Control Protocol/Internet Protocol)是一组用于实现网络互联的通信协议。Internet 网络体系结构以 TCP/IP 为核心。如图 3-16 所示，TCP/IP 网络模型分为 4 个层次，它们分别是网络接口层、网络层/网际层、传输层和应用层。

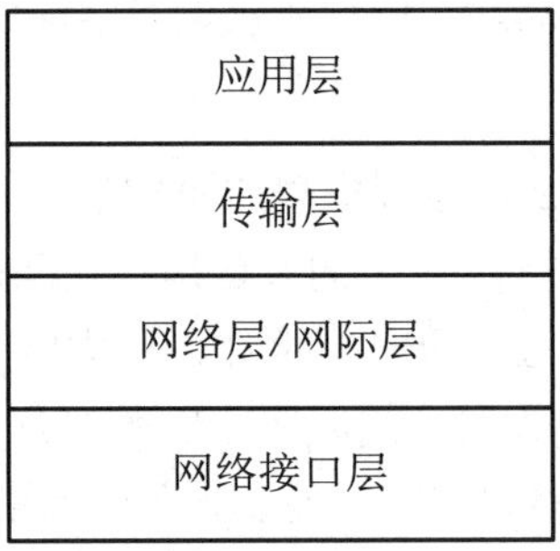

应用层
传输层
网络层/网际层
网络接口层

图 3-16　TCP/IP 网络模型结构

1. 网络接口层

网络接口层与 OSI 参考模型中的物理层和数据链路层相对应，负责监视数据在主机和网络之间的交换。事实上，TCP/IP 本身并未定义该层的协议，而是由参与互联的各网络使用自己的物理层和数据链路层协议，然后与 TCP/IP 的网络接口层进行连接。地址解析协议(Address Resolution Protocol，ARP)工作在网络接口层，即 OSI 参考模型的数据链路层。

2. 网络层/网际层

网络层/网际层对应于 OSI 参考模型的网络层，主要解决主机到主机的通信问题。它所包含的协议设计数据包在整个网络上的逻辑传输。该层注重重新赋予主机一个 IP 地址来完成对主机的寻址，还负责数据包在多种网络中的路由。该层有三个主要协议：互联网协议(Internet Protocol，IP)、互联网组管理协议(Internet Group Management Protocol，IGMP)和互联网控制报文协议(Internet Control Message Protocol，ICMP)。其中，IP 是该层最重要的协议，它提供的是一个可靠、无连接的数据包传递服务。

3. 传输层

传输层对应于 OSI 参考模型的传输层，为应用层实体提供端到端的通信功能，保证了数据包的顺序传送及数据的完整性。该层定义了两个主要的协议：传输控制协议(Transmission Control Protocol，TCP)和用户数据报协议(User Datagram Protocol，UDP)。

TCP 提供的是一种可靠的、通过"三次握手"来连接的数据传输服务；而 UDP 提供的则是不保证可靠的(并不是不可靠的)、无连接的数据传输服务。

4. 应用层

应用层对应于 OSI 参考模型的高层，它包含了所有的高层协议。最早的高层协议包括远程上机协议(Telnet Protocol)、文件传输协议(File Transfer Protocol，FTP)和简单邮件传输协议(Simple Mail Transfer Protocol，SMTP)等。经过多年的发展，许多其他的协议也加入了应用层，包括将主机名字映射到它们网络地址的域名系统(Domain Name System，DNS)、用于获取万维网页面的超文本传输协议(Hyper Text Transfer Protocol，HTTP)，以及用于传送诸如语音或者电影等实时媒体的实时传输协议(Real-time Transport Protocol，RTP)等。

3.5.3　骨干网路由和寻址原理

在 TCP/IP 模型支撑下，网络节点实现了互联互通，其中的核心关键技术是不同节点间的路由和寻址。

1. IP 层路由

所谓路由，就是为数据包选择最佳路由路径，并最终将其送达目的地。在只有一个网段的网络中，数据包可以很容易地从源主机到达目标主机，但我们所讨论的路由，一般是指在非同一网段之间进行通信的情况。如果一台计算机要和非本网段的计算机进行通信，那么数据包可能需要经过很多个路由器，如图 3-17 所示。

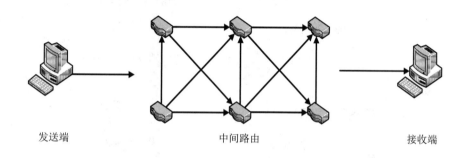

发送端　　　　　　　　　　中间路由　　　　　　　　　接收端

图 3-17　路由示意图

两台主机所在的网段被许多路由器隔开，这时两台主机的通信就要经过这些中间路由器，这时就会面临一个很重要的问题，即如何选择到达目的地的路径。数据包从主机 1 到主机 2 有很多条路径可供选择，但是很显然，在这些路径中在某一时刻总会有一条路径是最好的。因此，为了尽可能地提高网络访问速度，就需要一种方法来找出从源主机到达目标主机所经过的最佳路径，从而进行数据转发，这就是路由技术。

其实在计算机上所设置的默认网关就是路由器以太网接口的 IP 地址。如果局域网的计算机要和外面的计算机进行通信，只要把请求提交给路由器的以太网接口就可以了，接下来的工作就由路由器来完成了。因此可以说路由器就是互联网的中转站。

网络中的数据包就是通过一个一个的路由器转发到目的网络的。在每个路由器的内部都有一张地图，这张地图就是路由表。路由表中包含该路由器掌握的所有目的网络地址，以及通过此路由器到达这些网络的最佳路径，这个最佳路径指的是路由器的某个接口或下一个路由器的地址。在转发数据的过程中，如果在路由表中没有找到数据包的目标地址，则根据路由器的配置转发到默认接口或者用户返回目标地址不可达的信息。

2. IP 层寻址

IP 寻址分为两种，一种是本地 IP 寻址，另一种是非本地 IP 寻址。接下来分别对两种寻址方式进行介绍。

1）本地 IP 寻址

本地 IP 寻址如图 3-18 所示。本地网络实现 IP 寻址，也就是我们所说的同一网段通信过程。现在假设有两台主机(主机 A 和主机 B)，它们属于同一个网段。首先主机 A 通过本机的 hosts 表或 WINS 系统或 DNS 系统将主机 B 的计算机名转换为 IP 地址，然后用自己的 IP 地址与子网掩码计算出自己所处的网段，比较主机 B 与自己的子网掩码，发现主机 B 与自己处于相同的网段。于是主机 A 在自己的 ARP 缓存中查找是否有主机 B 的 MAC 地址。如果 ARP 缓存中能找到主机 B 的 MAC 地址，就直接做数据链路层的封装，并且通过网卡将封装好的以太网帧发送到物理线路上去；如果 ARP 缓存中没有主机 B 的 MAC 地址，主机 A 将启动 ARP 协议，通过在本地网络上的 ARP 广播来查询主机 B 的 MAC 地址，获得主机 B 的 MAC 地址后写入 ARP 缓存表，并进行数据链路层的封装，发送数据。

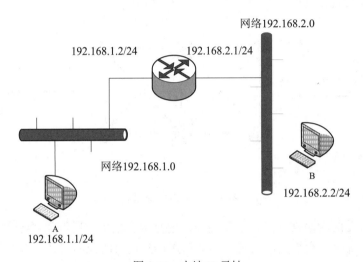

图 3-18　本地 IP 寻址

2) 非本地 IP 寻址

非本地 IP 寻址如图 3-19 所示。对于非本地的寻址过程，不同的数据链路层网络必须分配不同网段的 IP 地址，并且由路由器将其连接起来。主机 A 通过本机的 hosts 表或 WINS 系统或 DNS 系统先将主机 B 的计算机名转换为 IP 地址，然后用自己的 IP 地址与子网掩码计算出自己所处的网段，与主机 B 的 IP 地址比较，发现主机 B 与自己处于不同的网段。于是主机 A 将数据包发送给自己的缺省网关，即路由器的本地接口。主机 A 在自己的 ARP 缓存中查找是否有缺省网关的 MAC 地址。如果 ARP 缓存中能够找到缺省网关的 MAC 地址，就直接做数据链路层的封装，并通过网卡将封装好的以太网数据帧发送到物理线路上去；如果 ARP 缓存表中没有缺省网关的 MAC 地址，主机 A 将启动 ARP 协议，通过在本地网络上的 ARP 广播来查询缺省网关的 MAC 地址，获得缺省网关的 MAC 地址后写入 ARP 缓存表，并进行数据链路层的封装，发送数据。数据帧到达路由器的接收接口后首先解封装，变成 IP 数据包，然后需要对 IP 数据包进行处理，根据目的 IP 地址查找路由表，决定转发接口数据链路层协议帧的封装，并且发送到下一跳路由器，此过程将持续进行，直至到达目的网络与目的主机。

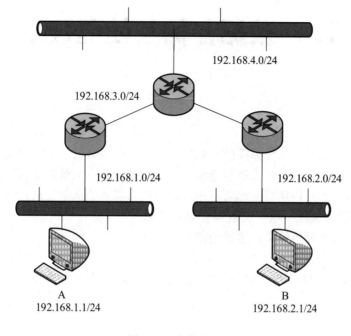

192.168.4.0/24

192.168.3.0/24

192.168.1.0/24

192.168.2.0/24

A
192.168.1.1/24

B
192.168.2.1/24

图 3-19 非本地 IP 寻址

第4章 数据存储与处理技术

随着互联网、物联网、云计算等技术的快速发展，以及智能终端、网络社会、数字地球等信息体的普及和建设，全球数据量出现了爆炸式的增长，大数据时代正向我们走来。数据已经不再是单一的结构化形式，随着越来越多的富媒体的蓬勃发展，越来越多的数据向非结构化的组织形式倾斜。尤其是在智慧城市的背景下，数据规模巨大，数据种类繁多，因此对数据的存储和处理是信息化建设的核心。

本章将先介绍数据的关系型数据库系统和 NoSQL 数据库，在此基础上结合大数据的背景说明主流的数据存储结构，最后给出应用最广泛的三种典型的分布式数据存储及处理架构。

 ## 4.1 智慧城市数据存储与管理体系

互联网、物联网和云计算等技术的迅猛发展，使得数据充斥着整个世界。与此同时，数据也成为一种新的自然资源，亟待人们对其加以合理、高效、充分的利用，使之能够给人们的生活、工作带来更大的效益和价值。

在这种背景下，不仅数据的数量以指数形式递增，而且数据的结构也越来越趋于复杂化，这就赋予了"大数据"不同于以往普通"数据"的更深层次的内涵。

大数据体现了以下"4V"特点。

(1) 第一个 V 是指 Volume，这里是指大数据巨大的数据量与数据完整性。十几年前，由于存储方式、科技手段和分析成本等的限制，当时许多数据都无法得到记录和保存。即使是可以保存的信号，大多也采用模拟信号保存，当其转变为数字信号的时候，由于信号的采样和转换，数据不可避免地存在遗漏与丢失。现在，大数据的出现，使得信号能够以最原始的状态保存下来，数据量的大小已不是重点考虑因素，保障数据的完整性才是最重要的。

(2) 第二个 V 是指 Variety，这里表示要在海量的、种类繁多的数据间发现其内在关联。在互联网时代，各种设备连成一个整体，个人在这个整体中既是信息的收集者，也是信息的传播者。同时，信息技术的发展加速了数据量的爆炸式增长，带来了信息的多样性。这就必然促使人们要在各种各样的数据中发现数据信息之间的关联，把看似无用的信息转变为有效的信息，从而做出正确的判断。

(3) 第三个 V 是指 Velocity，这里表示更快地满足实时性需求。目前，对于数据智能化和实时性的要求越来越高，比如用户开车时会通过智能导航仪查询最短路线，吃饭时会了解其他用户对这家餐厅的评价，见到可口的食物时会拍照发微博等诸如此类的人与人、人与机器之间的信息交流互动，这些都不可避免地带来了数据交换。而数据交换的关键是降低延迟，以近乎实时的方式呈现给用户。

(4) 第四个 V 是指 Value，这里是指大数据的价值密度低。在大数据时代，数据的价值就像沙里淘金，数据量越大，里面真正有价值的东西就越难发现。现在的任务就是在这些 ZB、PB 级的数据中，利用云计算、智能化开源实现平台等技术，提取出有价值的信息，并将信息转化为知识，发现规律，最终用知识促成正确的决策和行动。

目前数据存储与管理主要分为两大阵营，一个是传统的关系型数据库，另一个是近几年兴起的 NoSQL 数据库。随着大数据时代的到来，数据量增长的同时，出现了越来越多的非结构化数据，传统的关系型数据库已经不能满足高效存储和管理数据的需求，NoSQL 数据库更加适合大量数据的存储和高并发、高吞吐量的访问的场景。下面分别介绍这两种数据存储和管理方法。

4.1.1　关系型数据库系统

1. 数据库的概述

数据库技术是计算机领域里用来管理数据的最常用的技术。数据库技术的产生使计算机进入了一个新的时期，同时数据库技术也是现代计算机信息系统和计算机应用系统的基础和核心，是较先进的信息管理工具之一。

数据库的应用已经涵盖了学校、银行、航空、电信、金融、销售、制造、人力资源等多个领域。

数据库管理系统(DataBase Management System，DBMS)是数据库系统的核心。数据库管理系统有如下 6 个基本功能。

(1) 数据定义。DBMS 提供了数据定义语言(Data Defination Language，DDL)。用户利用 DDL 可以方便地定义数据库中数据的逻辑结构。用户在分析、研究整个系统所有数据的基础上，全面安排和定义数据结构，并将数据库存储在 DBMS 控制的存储介质上。

(2) 数据操作。DBMS 提供了数据操作语言(Data Manipulation Language，DML)。用户利用 DML 可以实现对数据库中数据的各种操作(如插入、查询、修改、删除等)。例如，查询数据库以获取所需数据，更新数据库以反映客观世界的变化，以及由数据生成报表。

(3) 完整性约束检查。完整性约束是指数据必须符合一定的规定，以保证数据库中数据的正确性、有效性和相容性。例如，学生的学号必须统一、所属部门必须存在，出生年份不能在 1900 年以前等。DBMS 能支持一些数据完整性约束检查的功能。

(4) 访问控制。数据库中的数据不属于任何应用程序，数据可以共享，但只有合法用户才可以访问数据，才可以进行被授权的数据操作，这就是访问控制。DBMS 提供了数据控制语言来实现对不同级别用户的访问控制功能。

(5) 并发控制。共享数据库允许多个用户和程序并发地访问数据库，这可能引起冲突，导致数据的不一致。然而，DBMS 具有并发控制的功能，该功能可以确保多个用户并发地存取数据库时能够以一种受控的方式完成各自的工作，即避免并发操作时可能带来的数据不一致问题的发生。

(6) 数据库恢复。数据库中的数据在使用过程中可能遭到丢失和破坏，而 DBMS 具有恢复数据库的功能，即可以把数据库从错误状态恢复到某一正确状态。

2. 关系型数据库的基本原理

关系型数据库采用关系模型作为数据的组织方式。关系模型中数据的逻辑结构是满足一定条件的二维表，该二维表由行和列组成。表中的一行称为关系的一个元组，用来定义实体集的一个实体；表中的一列称为关系的一个属性，用来定义实体的一个属性。每个属性所限定的数据类型及其取值范围称为域。表是由一组相关实体组成的集合。

关系型数据库的基本关系具有六条性质：① 列是同质的，即每一列的所有数据都属于同一种数据类型；② 不同的列可出自同一个域，每一列表示一个属性，且列名不能重复；③ 列在表中的顺序无关紧要；④ 表中的任意两行不能完全相同；⑤ 行在表中的顺序无关紧要；⑥ 每一列中的分量必须是不可分解的数据项。

当前主流的关系型数据库有 Oracle、DB2、PostgreSQL、Microsoft SQL Server、Microsoft Access、MySQL、浪潮 K-DB 等。本书以开源数据库 MySQL 为例介绍其基本原理。

MySQL Cluster(MySQL 集群)是适合于分布式计算环境的 MySQL 的高实用、高冗余版本。MySQL Cluster 由一组计算机构成，每台计算机上均运行着多种进程，MySQL Cluster 包括 MySQL 服务器、NDB Cluster(数据节点)、管理服务器，以及(可能)专门的数据访问程序。图 4-1 为 Cluster 中组件的关系。

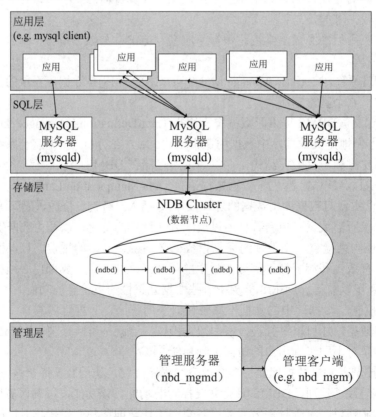

图 4-1　Cluster 中组件的关系

MySQL Cluster 技术允许在无共享的系统中部署"内存"数据库的 Cluster。通过无共享体系结构，系统可以使用廉价的硬件，而且对软硬件无特殊要求。此外，由于每个组件有自己的内存和磁盘，因此系统不存在单点故障。

3. 关系型数据库存在的问题

当数据量不是很大的时候，关系型数据库可以在单机环境下运行，或者在规模不大的服务器上运行。但是，随着数据量的增大，单机环境下的关系型数据库已经无法满足人们的需求，部署在集群上的关系型数据库版本便被开发出来。MySQL 的 MySQL5 版本中提出了 Sharding 技术(分片技术)，该技术可以突破单节点数据服务器 I/O 能力的限制，解决数据库水平扩展的问题。通过 Sharding 技术，可以将数据按照物理位置贴合用户分布，从而得到更加快速的响应。操作庞然大物总是很困难的，但有了 Sharding 技术将数据分块，可以实现更小的数据集操作，进而汇总，从而得到结果。分片使得数据分摊在各个数据节点，使操作的负载均衡也得以实现。国内的搜索服务平台百度和社交网络服务平台微博，其后台都是基于优化后的 MySQL 集群实现的。Oracle 和 Microsoft SQL Server 这类集群的关系型数据库，采用了"共享磁盘子系统"的思想，通过使用可以支持集群的文件系统，将数据写入随时可用的磁盘子系统中。但是，磁盘子系统就成了整个集群的软肋，即单一故障点，如果这里发生故障，那么整个系统就崩溃了。

除了技术问题，许可费也是需要考虑的问题。商用的关系型数据库通常都是按单台服务器计费的，所以在集群中使用会非常贵，尤其是在现在这个大数据的时代。因此，越来越多的公司随着数据量的增大，抛弃了传统的商业关系型数据库，转投到了 NoSQL 数据库阵营中。

4.1.2　NoSQL 数据库

NoSQL 是一种新兴的数据库技术，它在数据模型、可靠性、一致性等众多数据库核心机制方面与关系型数据库有着显著的不同。

1. NoSQL 的概念与特性

NoSQL 一词首先是 Carlo Strozzi 在 1998 年提出的，指的是开发一个没有 SQL 功能的、轻量级的、开源的关系型数据库。NoSQL 的最初定义指的就是"没有 SQL"的数据库，但随着技术的发展，NoSQL 的概念发生了变化。目前，NoSQL 最常见的解释是"non-relational"，即非关系型的数据库。

NoSQL 非关系型数据库技术现在还没有一个公认的权威定义。InfoSys Technologies 的首席技术架构师 Sourav Mazumder 提出了关于"非关系型数据库"的较为严谨的描述：

(1) 使用可扩展的松耦合类型数据模式来对数据进行逻辑建模。

(2) 为遵循 CAP 定理(在一个分布式系统中，Consistency(一致性)、Availability(可用性)、Partition tolerance(分区容错性)，三者不可兼得)的跨多节点数据分布模型而设计，支持水平伸缩。

(3) 拥有在磁盘和(或)内存中的数据持久化能力。

(4) 支持多种"Non-SQL"接口进行数据访问。

从这个描述中可以看出，相对于传统的关系型数据库，NoSQL 在两个方面做出了重大变革。一个是数据模式，NoSQL 使用松耦合类型、可扩展的数据模式；另一个是水平伸缩，NoSQL 本质上就是为分布式系统设计的，支持水平扩展。

传统的关系型数据库通常都支持 ACID(衡量事务的四个特性：原子性(Atomicity)、一致性(Consistency)、隔离性(Isolation)和持久性(Durability))的强事务机制。而与之不同的是，NoSQL 系统通常注重性能和扩展性，并不支持事务机制。对很多 NoSQL 系统来说，对性能的考虑远在 ACID 的保证之上。

NoSQL 中通常有两个层次的一致性：强一致性，即集群中的所有机器状态同步且保持一致；最终一致性，即可以短暂地允许数据不一致，但数据最终会保持一致。NoSQL 会削弱数据一致性的原因是 CAP 定理。CAP 定理最早由 Eric Brewer 教授提出，后由 Seth Gilbert 和 Nancy Lynch 进行了证明。

2. NoSQL 的数据模型

Sourav Mazumder 提出了 NoSQL 的一种典型架构(见图 4-2)。

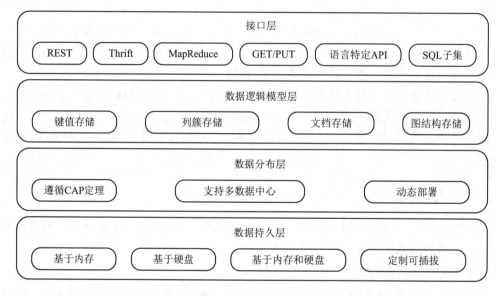

图 4-2　NoSQL 的一种典型架构

Sourav Mazumder 将 NoSQL 分为四层：

(1) 接口层：指数据库面向编程语言的接口，包括当前流行的大规模并行计算 MapReduce 接口、键值存储中基本的 GET/PUT 操作接口等。

(2) 数据逻辑模型层：指数据库的逻辑模型，包括键值存储、列簇存储、文档存储以及图结构存储。

(3) 数据分布层：指数据库的分布式架构，NoSQL 数据库支持多数据中心、动态部署，并遵循分布式系统的 CAP 定理。

(4) 数据持久层：指数据库的持久化存储，包括基于内存、基于硬盘，以及基于内存和硬盘的持久化存储，同时还包括定制可插拔的持久化存储。

在 NoSQL 的架构中，数据模型是数据库的核心。数据库的数据模型指的是数据在数据库中的组织方式，数据库的操作模型指的是存取这些数据的方式。数据模型的设计是数据库设计的核心内容。通常数据模型包括关系模型、键值模型以及各种图结构模型。数据操作语言包括 SQL、键值查询及 MapReduce 等。NoSQL 数据库之间的架构通常结合了多种数据模型和操作模型，互不相同。接下来介绍两种常用的数据模型：基于键值的数据模型和图结构数据模型。

1) 基于键值(Key-Value)的数据模型

在键值型系统中，键值查找的优势是：对数据库的操作模式是固定的，这些操作所产生的负载也是相对固定且可预知的。这样分析整个应用的性能瓶颈就变得简单，因为复杂的逻辑操作并没有放在数据库里面封装操作。但是，复杂的联合操作以及满足多个条件的取数据操作并不容易实现，因此造成业务逻辑和数据逻辑不容易分清。

当前 NoSQL 中基于键值的数据模型大致包括 Key-Value 存储、Key-结构化数据存储、Key-文档存储、BigTable 的列簇式存储。

(1) Key-Value 存储。

Key-Value 存储是最简单的 NoSQL 存储，其中每个键值对应一个任意的数据值，但 NoSQL 系统并不关心这个任意的数据值是什么。单纯的 Key-Value 存储不提供针对数据中特定的某个属性值的操作，通常它只提供像 set、get 和 delete 这样的简单操作。以 Dynamo 为原型的 Voldemort 数据库，主要提供了分布式的 Key-Value 存储功能。Berkeley DB 数据库是一个提供 Key-Value 操作的持久化数据存储引擎。

(2) Key-结构化数据存储。

Key-结构化数据存储的典型代表是 Redis，它将 Key-Value 存储中的 Value 扩展为结构化的数据类型，包括数字、字符串、列表、集合以及有序集合。除了 set、get 和 delete 操作，Redis 还提供了很多针对以上数据类型的特殊操作，比如针对数字可以执行增减操作，对列表可以执行 push/pop 操作，而这些特定操作并没有对性能造成多大的影响。通过提供这种针对单个 Value 的特定类型的操作，可以说 Redis 实现了功能与性能的平衡。

(3) Key-文档存储。

Key-文档存储的代表有 CouchDB、MongoDB 和 Riak。在这种存储方式下，Key-Value 中的 Value 是结构化文档，通常这些文档是被转换成 JSON 或类似 JSON 的结构进行存储的。文档可以存储列表、键值对以及层次结构复杂的文档。文档型存储的灵活性和复杂性是一把双刃剑：一方面，开发者可以任意组织文档结构；另一方面，应用层的查询需求会变得比较复杂。

(4) BigTable 的列簇式存储。

HBase 和 Cassandra 的数据模型都借鉴了 Google 的 BigTable。这种数据模型的特点是列簇式存储，即每一行数据的各项被存储到不同的列中，这些列的集合称为列簇。而每一列中每一个数据都包含一个时间戳属性，这样列中的同一个数据项的多个版本都能被保存下来。

列簇式存储中，先将行 ID、列簇号、列号以及时间戳一起组成一个 Key，然后将 Value 按 Key 的顺序进行存储。这种数据结构可以天然地进行高效的松散列数据存储，即在很多行中并没有某列的值。此外，对那些很少有某一列是 Null 值的行，由于每一个数据必须包含列标识，会造成空间浪费。

不同 NoSQL 系统对 BigTable 数据模型的实现有一些差别，其中以 Cassandra 的变更最为明显。Cassandra 引入了 supercolumn 的概念，通过将多个列组织到相应的 supercolunm 中，可以在更高层级上进行数据的组织、索引等。

2) 图结构数据模型

图结构存储是 NoSQL 的另一种存储方式。相比于上面几种数据模型的 NoSQL 数据库，图形数据库使用得比较少。图结构存储的一个指导思想是：数据并非对等的，关系型的存储或者键值对的存储可能都不是最好的存储方式。Neo4j 和 FlockDB 是当前最流行的图结构数据库。Neo4j 是一个兼容 ACID 的图形数据库，便于快速遍历图形数据。Neo4j 支持命令行和 REST 接口访问，支持 SPARQL 协议和 RDF 查询语言。FlockDB 是由 Twitter 开发的，最初为了存储 Twitter 的粉丝关系表，是于 2010 年开源的面向文档的数据库。它支持 Thrift 和 Ruby 客户端访问。

在一个图中包含两种基本的数据类型：Nodes(节点)和 Relationships(关系)。Nodes 和 Relationships 包含 Key-Value 形式的属性。Nodes 通过 Relationships 所定义的关系相连，形成关系型网络结构。图结构数据模型如图 4-3 所示。

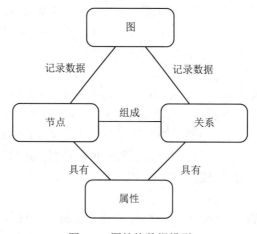

图 4-3　图结构数据模型

3. MongoDB 数据库

MongoDB 是最受欢迎的开源 NoSQL 数据库之一，由 l0gen 公司在 2009 年 2 月推出第一版，因其高效的性能和丰富的使用功能在生产中有非常广泛的应用。MongoDB 的设计定位是在具有 Key-Value 存储方式的高性能和高度扩展性的同时，具备传统的关系数据库管理系统的丰富功能，集两者的优势于一身。

MongoDB 具有以下特点。

(1) MongoDB 采用面向文档的数据模型，以文档为单位存储数据，每个文档内的字段允许有不同的设置，可以动态修改数据结构模式。MongoDB 底层使用 BSON 作为数据存储和网络传输的数据格式，允许数据类型为嵌套子文档和数组。针对大对象的存储，MongoDB 提供 GridFS 文件系统将大对象拆分为多个小对象存储。在此基础上，MongoDB 使用自动分片机制实现分布式扩展，可以将数据库中的集合、文档分布存储在多个数据库节点。数据以块为单位在分片间进行数据转移。

(2) MongoDB 采用主/从和复制集两种复制冗余方式。主/从复制冗余中，同一时间只有一个为主服务器，其他为从服务器。所有写操作都在主服务器上执行，从服务器异步地向主服务器发出请求，更新数据。复制集中的复制冗余过程是一组数据库节点存储相同数据互作冗余，通过节点之间的数据同步和主节点选举提供故障自动转移和成员节点自动恢复。

(3) MongoDB 支持丰富的动态查询，几乎所有 SQL 语言能完成的查询操作它都可以实现，这是它相比于其他 NoSQL 数据库最突出的优点。MongoDB 使用 MapReduce 实现对数据集的统计、分类、合并等工作，完成 SQL 的 group by 等聚集函数的功能。

MongoDB 在推出短短 3 年内已经在电子商务、数据存储、实时统计、社交网络、游戏等众多领域都有着非常广泛的应用，官方已知的用户已超过 500 家公司。典型的应用包括美国社交游戏网站 Foursquare，它使用 MongoDB 存储用户登录游戏场地等信息。中国的视觉中国网站在 2009 年用 MongoDB 替换了 MySQL 作为其主要的后端服务存储，例如文件存储、会话服务和用户跟踪；淘宝网使用 MongoDB 存储监测数据。盛大网络在 2011 年 10 月更是推出了 MongoIC (MongoDB In Cloud)，这是全球第一家支持数据库恢复的 MongoDB 云服务。随着 MongoDB 的发展与完善，上千家中国机构使用 MongoDB 实现业务变革和现代化，其中包括十分活跃的消费者科技企业，如滴滴和百度，以及一些成熟企业，如中国东方航空和富士康。MongoDB 在全球的用户还包括安盛、DHL、巴克莱银行、UPS、康卡斯特和 Expedia 等。

4. NoSQL 的优缺点

NoSQL 不适用 SQL。虽然有一些 NoSQL 数据库自带类似于 SQL 的查询语言以便让人们学起来更容易，但到目前为止，也没有哪个 NoSQL 数据库真正实现了标准的 SQL 语言。传统关系型数据库使用 ACID 事务来保证整个数据库的一致性，而这种方式本身与集群环境相冲突，所以 NoSQL 有了 CAP 定理和 BASE 理论。

(1) CAP 定理指出，对于一个分布式计算系统，不可能同时满足以下三点：Consistency (一致性)，即数据一致更新，所有数据变动都是同步的；Availability(可用性)，即好的响应性能；Partition tolerance(分区容错性)，即可靠性。

(2) BASE 理论是反 ACID 的，它强调牺牲数据库的高一致性，以获得可用性或可靠性。其中，BA 是 Basically Available，即基本可用，支持分区失败；S 是 Soft state，即软状态，状态可以有一段时间不同步；E 是 Eventually consistent，即最终一致性，也就是最终数据是一致的，而不是实时的高度一致。

在以上特点的支持下，操作 NoSQL 数据库不需要使用"模式"，即不用事先修改结构定义，就可以自由地添加字段，这在处理不规则数据和自定义字段时非常有用。然而，NoSQL 数据库也有天然的不足。首先，由于不使用 SQL，NoSQL 数据库系统不具备高度结构化查询等特性。没有传统 SQL 强大的查询处理能力，缺乏对结构化数据处理的有力支持，这使得 NoSQL 在大部分场景下必须依赖关系型数据库，以至于现在提出了 NewSQL 的概念。其次，很多 NoSQL 产品(比如 HBbase)不提供 ACID 操作，因此不具备事务能力，对数据错误处理、异常恢复等功能产生影响，不适合要求数据质量的场景。最后，不同的 NoSQL 数据库都有自己的查询语言，这使得规范应用程序接口很难，增加了持久层应用的复杂度。

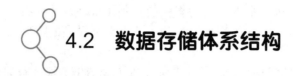

4.2　数据存储体系结构

基于以上数据存储模型，随着数据量不断增大，现在存储结构以网络化存储为主。根据不同的服务器类型，网络化存储分为封闭系统的存储和开放系统的存储。封闭系统主要指大型机，开放系统指基于 Windows、Unix、Linux 等操作系统的服务器。开放系统的存储分为内置存储和外挂存储；外挂存储根据连接的方式分为直连存储(Direct Attached Storage，DAS)和网络存储(Fabric Attached Storage，FAS)；网络存储根据传输协议又分为网络接入存储(Network Attached Storage，NAS)和存储区域网络(Storage Area Network，SAN)。具体存储分类如图 4-4 所示。在目前大规模数据存储需求下，外挂存储成为主流模式。下面将对主要的几种外挂存储进行介绍。

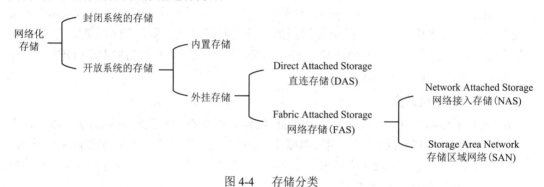

图 4-4　存储分类

4.2.1　直连存储(DAS)

1. DAS 概述

在中小企业的应用中，DAS 是最主要的应用模式。在这种存储方式下，存储系统可被直连到应用的服务器中。

2. DAS 存储结构及其原理

DAS 储存结构如图 4-5 所示，存储系统通过总线直接与服务器连接。DAS 更多地依赖服务器主机操作系统进行数据的 IO 读写和存储维护管理，数据备份和恢复需要占用较多的服务器主机资源(包括 CPU、系统 IO 等)，数据备份通常占用服务器主机资源的 20%～30%，因此许多企业用户的日常数据备份常常在深夜或业务系统不繁忙时进行，以免影响正常业务系统的运行。直连存储的数据量越大，备份和恢复的时间就越长，对服务器硬件的依赖性和影响就越大。

直连存储中存储设备与服务器主机之间的连接通道通常采用 SCSI 接口。随着服务器 CPU 的处理能力越来越强，存储硬盘的空间越来越大，阵列的硬盘数量越来越多，SCSI 通道成为 IO 瓶颈。同时，由于服务器主机 SCSI ID 资源有限，能够建立的 SCSI 通道连接有限。

　　无论是直连存储设备的扩展，还是服务器主机的扩展，即从一台服务器扩展为多台服务器组成的集群(Cluster)，或存储阵列容量的扩展，都会造成业务系统的停机，从而给企业带来经济损失。对于银行、电信、传媒等行业 7×24 小时服务的关键业务系统，这是不可接受的。并且直连存储设备或服务器主机的升级扩展，只能由原设备厂商提供，往往受原设备厂商限制。

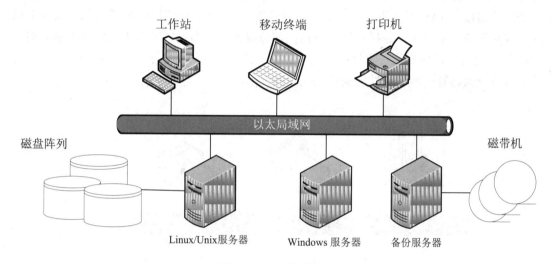

图 4-5　DAS 储存结构

4.2.2　网络接入存储(NAS)

1. NAS 概述

　　NAS 通常被称为附加存储，顾名思义，就是存储设备通过标准的网络拓扑结构(例如以太网)添加到一组计算机上。NAS 是文件级的存储方法，它的重点在于满足工作组和部门级机构对于迅速增加存储容量的需求。如今用户采用较多的 NAS 功能是文档共享、图片共享、电影共享等，而且随着云计算的发展，一些 NAS 厂商也推出了云存储功能，这极大地满足了企业和个人用户的使用需求。

　　NAS 产品是真正即插即用的产品。NAS 设备一般支持多计算机平台，用户通过网络支持协议可进入相同的文档，因此 NAS 设备无须改造即可用于混合 Unix 和 Windows NT 的局域网(LAN)内，同时 NAS 的应用非常灵活。

　　但 NAS 有一个关键性问题，即备份过程中的带宽消耗。与将备份数据流从 LAN 中转移出去的存储区域网(SAN)不同，NAS 仍使用网络进行备份和恢复。NAS 的一个缺点是它将存储事务由并行 SCSI 连接转移到了网络上。这就是说 LAN 除了必须处理正常的最终用户传输流，还必须处理包括备份操作的存储磁盘请求。

2. NAS 存储结构及其原理

　　NAS 是一种特殊的，能完成单一或一组指定功能(文件服务、HTTP 服务、EMAIL 服务等)的，基于网络的存储模式。NAS 存储结构如图 4-6 所示。实际上 NAS 可以看作是将一个专用的瘦服务器与 DAS 网络存储设备结合在一起的集成产品。基于 LAN 的 NAS 可以实现异构平台(如 NT、Unix 等平台)之间的数据级共享。其主要特征是将存储设备和网络接口集成在一起，直接通过已有网络的 TCP/IP 协议存取数据，功能上完全独立于网络中的主服务器。客户机与 NAS 间的数据访问已不再需要文件服务器的干预，而是直接进行数字资源访问。NAS 将存储功能从通用文件服务器中分离出来，使其更加专门化，从而获得更高的存取效率，更低的存储成本。目前，NAS 一般都有百兆的网络接口，高档的还会提供千兆的网络接口。NAS 设备本身相当于一台文件服务器，用户选用 NAS 设备后只需购买相应的应用服务器就行了，这样可以节省购买部分设备的成本。同时对于已建立起网络的用户，NAS 设备可以作为独立的数据存储设备搭配其他的各种服务器，这样既保护了用户的原有投资，又将整个网络的性能提高到一个新的层次。

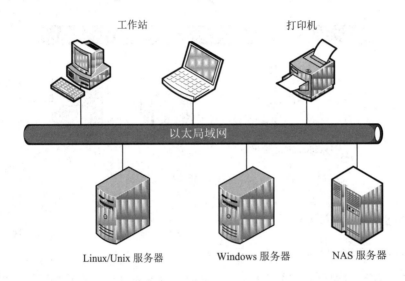

图 4-6　NAS 储存结构

作为一个网络服务器，NAS 设备使用标准的网络技术在 LAN 或 WAN 上提供磁盘、磁带和光盘等存储设备的共享。在 NAS 配置模式下，文件系统被部署在 NAS 系统中，由 NAS 内嵌的操作系统(Unix 或 Windows NT)管理。按照 OSI 网络七层协议的划分，NAS 提供的是第 7 层——应用层的服务。所有 NAS 提供的数据都经过了 NAS 的内嵌操作系统的封装和处理，直接以文件的形式提供给网络上的计算机。因此对于各种操作平台的计算机，只要遵循 TCP/IP 协议，都可以通过网络向 NAS 发出请求，文件系统的转换由 NAS 的操作系统来完成。

4.2.3　存储区域网络(SAN)

1. SAN 概述

SAN 是通过光纤交换机连接存储阵列和服务器主机的专用的存储网络。SAN 经过十多年的发展，已经相当成熟(由于各个厂商的光纤交换技术不完全相同，其服务器和 SAN 存储有兼容性的要求)。

SAN 提供了一种与现有 LAN 连接的简易方法，可以在同一物理通道上支持 SCSI 和 IP 协议。SAN 不受现今主流的、基于 SCSI 存储结构的布局限制。特别重要的是，随着存储容量的爆炸性增长，SAN 允许企业独立地增加存储容量。SAN 允许任何服务器连接到任何存储阵列，这样不管数据置放在哪里，服务器都可直接存取所需的数据。同时，SAN 采用了光纤接口，还具有更高的带宽。

SAN 解决方案是将存储功能从单机基本功能中剥离出来，因此管理及集中控制更加简化，特别是对于全部存储设备都集中在一起的场景。此外，光纤接口提供了 10 km 的连接长度，这使得实现物理上分离的、不在机房的存储变得非常容易。

2. SAN 存储结构及其原理

SAN 是一种类似于普通局域网的高速存储网络，是一个独立的、专门用于数据存取的局域网。SAN 存储结构如图 4-7 所示。它通过高速光纤网络和专用的集线器、交换机建立起服务器和磁盘阵列之间的直接连接，数据完全通过 SAN 在相关服务器和存储设备之间高速传输，对于 LAN 的带宽占用几乎为零。和传统的服务器与存储设备之间的那种主从关系不同，在 SAN 储存方式下，存储设备已经从服务器上分离出来，服务器与存储设备之间是多对多的关系。存储设备不再是哪一台服务器的专属设备，而是网上所有服务器的共享设备，任何服务器都可以访问 SAN 上的存储设备，这提高了数据的可用性。

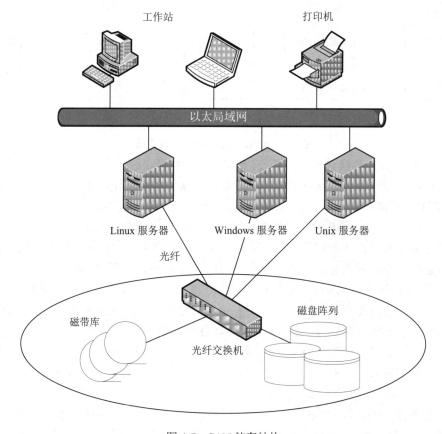

图 4-7　SAN 储存结构

作为一个支持多服务器共享的光纤磁盘阵列，SAN 使用 SCSI 协议与其所管理的硬盘以及所连接的服务器进行通信。对服务器来说，SAN 设备是一个标准的大硬盘，对应于 OSI 网络模型的最底层——物理层的服务。因此每一台与其有光纤通道连接的主机都可以直接以物理硬盘"块"的格式读写 SAN 设备。

4.2.4　数据存储结构对比分析

三种存储结构的架构图如图 4-8 所示。

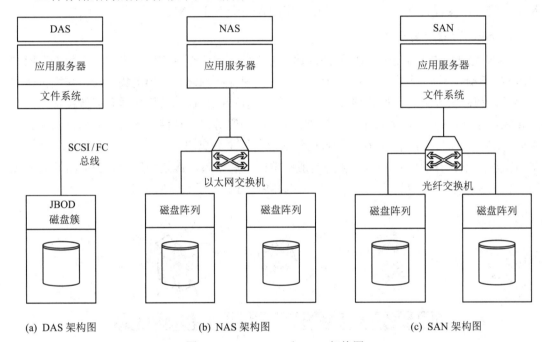

(a) DAS 架构图　　　　(b) NAS 架构图　　　　(c) SAN 架构图

图 4-8　DAS、NAS 和 SAN 架构图

DAS 是指将外置存储设备通过 SCSI 或 FC 总线直接连接到应用服务器上，存储设备是整个服务器结构的一部分。在这种情况下，数据和操作系统往往都未分离。NAS 采用网络技术(TCP/IP、ATM、FDDI)，通过以太网交换机连接存储系统和服务器主机，从而建立存储私网。NAS 的主要特征是把存储设备、网络接口和以太网技术集成在一起，直接通过以太网网络存取数据，也就是把存储功能从通用文件服务器中分离出来。SAN 通过光纤交换机连接磁盘阵列和应用服务器，从而建立专门用于数据存储的存储私网。

三种存储模式中，DAS 模式最简单，可以直接把存储设备连接到应用服务器，但这种模式最大的问题是：每个应用服务器都要有独立的存储设备，这样增加了数据处理的复杂度，而且随着服务器的增加，网络系统的效率会急剧下降。为了解决上述问题，提出了 NAS 和 SAN 两种模式。NAS 通过 TCP/IP 协议访问数据，采用业界标准文件共享协议(如 NFS、HTTP、CIFS)实现共享。SAN 通过专用的光纤交换机访问数据，采用 SCSI、FC-AL 接口。NAS 和 SAN 最本质的区别就是文件系统(FS)在哪里。在 SAN 结构中，文件系统分别在每一个应用服务器上面。而在 NAS 结构中，每个应用服务器通过网络共享协议，使用同一个文件系统。即 NAS 和 SAN 存储系统的区别就是 SAN 中的应用服务器有自己的文件系统。

DAS 存储一般应用在中小企业中，与计算机之间采用直连方式，NAS 存储则通过以太网添加到计算机上，SAN 存储则使用 FC 接口，提供性能更佳的存储。

随着物联网技术的进一步发展，以及应用规模的扩大，网络中的数据量急剧增长。同时持续增长的数据存储压力也带动着整个存储技术的快速发展，目前越来越多的研发团体开始将海量数据存储作为首要的技术指标进行探索。云计算存储技术的出现克服了传统存储方式的瓶颈，让海量数据的分布式存储得到了更好的发展。

4.3 基于 Hadoop 的数据存储及计算架构

随着大数据时代的来临，谷歌提出了 Hadoop 数据存储及计算架构，该架构成为人们利用最广的大数据存储和管理系统框架。本节将以 Hadoop 为例，介绍物联网海量数据的分布式存储与计算架构。

4.3.1 Hadoop 概述

Hadoop 起源于 Google 的集群系统，Google 的数据中心使用廉价的 Linux PC 机组成集群，在上面运行各种应用，即使是分布式开发的新手也可以迅速使用 Google 的基础设施。Hadoop 的核心组件有 3 个。第 1 个就是 GFS(Google File System)，一个分布式文件系统，隐藏下层负载均衡、冗余复制等细节，对上层程序提供一个统一的文件系统 API 接口。第 2 个是 MapReduce，Google 发现大多数分布式运算可以抽象为 MapReduce 操作。Map 是把输入分解为中间的键值对，Reduce 把键值对合成为最终输出。这两个函数由程序员提供给系统，下层设施把 Map 和 Reduce 操作分布在集群上运行，并把结果存储在 GFS 上。第 3 个是 BigTable，一个大型的分布式数据库，这个数据库不是关系式的数据库，而是一个巨大的表格，用来存储结构化的数据。

Hadoop 是一个分布式的数据存储与计算平台，包含了 HDFS(Hadoop Distributed File System，Hadoop 分布式文件系统)和 MapReduce 两个部分。其中，HDFS 具有高容错性，可以用在低廉的硬件上。而且 HDFS 的高吞吐量适合数据集超大的应用程序。HDFS 放宽了 POSIX(可移植操作系统接口)的要求，可以以流的形式访问文件系统中的数据。MapReduce 框架可以实现 Map 和 Reduce 两种操作。在该框架下，用户只要注册相关的任务，这些任务即可自动地分布式运行。因此，Hadoop 不仅是一个用于存储的分布式文件系统，还是可以在由通用计算设备组成的大型集群上执行分布式应用的框架。这个分布式框架很有创造性，而且有极大的扩展性，使得 Google 在系统吞吐量上有很大的竞争力。

HDFS 和 HBase 分别为谷歌 GFS 和 BigTable 的开源实现。如今国内很多大公司已经开始开发和使用 Hadoop 技术来应对大数据的挑战，多为存储和搜索系统。

4.3.2 HDFS 分布式存储架构

HDFS 采用了主从结构模型，一个 HDFS 集群是由一个 NameNode 和若干个 DataNode

组成的。其中，NameNode 作为主服务器，管理文件系统的命名空间、客户端对文件的访问操作，而 DataNode 管理存储的数据。

　　HDFS 允许用户以文件的形式存储数据。从内部来看，文件被分成若干个数据块，而且这若干个数据块存放在一组 DataNode 上。NameNode 执行文件系统的命名空间操作，比如打开、关闭、重命名文件或目录等，它也负责数据块到具体 DataNode 的映射。DataNode 负责处理文件系统客户端的文件读写请求，并在 NameNode 的统一调度下进行数据块的创建、删除和复制工作。HDFS 分布式存储架构图如图 4-9 所示。

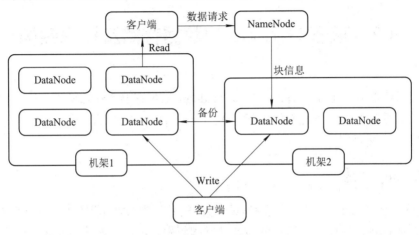

图 4-9　HDFS 分布式存储架构图

　　NameNode 和 DataNode 都可以在普通商用计算机上运行。这些计算机通常运行的是 GNU/Linux 操作系统。HDFS 采用 Java 语言开发，因此任何支持 Java 的机器都可以部署 NameNode 和 DataNode。一个典型的部署场景是集群中的一台机器运行一个 NameNode 实例，其他机器分别运行一个 DataNode 实例。当然，并不排除一台机器运行多个 DataNode 实例的情况。集群中单一的 NameNode 的设计则大大简化了系统的架构。NameNode 是所有 HDFS 元数据的管理者，用户数据永远不会经过 NameNode。

4.3.3　MapReduce 并行处理架构

　　MapReduce 是一种并行编程模式，这种模式使得软件开发者可以轻松地编写出分布式并行程序。在 Hadoop 的体系结构中，MapReduce 是一个简单易用的软件框架，基于它可以将任务分发到由上千台商用机器组成的集群上，并以一种高容错的方式并行处理大量的数据集，实现 Hadoop 的并行任务处理功能。MapReduce 框架是由一个单独运行在主节点上的 JobTracker(工作追踪器)和运行在每个集群从节点上的 TaskTracker(任务追踪器)共同组成的。主节点负责调度构成一个作业的所有任务，这些任务分布在不同的从节点上。主节点监控所有任务的执行情况，并且重新执行之前失败的任务，从节点仅负责由主节点指派的任务。当一个任务被提交时，JobTracker 接收到提交作业和配置信息之后，就会将配置信息等分发给从节点，同时调度任务并监控 TaskTracker 的执行。

　　图 4-10 是 MapReduce 的数据流图，体现了 MapReduce 处理数据的过程。首先将大数据分解为成百上千个小数据集，每个(或若干个)数据集分别由集群中的一个节点(一般就是

一台普通的计算机)进行处理并生成中间结果，然后这些中间结果又由大量的节点合并，并形成最终结果。图 4-10 也说明了 MapReduce 框架下并行程序中的两个主要函数：Map、Reduce。在这个结构中，用户需要完成的工作是根据任务编写 Map 和 Reduce 两个函数。

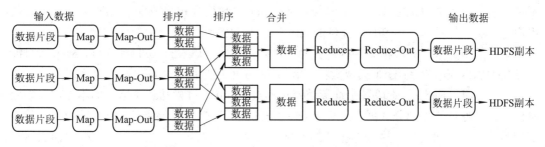

图 4-10　MapReduce 数据流图

MapReduce 计算模型非常适合在大量计算机组成的大规模集群上并行运行。图 4-10 中的每一个 Map 任务和每一个 Reduce 任务均可以同时运行在一个单独的计算节点上，其运算效率很高。

从上面的介绍可以看出，HDFS 和 MapReduce 共同组成了 Hadoop 分布式系统体系结构的核心。HDFS 在集群上实现了分布式文件系统的构建，MapReduce 在集群上实现了分布式计算和任务处理。HDFS 在 MapReduce 任务处理过程中提供了文件操作和存储等支持，MapReduce 在 HDFS 的基础上实现了任务的分发、跟踪、执行等工作，并收集结果，二者相互作用，完成了 Hadoop 分布式集群的主要任务。

4.4　基于 Spark 的数据计算架构

4.4.1　Spark 概述

Spark 是一个开源分布式计算系统，最初由加利福尼亚大学伯克利分校的 AMPLab 开发。Spark 立足于内存计算，从多迭代批量处理出发，旨在加快数据分析速率和数据读写速率。

Spark 拥有 MapReduce 所具有的优点，但不同于 MapReduce 的是，其中间输出结果可以保存在内存中，从而不再需要读写 HDFS，因此 Spark 能更好地适用于数据挖掘与机器学习等需要迭代的 MapReduce 的算法。

基于 Spark 计算框架，AMPLab 开发了一系列的软件产品，使得用户可以利用 Spark 一站式地构建自己的数据分析流水线。其中，Spark Streaming 是对 Spark 核心 API 的扩展，允许用户进行流式数据的处理；GraphX 是一个大规模图计算框架，在 Spark 之上封装了类似 Pregel 的接口，在进行大规模全局同步的图计算尤其是迭代计算时，基于 Spark 内存计算的优势更加明显；Spark SQL 可以提供交互式数据查询，为用户提供 SQL 接口来兼容原有数据库用户的使用习惯；MLlib 是构建在 Spark 上的分布式机器学习库，充分利用了 Spark 的内存计算及适合进行迭代计算的特点，使得机器学习算法的性能得到大幅度提升。

4.4.2　Spark 架构及工作原理

Spark 架构克服了 MapReduce 等计算框架在迭代算法和交互式数据挖掘等计算方面的不足，通过引入 RDD(Resilient Distributed Datasets, 弹性分布式数据集)数据表示模型，使用户可以更加轻松地使用 Spark 提供的 API 进行算法的设计。

现有的多数集群编程模型中的数据都只能单向流动。以 MapReduce 为例，Map 端只能从硬盘(HDFS 等文件系统)中读取数据，经过 Map 处理之后，中间数据会被暂时放入各个节点本地硬盘，Reduce 阶段各个计算节点再通过 Shuffle 过程从各个节点的本地硬盘中获取自己需要处理的那部分数据，经 Reduce 过程处理后数据又存储到硬盘中，即数据流只能从硬盘读取并写回硬盘。这种非循环的计算方式在迭代算法、交互式数据挖掘等需要重复利用数据的应用场景中表现不佳。

(1) 迭代算法：主要包括机器学习类的算法和图挖掘算法。在这类算法中往往需要多次重复的计算才能得到最终收敛的结果，如逻辑回归、K-means 算法、PageRank 等，并且在这种算法中，相邻的两轮计算通常会共享一部分数据。

(2) 交互式数据挖掘：在数据仓库、ETL 等应用中，用户经常需要大量的查询语句从一个或多个数据集上获取结果，通常这些查询中的部分计算是相同的，或者作用在同一个数据集上。

针对以上场景中的传统 MapReduce 等计算框架遇到的问题，Spark 提供了基于内存的分布式计算，用户可以根据需要将重复利用的数据缓存至内存，从而可以决定加载哪些数据，甚至可以决定数据的存储和在集群上的分布策略。实验表明，Spark 在迭代式应用和交互式数据挖掘方面相比于 MapReduce 等框架，效率有了很大的提升。

Spark 架构采用了主从模型结构，主节点对应集群中运行 Master 进程的节点，从节点是集群中有 Worker 进程的节点。主节点监控整个集群的状态,负责各个从节点的正常运行。Spark 架构图如图 4-11 所示。其中，Worker 是 Spark 集群中的运算节点，接收主节点命令并向主节点进行状态的汇报；Executor 是 Worker 上负责运算的线程，用于启动线程池运行任务；Driver 负责运行 Application 的 main()函数。

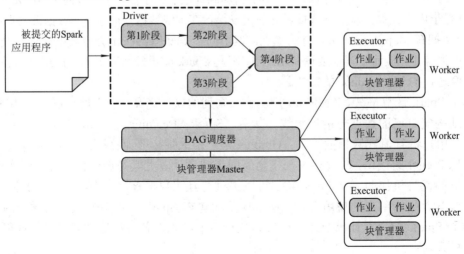

图 4-11　Spark 架构图

Spark 应用是用户提交的应用程序。Spark 应用的执行模式有 Local、Standalone、YARN 和 Mesos 模式。根据 Spark 应用的 Driver Program 是否在集群中运行，Spark 应用的执行模式又可以分为集群模式和客户端模式。

Spark 应用中的一些基本概念如下：

(1) Driver Program：负责运行 Application 的 main()函数，并创建 Application 运行的上下文环境 Spark Context。

(2) RDD Graph：当 RDD 遇到第一个 Action 算子时，之前所有的算子(Transformation)转换为一个有向无环图，再在 Spark 中转化为 Spark Job，提交到 Spark 集群执行。在一个 Application 中可能有多个 Job。

(3) 作业(Job)：一个 RDD Graph 触发的作业，在 Spark Context 中通过 runJob()函数提交到 Spark 集群。

(4) 步骤(Stage)：在 Job 内部，根据各个 Transformation 转化的 RDD 之间的宽窄依赖关系，Job 执行过程划分为多个 Stage，每个 Stage 中包含一系列 Task。

(5) 任务(Task)：RDD 中的一个分区对应一个作业，作业执行 RDD 中对应的 Stage 中包含的运算。Task 被封装好后，被放入 Executor 的线程池中执行。

(6) 块管理器(Block Manager)：负责管理、存储、创建和查找数据块。

(7) DAG 调度器(DAG Scheduler)：根据作业创建基于 Stage 的 DAG，并提交给 Stage 的 Task Scheduler。Task Scheduler 负责将任务分发给 Executor 执行。

Spark 的整体执行流程为：用户提交 Application，主节点再选择 Worker 并启动 Driver，Driver 向主节点申请资源，将用户程序转换成 DAG 图，再由 DAG Scheduler 将 DAG 图提交给 Task Scheduler，由 Task Scheduler 将任务提交给 Executor 执行。

4.5 基于区块链的去中心分布式数据存储架构

4.5.1 区块链概述

随着电子虚拟货币和以太坊的兴起与发展，作为核心底层技术的区块链技术受到了国内外各界的高度关注，并迅速成为众多学者的研究热点。区块链是一种由参与方共同维护的分布式账本，具有去中心化、不可篡改、可追溯等特点，能够保证计算结果真实可信。区块链技术改变了传统的中心化管理模式，在不需要可信中心化机构的情况下解决了当前信息系统所存在的中心化管理、数据孤岛及信息易篡改等问题。

区块链本质上是一个分布式数据库，起源于 2008 年中本聪提出的比特币系统。区块链技术经历了三大演进阶段，具体如下。

第一阶段：以比特币为代表，主要实现交易货币的可编程，完成转账与汇款，保证数字双方交易的安全性。

第二阶段：以以太坊为代表，创新地使用智能合约，实现了从货币可编程到金融应用可编程的转化升级，如可以完成股票、期货及抵押等多种应用。

第三阶段：以互联网应用为内核，将区块链技术正式拓展到互联网应用，支持应用价值的可靠转移与交换。

区块链按照链中矿工的限制程度，即是否对节点设置准入门槛，分为非许可链和许可链。在非许可链中，任何节点都能执行共识协议、自由加入与退出、访问链上数据、发布交易以及参与链上数据的记录，典型应用为比特币、以太坊。由于任何节点都能参与区块链的维护，并访问区块链中的任何数据，因此非许可链也被称为公有链。在许可链中，节点的加入等功能都需要经过特定的授权、许可与认证，典型应用为超级账本。

4.5.2 区块链核心架构

区块链可以看作是一个利用对等网络架构实现数据交互，采用加密算法保证数据安全，通过分布式共识机制确保数据一致性，使用键值数据库保存数据，利用智能合约来编程和操作数据的分布式存储系统。在区块链网络中，节点不依赖单一组织构建信任关系，节点之间互相验证，构建起一种对等关系下的网络场景。区块链中每个加入的节点都通过遵照共识机制来保证数据的一致性，每个节点都会拥有整个网络完整的区块数据。区块以链式结构首尾相连，当前区块通过保存前一个区块的 Hash 值来形成一种链式结构。区块链去中心化、防篡改、透明化的特点为在各个主体共同参与的场景下构建信任基础提供了可能。区块链核心架构图如图 4-12 所示。

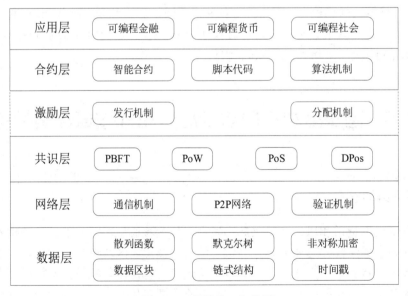

图 4-12　区块链核心架构图

(1) 数据层。数据层处于整个架构的底层，负责区块数据的创建与组织，将一定时间内产生的交易打包成区块，通过默克尔树维护交易信息，使用非对称加密、时间戳构造数据区块，基于散列函数与链式结构链接区块，实现区块数据的有序与稳定。

(2) 网络层。不同于传统网络受权威中心控制的节点组织形式，区块链网络层采用无第三方约束、节点端到端通信的完全去中心化组网方式，封装了区块链的通信机制、组网结构、安全机制，保证信息能够迅速流转与安全传输。

(3) 共识层。共识层属于整个体系结构的核心层，负责系统中互不信任的所有节点就交易数据的正确性快速达成一致，保证账本数据的不可篡改性。区块链网络中的节点必须维护相同的区块数据，共识机制作为区块链中的核心，确保所持有的区块链数据与主链数据相同以及验证新区块的有效性。

(4) 激励层。激励层负责刺激节点构造和验证新区快，保障区块链系统的正常运行。比特币、以太坊等公有链系统为确保系统的持续运转，通过奖励机制鼓励节点参与到区块链账本记账工作中。

(5) 合约层。合约层主要包含了使区块链系统具备可编程性的智能合约。智能合约是由图灵完备的编程语言实现的计算机程序，部署于区块链上以实现去中心化。智能合约的普及推动了区块链从数字货币发展为应用更广泛的技术框架。

(6) 应用层。应用层是区块链技术的直观体现。从最初比特币实现数字货币，到以太坊支持去中心化应用，随着区块链技术的发展，区块链的表现形式也逐渐丰富，区块链技术已经应用于智慧医疗、冷链运输、金融监管等行业。

4.5.3 区块链去中心分布式数据存储架构分析

区块链的整体架构通常被抽象成数据层、网络层、共识层、激励层、合约层和应用层，但是只有前三层才是组成区块链的核心内容，缺少任何一层都无法构成一个有效的区块链。

区块链是由许多区块首尾相连而成的。区块由两个部分组成，分为区块头和区块体。每一个区块头包含其所连接的前一个区块的 Hash 值、版本号、PoW 共识的难度、时间戳、当前区块所计算出的 Hash 值和存储所有交易信息的 Merkle(默克尔)树对应的树根等。其中，Merkle 树是区块链中重要的数据结构，用来存储及快速验证区块数据的存在性和完整性。这种数据结构的使用使区块链的运行效率得到了极大的提升，这也是区块链支持"简易支付验证(SPV)"的技术依据。

当某一个节点产生一个新的区块时，该节点通过网络协议将该区块向整个区块链网络进行广播。其他节点在接收到该区块时，首先会对该区块进行验证，然后才进行广播。只有在得到全网节点的认可后，即在所有节点之间达成共识机制，该区块才会被添加到区块链上。

按照区块链的机制，新生成的区块需要在网络中广播，如果生成的区块占用空间较大，将产生高昂的传输成本，而区块存储所产生的存储开销同样也不能忽视。由此可见，区块链传输和存储开销是亟待解决的问题。此外，当前的区块链系统无法直接替代云存储系统对用户上传的外包数据进行存储和管理。如何将区块链技术安全有机地结合到传统云存储系统上也是一个巨大的挑战。

数据的存储和管理方案很多，每种存储方案都有各自的优点和缺点，要根据不同的业务场景，选择最合适的存储平台。现今数据中心的建设重点不再是单一的存储平台，而是多种存储平台的融合。如何高效地管理和组织这些存储平台，使其很好地协同工作，是数据中心建设的关键；如何进行数据划分、如何更好地管理元数据也是现今国内外广大学者、公司、政府所研究的热点问题。

第5章 服务提供与协同技术

在现代化的智慧城市中，物联网是提供高效服务的基础，数据是服务有效运行的核心，而最终为智慧城市的用户提供的都是高效的服务。常见的提供服务的方式有 IaaS (Infrastructure as a Service，基础设施即服务)、PaaS(Platform as a Service，平台即服务)、SaaS (Software as a Service，软件即服务)。其中，SaaS 是在 21 世纪开始兴起的一种新型的软件服务提供模式，是一种通过物联网提供软件的模式。在这种服务提供模式下，厂商将应用软件统一部署在自己的服务器上，用户可以根据自己的实际需求，通过物联网向厂商订购所需的应用软件，并通过物联网获得厂商提供的服务。Web 服务是目前 SaaS 应用最广泛的一种服务提供形式，在这种服务提供形式下，用户获取到自己所需的服务后，可利用 SOA(面向服务的体系架构)为订购的服务定义组织内通用的接口，并将其发布到组织内的 Web 平台上，利用 Web 服务对组织内部人员提供服务。本章将详细介绍基于 Web 的智慧城市服务提供与协同技术。

5.1　智慧城市面向服务的体系架构

在感知终端层、网络承载层、数据管理层的支撑下，智慧城市业务服务层通过构建综合化的服务平台，对下层提供的各类数据资源和应用系统资源进行统一的封装、处理及管理；并在此基础上，组合形成各种智慧服务和应用，如智慧政务、智慧交通、智慧医疗、智慧园区、智慧社区、智慧旅游等，为社会公众、企业用户、城市管理决策用户等提供完整的信息化服务和应用。可以说，该综合化的服务平台是智慧城市的"大脑"。

然而，泛在感知方式、异构多域网络、多源异构数据等使智慧城市中形成了各式各样的"信息孤岛"，对智慧城市服务提供和跨服务协同提出了严峻的挑战。为了应对该挑战，提出了许多服务管理架构，且随着云技术的发展，面向服务的体系架构(Service Oriented Architecture，SOA)和微服务体系结构成为大型企业常用的服务提供模式。

SOA 和微服务结构是当前各行业或领域信息化中打破信息孤岛、促进横向协同、促进信息资源有效利用的主要技术方法，也是智慧城市建设中实现各类信息资源、应用系统资源和服务资源的共享、整合和协同的主要技术手段。

5.1.1　概述

SOA 是一个组件模型，它通过定义接口和通信协议来联系应用程序的不同功能单元(称为服务)。接口是采用中立的方式进行定义的，且独立于实现服务的硬件平台、操作系统和编程语言。这使得构建在各种系统中的服务可以使用统一和通用的方式进行交互。这种具有中立性质的接口定义的特征称为服务之间的松耦合。松耦合系统的好处有两点：一点是它的灵活性；另一点是当组成整个应用程序的某个服务组件的内部结构和实现方法发生较小改变时，按需修改相关的服务组件即可，而其他组件的使用不受干扰。服务若是紧耦合的，则意味着应用程序的不同组件之间的接口与其功能和结构是紧密联系的，因而当需要对部分或整个应用程序的某个服务组件进行某种形式的更改时，其他服务组件的使用也会受到干扰。SOA 将帮助软件工程师以新的高度理解企业级架构中各种组件的开发、部署，帮助企业系统架构者以更迅速、更可靠、更灵活的方式架构整个业务系统，使系统能够更加从容地面对业务的动态变化。

SOA 使 IT 业务系统变得更加灵活，以适应业务中的改变。SOA 支持通过定义业务关系来实现特定功能，当业务需求改变时，无须修改已有功能，直接更新业务关系即可。SOA 主要包括以下功能：

(1) 水平改变，即对软件部分功能进行替换，而所有的业务操作基本上都保持不变。这里，业务接口可以做少许改变，而内部操作却不需要改变。

(2) 内部改变，即软件系统需要添加新功能或者修复，我们需要保证软件系统功能的更新和修复不会影响到现存业务的流程。在这种情况下，SOA 模型保持原封不动，而组件内部的实现(如程序逻辑、程序语言等)却发生了变化。

(3) 构建新业务，通过在设计中重用灵活的 SOA 模型，我们可以在已有服务的基础上更加容易地构建新业务。

(4) 垂直改变，在这种改变中，如果垂直改变完全从最底层开始的话，就会带来 SOA 模型结构的显著改变。在这种情况下，SOA 模型的好处是它从业务操作和流程的角度考虑问题，而不是从应用程序的角度考虑问题，这使得业务管理更加灵活，并且可以将软件系统构造为适合业务处理的方式。

随着全球信息化的浪潮，信息化产业不断发展、延伸，已经深入了众多的企业及个人。但随着信息化建设的深入，不同应用系统之间的功能界限已趋于模糊。SOA 系统架构的出现，将给信息化带来一场新的革命。

随着 SOA 的应用，在系统维护方面产生了一些问题。当应用程序相对简单时，传统软件结构可以进行简单部署和管理。然而，随着现代技术的发展以及应用需求的多样化，应用程序的复杂性增长，这使得这种灵活性逐渐失效。在多功能以及多交互系统中，传统的软件架构使系统笨拙且操作烦琐。同时，对于大型系统，SOA 架构需要多次配置复杂运行环境，这使得系统在迁移重置以及瓶颈的精确扩展方面是难以实现的。

随着容器技术的发展，云计算进入全面云原生时代。云原生技术极大地提高了各种现代应用程序(如智能交通、智能家居和智能医疗保健)的质量。为了使开发人员更简单地开发和维护复杂的应用程序，出现了微服务体系结构。微服务是一组分布式的小型、独立的服务，服务间通过共享结构进行交互通信，通过这种高效和灵活的方式形成了大型的、复杂的本地云应用程序。微服务的容器化给开发者开创了更高效的开发环境，容器的设计围绕着应用程序的部署原理和条件，开发者可以专注于应用程序的开发，而不浪费时间在应用程序的环境配置上。

5.1.2 SOA 基本框架

SOA 的基本框架如图 5-1 所示，由服务注册者、服务请求者与服务提供者三种角色组成。

服务提供者发布自己的服务，并且对使用自身服务的请求进行响应。服务注册者注册服务提供者发布的服务，并对已经注册的服务进行分类，同时为服务请求者提供对服务描述信息的咨询。服务请求者通过服务注册者查找所需的服务，然后动态绑定到相关服务，并调用该服务。

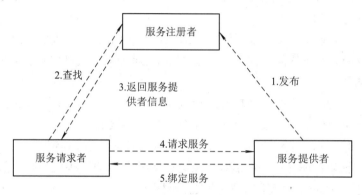

图 5-1   SOA 基本框架图

SOA 中的组件必须具有上述一种或多种角色，在这些角色之间有发布、查找和绑定三种操作。发布使服务提供者可以向服务注册者注册自己的功能及访问接口。查找使服务请求者可以通过服务注册者查找特定种类的服务。绑定使服务请求者能够真正使用服务提供者提供的服务。

当前 SOA 的主流实现形式是 Web 服务。Web 服务技术是应用比较广泛的一种技术，基于的是公开的 W3C 推荐标准及其他公认标准。从本质上来说，SOA 是一种架构模式，而 Web 服务是利用一组标准实现的服务。通过 Web 服务技术可以构建一个中立平台，进而获取多样化的软件服务，而且越来越多的软件商支持 Web 服务规范，因为 Web 服务具有较好的通用性。

5.1.3 微服务框架

微服务体系结构的特征是将单个应用程序开发为小型服务套件，每个套件都可以自己运行处理程序代码且通过轻量级机制进行数据通信。简单地说，就是将一个功能复杂的应用程序或者系统，按照具体功能或模块分成多个在不同机器(或容器)上运行的微服务，每个微服务都可以独立地开发、部署、升级和扩展。通过轻量级的网络 API 调用，可以将多个服务组合为服务链，以实现复杂的功能。微服务的基本框架如图 5-2 所示。微服务采用轻量级虚拟机来实现单一的功能，被称为容器(例如 Docker)或单个过程。这解除了对某项具体实现技术的依赖，因此，一个应用程序可以采用多种语言开发的服务。开发人员可以选择最合适的语言来实现每种服务。各语言开发的功能通过微服务 API 来调用，从而使云应用程序开发的敏捷性及部署的灵活性得到显著提高。

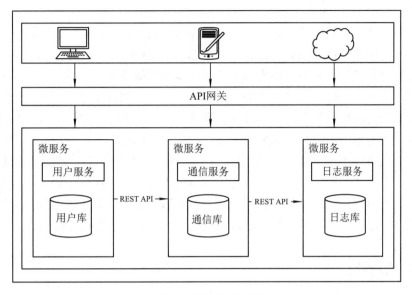

图 5-2　微服务框架图

5.2　Web 服务

5.2.1　Web 服务概述

Web 服务(Web Service)是一个平台独立、松耦合、自包含、基于可编程的 Web 应用程序。Web 应用程序可采用开放的 XML 标准来描述、发布、发现、协调和配置，Web 服务支持分布式的互操作的应用程序的开发。

Web 服务的特点和优势如下：

(1) 高度通用性。

Web 服务是一种部署在 Web 上的对象，具备良好的对象封装性，使用者能且仅能看到该对象提供的功能列表，而不必考虑 Web 服务对象的内部组成。Web 服务对象内封装的都是一些通用功能，因此具有高度的通用性。

(2) 语言独立性、平台独立性。

Web 服务对象具有松耦合的特性，这一特性源于对象/组件技术。当一个 Web 服务的实现发生变更的时候，调用者是不会发觉这一点的。对于调用者来说，只要 Web 服务的调用界面不变，Web 服务的实现发生任何变更对他们来说都是无关紧要的，甚至当 Web 服务的实现平台从 J2EE 迁移到了.NET 或者反向迁移时，用户都可以对此一无所知。Web 服务实现的核心在于使用 XML/SOAP 作为消息交换协议，也就是说 Web 服务具有语言独立性。

作为 Web 服务，其协议必须使用开放的标准协议(比如 HTTP、SMTP 等)进行描述、传输和交换。这些标准协议应该完全免费，以便任意平台都能够实现。一般而言，绝大多数规范将 W3C 或 OASIS 作为最终版本的发布方和维护方，因此 Web 服务具有平台独立性。

(3) 高度可集成性。

由于 Web 服务采取简单的、易理解的标准 Web 协议作为组件界面描述和协同描述规范，完全屏蔽了不同软件平台的差异，无论是 CORBA、DCOM 还是 EJB，都可以通过这一种标准的协议进行互操作，实现了在当前环境下最高的可集成性。

智慧城市运用各种信息技术和手段，整合城市资源，在城市范围内为政府部门、居民和各种服务组织搭建用于互动交流及服务的网络平台。智慧城市利用 Web 服务的高度通用性、语言独立性及平台独立性、高度可集成性的特点，创造性地为城市居民提供与生活息息相关的各项服务(如医疗服务、警务服务和生活物品采购服务等)，并将其集成到以 Web 服务为主要服务形式的网络平台上。在这些服务的支持下，居民通过智慧城市提供的网络平台即可在足不出户的情况下实现远程医疗、水电缴费、文化娱乐和远程教育等一系列生活需求。经过持续的发展，Web 服务已经成为智慧城市提供服务的主要形式。

5.2.2　Web 服务模型

在 SOA 基础模型的指导下，Web 服务采用的服务模型如图 5-3 所示。该服务模型包括服务提供者、服务请求者和服务代理三种角色，各个角色之间通过三个基本操作来进行沟通。服务提供者向服务代理发布服务，服务请求者通过服务代理查找所申请的服务，并绑定到这些服务上。

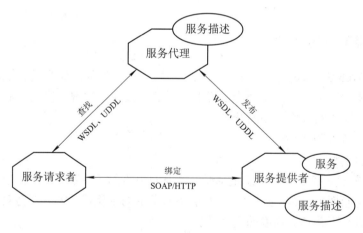

图 5-3　Web 服务模型

在 Web 服务体系结构中，使用 WSDL(Web Service Description Language，Web 服务描述语言)来描述服务，使用 UDDI(Universal Description Discovery and Integration，通用描述、发现与集成)协议来发布、查找服务，使用 SOAP(Simple Object Access Protocol，简单对象访问协议)来执行服务调用。Web 服务体系结构的各个模块之间以及模块内部消息以 XML 格式来组织和表示。

Web 服务工作流程如下：

(1) 服务提供者编写相应的服务，并使用 WSDL 来描述服务的调用接口，然后使用 UDDI 协议来将自己的服务发布到服务代理。

(2) 服务请求者使用 UDDI 协议通过服务代理查找服务提供者发布的服务，得到一个描述服务的 URL 地址。

(3) 服务请求者根据获得的 URL 地址获知服务提供者的服务接口，然后根据接口要求生成 SOAP 请求，并通过 HTTP 发送给服务提供者。

(4) 服务提供者解析收到的 SOAP 请求，然后调用服务并将结果通过 HTTP 回复给服务请求者。

5.2.3　Web 服务标准体系

Web 服务体系需要一系列的协议规范来支撑，图 5-4 是 Web 服务标准体系，其中给出了 Web 服务模型下每层所采用的协议标准。底层是已定义好并广泛使用的传输层和网络层的标准 HTTP、FTP、SMTP 等。目前开发的 Web 服务的相关标准协议或规范包括用于服务调用的协议 SOAP、用于服务描述的语言 WSDL 和用于服务发现/集成的协议 UDDI，以及用于服务流程描述的语言 WSFL。再往上是更高层的待开发的关于路由可靠性以及事务等方面的协议。各个协议层都有安全、管理和服务质量等方面的机制。接下来对传输层和网络层之上的各种协议进行介绍。

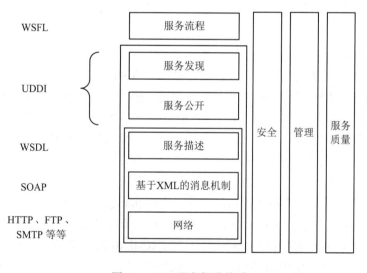

图 5-4　Web 服务标准体系

SOAP 是简单对象访问协议(Simple Object Access Protocol，SOAP)，是一种标准化的通信协议，主要用于 Web 服务中。它是用于交换 XML 编码信息的轻量级协议。SOAP 在 HTTP 的基础上，把编写成 XML 的请求参数，放在 HTTP 内容中并提交给 Web 服务的服务器，处理完成后，结果也写成 XML，并作为响应送回用户端。简单地说，SOAP 就是"HTTP+XML 处理"的协议。

WSDL 是 Web 服务描述语言(Web Service Description Language，WSDL)，是一种用机器能阅读的方式提供的、能正式描述文档且基于 XML 的语言，用于描述 Web 服务及其函数、参数和返回值。因为是基于 XML 的语言，所以 WSDL 既是机器可阅读解析的，又是人可阅读的。

UDDI 是通用描述、发现和集成(Universal Description Discovery and Integration，UDDI)协议。UDDI 的目的是为电子商务建立标准。UDDI 是一套基于 Web 的、分布式的、为 Web 服务提供的、信息注册中心的标准规范，同时也包含一组使企业能将自身提供的 Web 服务注册，以使别的企业能够发现的访问协议的实现标准。这组实现标准中包含服务提供企业的地址、联系方法、已知的企业标识、行业类别，也包含关于该企业所提供的 Web 服务的技术信息。

WSFL 是 Web 服务流程语言(Web Services Flow Language，WSFL)。WSFL 是 IBM 所制订提出的，作为描述网络服务流程的语言，它包括流程模型和总体模型。流程模型说明了如何使用网络服务所提供的功能，并叙述了商业交易流程；而总体模型则详细说明了所有交易伙伴的交易情形，即网络服务如何与其他网络服务做交谈。

5.2.4 Web 服务关键技术

在以上协议标准或规范中，XML 和 SOAP 是实现 Web 服务的关键技术。XML 实现了服务的描述和数据的交换；SOAP 实现了不同服务间的交互。下面先深入介绍这两种技术，然后介绍 REST 协议标准。

1. XML

1) XML 概述

Web 服务的所有协议都建立在可扩展标记语言 XML 的基础上，因此 XML 可被称为 Web 服务的基石。XML 是 W3C 制定的一组规范，描述了一类数据对象，同时也描述了处理这类数据对象的计算机程序的动作。XML 能解决 HTML 不能解决的两个问题，即 Internet 发展速度快而接入速度慢的问题和可利用的信息多但难以找到所需要的部分信息的问题。XML 增加了结构和语义信息，这使得索引能在结构层次和语义层次上进行，客户端和服务器能即时处理多种形式的信息。当客户端向服务器发出不同的请求时，服务器只需将数据封装在 XML 文件中，用户可根据自己的需求选择和制作不同的应用程序来处理数据，这不仅减轻了 Web 服务器的负担，也大大减少了网络流量的消耗。软件开发人员可以使用 XML 创建具有自我描述性数据的文档，XML 使用 XML Schema 作为建模语言。XML Schema 具有丰富的数据类型，使用与 XML 完全一致的文法，并引入了命名空间的概念。XML Schema 规范实现了 W3C 推荐标准，提供了一种可替代 DTD(Document Type Definition，文档类型定义)的方法，这使得开发人员能够更精确地结构化 XML 数据。XML Schema 已成为 Web 服务中协议制定的标准语言。

在 XML 文件里，可以自由定义标签。定义出来的标签可以按自己的意思充分地表达文件的内容，譬如可以定义<name>、<bookinfo>这样带有明确意义的标签。XML 文件只注重内容，这和 HTML 强调布局的做法不大相同。XML 文件的内容和外观设计是完全分开的；外观变动时，XML 文件内容完全不受影响。同时，XML 的自描述性有利于资料的交换和传递，例如，商务往来的公司之间，用不着也不需要知道对方内部采用何种格式储存资料，大家都用 XML 作为中介格式即可。因此某个系统内部的变更，并不会殃及和它交流往来的其他系统，XML 提供了一层理想的缓冲。XML 除了上述描述数据的优势，还具有如下几个优势：XML 可以广泛地运用于 Web 的任何地方；XML 可以满足网络应用的需求，使编程更加简单；XML 便于学习和创建；XML 文件代码更清晰且便于阅读理解。

2) XML 的组成

XML 的语法规则既简单又严格，非常容易学习和使用。XML 文档使用了自描述的简单语法，如果熟悉 HTML，就会发现 XML 的文档和 HTML 非常相似。XML 文档由序言和文档元素两部分组成。

下面给出一个 XML 文档格式示例图，如图 5-5 所示。

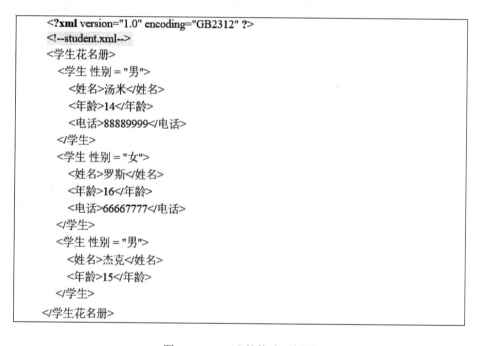

图 5-5　XML 文档格式示例图

序言包括 XML 声明和注释等。图 5-5 的示例中，第一行是 XML 声明，表明这是一个 XML 文档，并且遵循 XML 1.0 版的规范；第二行是注释，引入注释可以增强文档的可读性，XML 文档的注释是可选的。另外，序言部分还可以包括文档类型定义(DTD)和处理指令等可选组成部分，DTD 定义了文档的类型和结构，处理指令提供了 XML 处理器传递给应用的信息。

文档元素(根元素)指出了文档的逻辑结构，并且包含了文档的信息内容(在示例文档中是学生的信息，例如姓名、年龄和电话)。典型的文档元素有起始标签、元素内容和结束标签。元素内容可以是字符数据、其他(嵌套的)元素或者两者的组合。

3) XML 的使用场合

XML 的使用场合主要如下：

(1) XML 是被设计用来存储数据、携带数据和交换数据的。

(2) XML 可以从 HTML 中分离数据。通过 XML，可以在 HTML 文件之外存储数据。

(3) XML 用于交换数据。通过 XML，可以在不兼容的系统之间交换数据。

(4) XML 可以用于在网络中交换电子商务信息。

(5) XML 可以用于共享数据。通过 XML，纯文本文件可以用来共享数据。

(6) XML 用于提高数据的利用率。通过 XML，数据可以被更多的用户使用。

(7) XML 可以用于创建新的语言，它是 WAP 和 WML 语言的母亲。

4) JSON 语言

尽管 XML 应用广泛，但 XML 文件庞大，文件格式复杂，并且传输占带宽；服务器端和客户端都需要花费大量代码来解析 XML，这导致服务器端和客户端代码变得异常复杂且不易维护；客户端不同浏览器之间解析 XML 的方式不一致，需要重复编写很多代码。

实际上，大多数 Web 应用都不需要复杂的 XML 来传输数据，许多应用甚至可以直接返回 HTML 片段来构建动态 Web 页面，XML 的扩展性在此并没什么优势。和返回 XML 并解析它相比，返回 HTML 片段大大降低了系统的复杂性，但同时缺少了一定的灵活性。而同 XML 或 HTML 片段相比，数据交换格式 JSON 具有简单性和灵活性。

JSON(JavaScript Object Notation)是一种轻量级的数据交换格式。JSON 采用了完全独立于语言的文本格式，但是也采用了 C 语言家族(包括 C，C++，C#，Java，JavaScript，Perl，Python 等)的一些特点。这些使得 JSON 语言成为一种较为理想的数据交换语言，易于阅读和编写，同时也易于机器解析和生成。

在可读性方面，JSON 和 XML 不相上下，但一般来讲 XML 的可读性较好一些。XML 和 JSON 都具有较好的可扩展性，而 JSON 与 XML 相比，数据的体积小，并且 JSON 的编码和解析难度比 XML 要低很多，所以 JSON 传递数据的速度更快。

2. SOAP

1) SOAP 消息的结构

SOAP 是一个基于 XML 的、在松散分布式环境中交换结构化信息的轻量级协议。SOAP 消息的结构如图 5-6 所示。

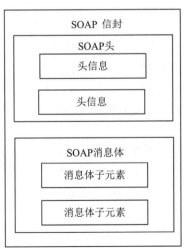

图 5-6　SOAP 消息结构

SOAP 信封构造了一个整体的 SOAP 消息表示框架，这个框架可用来描述消息中的内容是什么，谁应当处理它，以及这些处理操作是可选的还是强制的。

SOAP 信封包括一个 SOAP 头(Header)和一个 SOAP 消息体(Body)。SOAP 头是可选的，它的作用是在松散环境下且通信方之间尚未达成一致的情况下，通过自定义 SOAP 消息内容元素，增强 SOAP 消息的描述能力；SOAP 消息体是必需的，它包含需要传输给接收者的具体信息内容。

2) SOAP 编码规则

SOAP 编码规则(Encoding Rules)是一个定义传输数据类型的通用数据类型系统。这个通用数据类型系统包括程序语言数据库和半结构数据中不同类型系统的公共特性。在这个系统中，类型可以是简单(可量化)类型，也可以是复合类型。SOAP 规范定义了有限的编码规则，当用户需要使用自己的数据类型时，用户可以使用自定义的编码规则，按需求扩展该基本定义。

3) SOAP 绑定

SOAP 绑定(Binding)定义了一个使用底层传输协议(包括 HTTP、TCP 或 UDP)来完成在节点间交换 SOAP 信封的约定。目前 SOAP 中普遍使用了与 HTTP 的绑定，即利用 HTTP 的请求/响应消息模型来传送 SOAP 消息。SOAP 框架将 SOAP 请求的参数放在 HTTP 请求里，将 SOAP 响应的参数放在 HTTP 响应里。当需要将 SOAP 消息体包含在 HTTP 消息中时，HTTP 应用程序必须指明使用 text/xml 作为媒体类型。特别地，信封和编码规则被定义在不同的 XML 命名空间中，这样有利于程序模块化，进而使得 SOAP 定义和实现更加简单。XML 本身并没有定义任何编程模型和应用语义，只是定义了一个消息结构的框架，因此具有良好的扩展性。SOAP 消息结构框架扩展的一个特别类型是 MEP(Message Exchange Pattern，消息交换模式)。SOAP MEP 是一个 SOAP 节点间的信息交换模式的样板，能提高对上层应用的支持。SOAP 的设计目标是简单性和可扩展性，所以 SOAP 是一个轻型协议。这也意味着一些传统消息系统或分布式对象系统中的某些性质将不是 SOAP 规范的一部分，比如，SOAP 没有定义分布式垃圾收集、成批传送消息、对象引用和对象激活等方面的内容。

3. REST 协议标准

SOAP 定义了消息体和消息头，消息头的可扩展性为各种互联网的标准提供了扩展的基础。但是 SOAP 因各种需求不断扩充本身的内容，这导致处理 SOAP 的性能有所下降，并造成了易用性下降以及学习成本增加。

REST 描述了一个架构样式的互联系统(如 Web 应用程序)。当 REST 约束条件作为一个整体应用时，将生成一个简单、可扩展、有效、安全、可靠的架构。由于它具有简便、轻量级的特性，且可通过 HTTP 直接传输数据，因此 RESTful Web 服务成为基于 SOAP 服务的一个最有前途的替代方案。

REST 受到重视，主要原因是其高效以及简洁易用的特性。这种高效一方面源于其面向资源的接口设计，另一方面源于其最大限度地利用了 HTTP 最初的应用协议设计理念。

5.3 服务组合与服务事务

随着业务的不断细分和深化，软件的规模越来越大，应用越来越复杂，需求变化越来越快，对服务质量的要求越来越高，传统的软件开发模式已不能完全满足这些需求。面向服务的架构 SOA 快速地成为一种占主导地位的架构，它通过松耦合的系统使企业在应对业务需求的变化时能够做出更快的响应。在 SOA 解决方案中设计 Web 服务的方法可以快速构建业务流程，在企业内部和外部合作伙伴之间进行业务集成也更容易。虽然 Web 服务能够满足一些简单集成的需求，但是单个 Web 服务的功能有限，难以满足企业级应用流程的集成需求，因此需要把相对简单的 Web 服务按一定的业务流程逻辑组合起来，从而提供更强大、更完整的业务功能。

5.3.1 Web 服务组合框架

Web 服务组合是指将若干服务按照一定的业务流程逻辑进行组装，从而形成组合服务，通过执行该组合服务可以达到业务目标。Web 服务组合的生命周期，如图 5-7 所示。

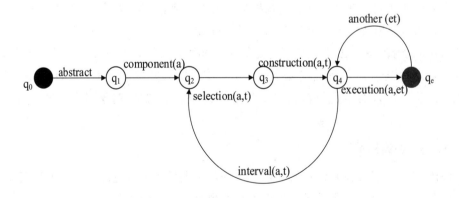

图 5-7 Web 服务组合的生命周期

q_0、q_1、q_2、q_3、q_4 和 q_e 分别表示 Web 服务组合不同阶段的状态，其中 q_0 和 q_e 分别代表了初始状态和结束状态，其他则表示 Web 服务组合的中间状态。不同状态间的转化表示如下：

(1) abstract 表示组合服务开发人员根据实际需求给出组合服务抽象定义的过程，过程结束后产生抽象定义 a，作为后续各阶段的基础。

(2) component(a)表示将组合服务抽象定义 a 分解为关于不同合作伙伴的多个组件服务需求，结果表示为 component(a)。

(3) selection(a，t)表示根据 component(a)的结果选择候选组件服务，结果表示为 selection(a，t)。

(4) construction(a，t)表示从 selection(a，t)构造组合服务。

(5) interval(a，t)表示在 t 时刻进行服务有效性维护。

(6) execution(a，et)表示在 et 时刻执行 a 的一个实例。

(7) another(et)表示在另一个时刻发起的组合服务执行请求，由于不同时刻的请求产生的组合服务具体定义可能不同，因此该请求需根据当前的组合服务候选定义，进行实例化执行。

服务组合相关的问题可被划分为服务组合建立时的问题和服务组合运行时的问题。前者主要包含 Web 服务发现、Web 服务组合、Web 服务组合验证等问题，后者则包含服务执行与监控、服务组合的安全等问题。

1. Web 服务发现

Web 服务发现是指根据用户对目标服务的需求，通过算法从服务注册中心查找满足用户需求的服务的过程，它是实现 Web 服务组合的前提条件。

Web 服务发现与 Web 服务匹配紧密相关，前者往往建立在后者的基础上，即通过将用户需求规格说明与服务注册中心中的服务描述说明进行匹配，选出所需的服务。因此，Web 服务匹配是 Web 服务发现的一个重要环节。当前，与 Web 服务发现相关的研究成果层出不穷，这些成果可大致划分为基于关键字的 Web 服务发现和基于语义的 Web 服务发现。前者以 UDDI 协议为典型代表，仅支持关键词匹配，所以服务发现效果不佳；后者则是 Web 服务与语义网相结合而产生的，被视为最有前景的服务发现方法。此外，还有一部分服务发现方法是针对特定应用而提出的，如基于统一建模语言(Unified Modeling Language，UML)的服务发现方法、基于用户以往的服务选取记录和系统日志进行服务推荐的方法等。接下来对典型的基于语义的 Web 服务发现方法进行介绍。

1) 基于 OWL-S/DAML-S 的语义 Web 服务发现

Web 服务本体语言(Ontology Web Language for Services，OWL-S)的前身为美国国防高级设计研究署代理置标语言(DARPA Agent Markup Language for Services，DAML-S)，是美国 DAML 计划在 OWL 基础上提出的一个服务本体语言。OWL-S 以描述逻辑(Description Logic，DL)为基础，将 Web 服务的本体分成三个上层本体：Service Profile、Service Model 和 Service Grounding。其中 Service Profile、Service Model 和描述逻辑被研究人员广泛应用于服务发现中。

2) 基于 WSMO/WSML 的语义 Web 服务发现方法

Web 服务建模本体(Web Service Modeling Ontology，WSMO)/Web 服务建模语言(Web Service Modeling Language，WSML)是欧洲语义系统计划在前期 Web 服务模型框架(Web Service Modeling Framework，WSMF)的工作基础上，提出的一个语义 Web 服务的建模本体

和描述语言。WSML 工作组提出了在 WSMO/WSML 框架下实施 Web 服务发现的工作草案。该草案在分析了自动 Web 服务发现涵盖的主要概念问题之后,提出了在 WSMO/ WSML 的框架下实施 Web 服务发现的概念模型,并重点介绍了基于简单语义描述的 Web 服务发现和基于丰富语义描述的 Web 服务发现两种 Web 服务发现方法。这两种方法均建立在集合论的基础之上,实现了用户目标与 Web 服务语义之间的匹配。草案在该概念模型的指导下,提出了 WSMO/WSML 下动态 Web 服务发现的逻辑框架,采用 WSML 和逻辑表达式对 Web 服务的行为知识和所操作的对象知识进行建模,并采用概念模型中基于集合论的匹配方法实施 Web 服务发现。在此基础上,利用 WSML 进行服务描述,并且增加了服务质量本体描述,在 Web 服务发现的基础上提出了基于服务质量的服务选取方法。

3) 基于 WSDL 扩展的语义 Web 服务发现方法

前两类基于语义的 Web 服务发现方法均建立在全新的语义 Web 服务模型的基础上,在应用这两类方法时,现有的大量采用 Web 服务描述语言(Web Service Description Language,WSDL)的服务需进行一定的预处理。因此,很多研究人员提出了基于 WSDL 扩展的语义 Web 服务发现方法。其中,美国佐治亚大学大规模分布式信息系统实验室 LSDIS 与 IBM 联合提出的 WSDL-S 最具影响力。

Web 服务发现是实现服务组合的一个重要前提,尽管当前不同学者从各自的应用领域提出了许多方法,但如何进一步提高服务发现的准确率和召回率,且有效降低方法的复杂度,提高方法的可用性,是当前服务发现需要解决的重要问题。

2. Web 服务组合

Web 服务组合是根据业务规则将若干服务组合成大粒度服务的过程。目前,服务组合方法分为业务流程驱动的服务组合和即时任务求解的服务组合两大类。业务流程驱动的服务组合以业务流程为基础,在业务流程建模时为每一个活动绑定 Web 服务,从而形成流程式的组合服务,这类组合服务的内部结构、服务交互关系和数据流等都受控于业务流程。而即时任务求解的服务组合是为完成用户提交的一次即时任务,动态地从服务库中自动选取若干服务进行组合的方法。相比较而言,后者不受业务流程逻辑的约束,合成过程的自动化程度高,所形成的组合服务是若干服务的一个临时联合体,一旦用户任务求解结束,该临时联合体也会随即解散。接下来重点介绍如下几种代表性的新方法。

1) 基于 Markov 决策过程的服务组合

Markov 决策过程(Markov Decision Process,MDP)为决策制定建模提供了一个数学框架,其输出结果中部分是随机的,部分是由决策者所控制的,适用于解决大范围内选优的问题。基于 Markov 决策过程的服务组合将 MDP 和分层任务网络(Hierarchical Task Network,HTN)规划相结合,主要分为三个步骤:初始化规划域的描述;基于 HTN 规划获取备选规划,HTN 规划依据用户的功能性需求进行任务分解,从而得到若干个能够满足用户功能需求的解决方案;基于 MDP 对备选规划方案进行质量评估,从而选出最优的解决方案。使用这种方法得到的解决方案不仅能满足功能性的业务需求,也能满足非功能性的质量期望。

2) 基于约束满足问题的服务组合

约束满足问题(Constraint Satisfaction Problem，CSP)是人工智能(Artificial Intelligent，AI)研究领域的一个重要分支，其求解过程就是找到所有变量的一个或多个赋值，使约束得到满足。为了得到一个组合服务，需要利用某些规则将该服务组合问题转化为一个 CSP，并将获取服务组合的过程转变为 CSP 求解的过程。

3) 基于图搜索的服务组合

基于图搜索的服务组合提供了一条不同于人工智能规划的 Web 服务自动组合的有效途径。在基于图搜索的服务组合方法中，服务与服务之间的关系被表示成关系图的形式，服务合成的过程被转化为在关系图中进行遍历，找出从输入到输出或者从输出到输入的可达路径的过程。

3. Web 服务组合验证

为确保组合服务能够正常执行，在执行前需对其进行验证，验证的内容主要包括组合服务内部流程逻辑的正确性和组合服务中各服务间的兼容性。一般来说，Web 服务组合验证均是基于某种形式化方法进行的。目前主流的形式化验证方法主要包括基于 Petri 网、基于自动机理论和基于进程代数的 Web 服务组合验证等。

1) 基于 Petri 网的 Web 服务组合验证

Petri 网不仅具有直观的图形表示特点和丰富的形式化语义，还提供了很多系统分析验证手段，因此 Petri 网作为一种形式化工具被广泛应用于流程分析和验证。Wil van der Aalst 提出了将服务组合转化为面向工作流的 Petri 网 WFNet(工作流网络)的算法，通过验证 WFNet 的正确性来检验服务组合的正确性。

2) 基于自动机理论的 Web 服务组合验证

基于自动机理论的建模方法，也被广泛应用于 Web 服务组合验证中。自动机理论从服务之间的消息交互出发，将服务形式化描述为一个具备先进先出、输入消息队列的非确定型 Büchi 自动机，给出了会话协议的可行性条件和异步消息的可同步化条件。在此基础上，将这些条件和系统的目标属性用线性时序逻辑(Linear Temporal Logic，LTL)描述成断言，根据会话协议进行自顶向下的服务组合的同时，用精简 PROMELA 语言翻译器(SPIN)验证断言，从而判断服务组合是否符合预定的会话协议。在此基础上开发 Web 服务分析工具，实现对 Web 服务组合的形式化描述、验证和分析，支持对 BEPL 和 WSDL 的服务组合描述、基于自动机的服务组合全局会话协议描述等验证。

3) 基于进程代数的 Web 服务组合验证

进程代数是一类使用代数方法研究通信并发系统理论的泛称，包括通信系统演算(Calculus of Communicating Systems，CCS)、通信顺序进程(Communicating Sequential Processes，CSP)和演算等，其中 CCS 和演算在 Web 服务组合分析与验证中使用较多。

尽管以上三种形式化方法在表达方式、数学理论基础等方面各不相同，但在服务组合验证方面，其能力基本相当。采用 Petri 网或者自动机理论对服务组合进行描述时尽管较为直观，但在服务流程规模变大、服务数量变多、服务间交互变复杂的情况下，往往会引起状态空间爆炸，因此这两类方法的复杂度随着服务组合规模的增大而急剧增大。与此相比，基于进程代数的方法因为采用了表达式的描述方法，所以表达能力强且形式简洁，另外进程代数特别是演算中的行为理论为服务验证提供了很好的理论基础，但演算缺乏直观的图形表示，工具支持也不够，因此使用起来较为不便。

4. 服务执行与监控

Web 服务的执行与监控在 Web 服务组合以及 Web 服务选择技术中起着至关重要的作用，一直是业界研究的重点。目前主要有以下几种执行与监控方法。

1) 基于语义的 Web 服务的自动化执行与监控

语义 Web 服务是由语义 Web 技术和 Web 服务技术相结合产生的，它不但具有 Web 服务的松耦合性，还具有跨技术、跨平台的特点，而且由于引入了语义信息，计算机可以理解其内容，从而为 Web 服务的自动化发现、执行、组合和监控提供了基础。Web 服务的执行是 Web 服务组合中一个关键的阶段，它的自动化程度直接决定了能否实现 Web 服务组合的自动化；Web 服务监控是与 Web 服务执行紧密联系的，Web 服务监控的目的就是通过执行数据计算 Web 服务的 QoS 参数，从而应用于 Web 服务选择，Web 服务监控的方法与 QoS 计算算法的优劣影响了 Web 服务选择的有效性。

2) Web 服务 QoS 监控

Web 服务初始的 QoS 属性值多来自服务提供者提供的广播值，但是因为各种因素，服务提供者可能会给出不真实的 QoS 属性值，所以广播的 QoS 属性值与服务本身所具有的状态并不一定一致。因此，有必要对服务的 QoS 进行监控，使得服务使用者能够获取 Web 服务真实的状态，从而基于真实的 QoS 属性值选择所需的服务。

3) 基于 QoS 的语义 Web 服务监控

Web 服务的 QoS 数据通常由服务提供者或者用户提供，但是，由于这些数据缺乏第三方的验证导致其可信度不高，因此独立于服务提供者和用户的第三方需要对语义 Web 服务进行监控，从而保证 QoS 数据的公正性和客观性。领域相关的 QoS 属性值反映了特定应用领域中业务内容、业务上下文和服务提供者等相关信息，它们是进行 Web 服务衡量和选择的重要参考因素。基于事件本体的语义 Web 服务的监控方式，通过 OWL 对计算 QoS 相关的事件进行描述和定义，可以灵活地对服务执行过程中需要监控的事件进行准确描述，从而支持对通用的 QoS 属性和领域相关的 OoS 属性的监控。通过对服务执行引擎进行扩展，使服务执行引擎在服务执行过程中的相应事件点可以发出 QoS 监控事件，通过对事件的接收和解析来获取计算 QoS 属性的数据，将数据收集并进行 QoS 属性的计算，最终基于监控系统得到的 QoS 属性对注册中心的 Web 服务信息进行更新，从而为语义 Web 服务选择提供真实、客观的 QoS 数据。

5. 服务组合的安全

Web 服务组合技术为有效地利用分布在 Web 上的软件资源提供了很好的解决方法，使企业应用集成和动态协作成为可能。Web 服务本身在提出的时候，为了简单性和易用性，没有把安全性问题考虑在内，但如今安全问题已经严重制约了 Web 服务组合技术的快速发展和应用。目前，主要有以下几种方法保证服务组合的安全。

1) Web 服务组合安全架构

综合 Web 服务技术标准，服务组合安全架构主要解决两个方面的安全问题：保证组合服务端到端消息级的安全通信和为组合服务提供访问控制机制。为了保证组合服务端到端消息级的安全通信，研究人员采用组合服务树表示得到的满足消息级安全需求和功能需求的组合服务，根据组合服务树生成带有安全描述信息的 BPEL 文档。为了保证组合服务中子服务间的消息级安全，研究人员提出基于安全策略的组合服务中子服务间消息级安全模型。为了给架构提供访问控制机制，研究人员提出了组合服务访问控制模型 CWSAC。在保证消息级安全通信方面，组合服务中子服务安全模型的安全策略在 WAS 中通过可配置的方式提供加密、签名和身份认证等安全功能；根据组合服务树，可以得到带有安全描述信息的服务组合文档，以供服务组合引擎执行。

2) 微服务组合安全

除了传统的 Web 服务组合安全问题，在微服务体系框架中，微服务间自然的相互信任使得整个应用程序容易受到单个受损服务的攻击，造成容器逃逸的问题。

执行边界安全是保护微服务的一种非常传统的方法。这意味着单个微服务不安全，访问微服务的层必须是受信任的，对 Web 应用程序的访问是通过安全地使用用户密码来进行安全防护的。也可以使用用户名和密码的方式，在这种方法中，每个微服务将使用 Basic Authentication(基本验证)进行保护。微服务可以使用 OAuth 2.0 以及 OpenID 连接来验证和授权用户，这种方法的缺点是需要额外调用 IdP(Identity Provider)。自包含 JWT 令牌是在令牌本身内具有授权信息，即令牌由发行者签名，并且所有各方可以验证令牌的有效性，这意味着微服务不需要调用外部方来验证访问令牌并获得 JWT 令牌。

5.3.2 业务流程执行框架及方法

1. 基于 SOA 的业务流程执行框架

BPEL4WS 是由 IBM 公司、微软公司和 BEA 公司联合发布的"网络服务业务流程执行语言"。2002 年 7 月，IBM 公司、微软公司、BEA 公司提交了 Business Process Execution Language for Web Services(BPEL4WS) 1.0 的规范。业务流程执行语言基于 XML 和 Web 服务技术，融合了早期 IBM 的 WSFL 及微软的 XLANG 规范的很多特点。业务流程执行语言(BPEL)是一种基于 XML 的业务流程建模语言；流程模式是从具有代表性的业务流程操作中抽象出来的，可以复用的流程建模方式。BPEL 是一种用于自动化业务流程的形式规约语言。用 XML 文档写入 BPEL 中的流程能在 Web 服务之间以标准化的交互方式得到组织。这些流程能够在任何一个符合 BPEL 规范的平台或产品上执行。所以，通过允许顾客们在各种各样的创作工具和执行平台之间移动这些流程，BPEL 使得他们保护了自己在流程自动化上的投资。尽管以前人们想使业务流程定义标准化，但是 BPEL 已经引起了史无前例的关注，而且它已经在软件供应商中获得了大量认可。BPEL 实现了抽象的 WSDL 接口的集成，所以它也属于 SOA 的解决方案之一。

1) BPEL4WS 整合服务概述

BPEL4WS 用于业务流程的规范化、标准化描述，该语言中包含了多种网络服务，能使系统内部和业务伙伴间的信息交换标准化。

BPEL 能够很好地将 SOA 的优势发挥出来。SOA 是一种让 IT 与业务流程更加契合的基于标准的组织与设计方法论。通过标准化接口和共享 Web 服务，SOA 可以屏蔽 IT 环境中底层技术的复杂性，让更多的 IT 资产复用成为可能。这样一来，新的增强型业务流程可以更迅速地开发，并实现更可靠的提交。一旦企业建立了可重用的 Web 服务库，BPEL 就可以十分直观地将这些服务组合成新的应用。BPEL 不仅可以解决业务流程管理领域的标准化问题，而且还方便了用户对 SOA 体系的掌握。BPM(业务流程管理)提供了一种图形化的自动执行与监测业务活动、集成企业应用以及管理手工任务的途径。从历史上看，BPM产品利用了自有的流程语言、设计工具和引擎。到了当代，BPM 已经被认为是 SOA 架构的关键组成部分，那么缺少行业标准就成为这一领域的一个重大问题，而 BPEL 的出现为解决上述问题迈出了关键一步。

2) BPEL 关键技术

(1) 工作原理。BPEL 是一种使用 XML 编写的编程语言。利用基于 BPEL 的可视化流程设计工具，开发人员可以使用拖放式图表创建在 Web 服务间自动交互的程序。这种活动通常被称作 Web 服务流程编排。虽然流程有简有繁，但是 BPEL 可以与运行在任意平台(例如 J2EE 和.NET)上的 Web 服务进行通信。还有其他很多技术将在这方面提供支持，这使得SOA 体系日渐完善。图 5-8 显示了 BPEL 的工作原理。

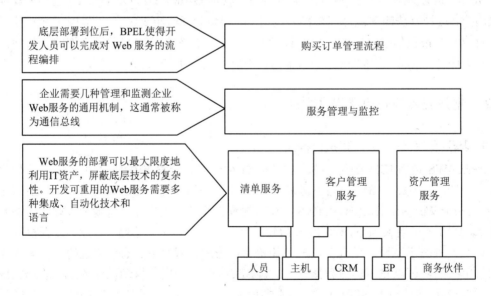

图 5-8　BPEL 工作原理

(2) BPEL 模型基础。BPEL 模型可以帮助我们更好地理解如何使用 BPEL 描述的业务流程。如图 5-9 所示，流程(Process)由一系列活动(Activity)组成；流程通过伙伴链接(Partner Link)来定义与流程交互的其他服务；服务中可以定义一些变量(Variable，在 BPEL4WS 中被称为 Container)；流程可以是有状态的长时间运行过程，流程引擎可以通过关联集合

(Correlation Set)将一条消息关联到特定的流程实例。

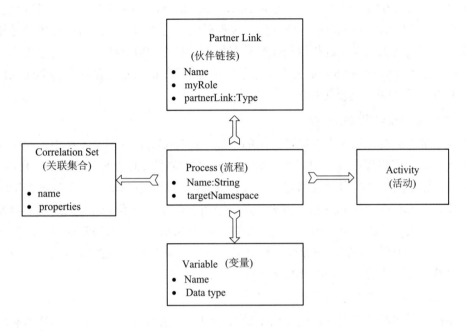

图 5-9　BPEL 模型示意图

　　在异步通信环境中，流程与伙伴之间的会话可能是双向的，这在复杂的商务流程中非常常见。在流程与伙伴的通信过程中，流程及伙伴所扮演的角色是不固定的，可能是服务提供者，也可能是服务使用者。比如当订单流程被外部服务调用时，它作为"订单处理者"角色来提供服务，然而当它请求发货服务的时候，它则扮演"订单请求者"角色。订单流程如图 5-10 所示。因此在流程执行过程中，一个流程可能会调用多个伙伴服务，又可能会接收多个伙伴的请求，为了消除在通信过程中的多义性，我们需要明确服务和流程所扮演的角色。

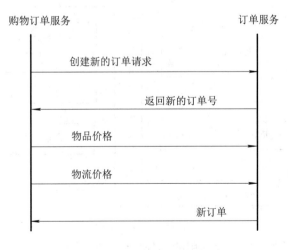

图 5-10　订单流程示意图

(3) BPEL 流程构建。企业的一般业务流程行为包括获得消息、调用伙伴的 Web 服务和应答客户，这三个方面的操作可以通过 Receive、Invoke 和 Reply 来定义。同时我们也需要定义这些活动之间的关系，以便知道如何以及何时运行这些活动。在 BPEL 中通过使用结构化活动来定义这些关系，这些结构化活动在如何运行它们包含的活动方面定义了一些限制。可以通过 Sequence 活动来定义工作流顺序执行，While 来定义循环，Switch 来定义分支，Flow 来定义并发和同步工作流。

2. 微服务管理与组合执行技术

微服务架构风格在行业中获得了大量的关注，这种架构仍在不断发展中。微服务架构风格允许将软件应用程序设计成是由松散耦合和可独立部署的微服务组成的。Kubernetes 是针对容器化应用程序的自动化部署、缩放和管理的微服务管理平台，是谷歌开发的集群管理系统。Kubernetes 由 Borg 衍生而来，是一个用于管理在容器中运行的应用的容器编排工具，可用于监督各种情况下的容器化应用程序，例如物理、虚拟和云框架。这使开发人员减轻了实现应用程序弹性的复杂性，且更专注于应用程序的业务逻辑。因此，Kubernetes 成为部署基于微服务的应用程序的基本平台。

1) Kubernetes 微服务管理平台

Kubernetes 容器管理工具，主要用于微服务的自动化部署、扩展和管理容器应用，提供了资源调度、部署管理、服务发现、负载均衡、资源监控、滚动更新、日志访问、认证和授权。Kubernetes 的工作原理是通过将容器分组把一个应用程序拆分成多个逻辑单元，以方便管理和发现。它对由小且独立的服务组成的微服务应用有很大的帮助。

Kubernetes 集群是一个主从体系结构，其中主节点称为 Master，为进程维护所需的集群状态。从节点称为 Node，与主节点通信并运行应用程序容器。主服务器也能够部署应用程序，但主节点一般只负责管理监控容器的主要功能。可以通过复制 Kubernetes，来获得高可用集群。Master 节点与 Node 节点间结构如图 5-11 所示。

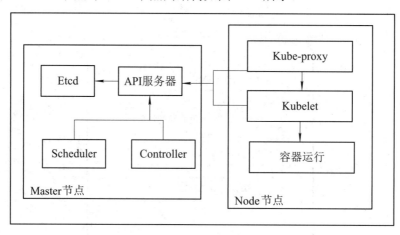

图 5-11 节点间结构图

(1) Etcd：存储了集群中可以利用的排列数据。它是一个高可访问性的关键组件，一般跟 Kubernetes 集群一样以集群的方式存在，收集存储每个节点信息，使信息可以在各个节点传播。它只能由 API 服务器打开，因为它可能有一些敏感的数据。

(2) API 服务器：Kubernetes 通过 API 提供所有的任务接口。Kubeconfig 是服务器端设备旁边的一个可以用于通信的包，它可以用来发现 Kubernetes 的 API。

(3) Scheduler：Kubernetes 的关键部分之一，它是一个负责分派任务的中心机构。它负责检测集群中心的工作负载，并在设置剩余的任务中找出哪些资源是可访问再分配的，并梳理未完成的任务。调度程序负责未解决的负载使用和分配给新的节点。

(4) Controller：它的主要功能是维持副本期望数目，往往被认为是一个守护进程，在永不终止地循环运行。它负责收集和发送数据到 API 服务器，按照设定目标进行调整，使服务器的当前状态达到理想状态。

(5) Kubelet：负责直接与容器引擎(Docker)进行交互以实现容器的生命周期管理。它会在集群中的每一个节点上运行一个代理服务，用于保证容器的运行，与主节点进行信息交互。在创建容器后 Kubelet 调用相关机制来配置容器参数以及运行环境。

(6) Kube-proxy：通过写入规则至 IPTABLES、IPVS 实现服务映射访问，并由此为服务提供集群内部的服务发现和负载均衡功能。它负责容器网络代理，定时从 Ectd 服务中获取服务信息生成对应策略，维护网络规则和负载均衡工作。

2) Kubernetes 服务组合

Kubernetes 平台基于 SOA 框架为开发者进行服务组合提供了指导和支撑。在 Kubernetes 中，用户/微服务通过负载均衡器向某个服务提出请求，负载均衡器查询服务注册表，并将请求转发到可用的服务实例，然后 Kubernetes 通过负载均衡机制选择一个最优微服务实例向客户端提供服务。

在此基础上，每个需要组合的服务都会在集群内部公开 API 端口，方便微服务来组合调用。在 Kubernetes 中表现为使用服务名来直接建立通信，完成服务之间的组合调用。目前，Kubernetes 提供了两种不同的服务间调用技术：

(1) 环境变量：Kubernetes 会为每个微服务实例创建一个环境变量，其中包含了该微服务实例的访问地址和端口。微服务可以通过读取这些环境变量来发现和访问其他服务。

(2) DNS：Kubernetes 为每个微服务实例创建了一个 DNS 记录，通过该 DNS 记录可以解析出该微服务实例的访问地址和端口。其他微服务可以通过域名解析来发现和访问其他服务。

在 Kubernetes 中，每一个微服务实例都会被分配一个虚拟 IP，且在正常情况下都长时间不会改变。微服务实例和后端容器节点是解耦合的，即使容器节点重启或迁移到其他物理节点，微服务实例的 IP 地址也是不变的，这使得 Kubernetes 可以为客户端稳定地提供服务。

5.3.3　事务型 Web 服务

企业级 Web 服务经常需要对共享在多个构件之间的数据进行并发访问。由于并发访问可能会导致数据竞争和冲突，如果不进行适当的同步管理和维护，那么数据可能会发生损坏、重复或者交叉干扰等问题。为了解决这些问题，企业级 Web 服务将事务管理器(或事务处理服务)用于工作单元的数据完整性维护,这些提供事务支持功能的 Web 服务称为事务型 Web 服务。具体而言，当分布式应用构件访问单一数据资源或单一应用构件访问分布式资源时，或者当一组构件依次访问多个资源的数据的工作单元时，都需要将一组(分布式)资源上的操作视为一个工作单元。在工作单元中，所有操作必须同时成功或同时失败并恢复，不允许一部分成功一部分失败。在失败的情况下，所有资源要把数据状态返回到执行数据操作之前的状态(比如工作单元开始前的状态)。这样做的好处是执行数据操作在任何时刻都不会导致系统状态不一致，这使得数据的正确性和可靠性得到了保证，从而提高了系统的稳定性和可靠性。一般来说，事务型 Web 服务需要具备 ACID 4 种属性。

(1) 原子性(Atomicity)：当发生操作且操作无二义性时，一个事务必须完全执行完或撤销。在任何操作出现一个错误的情况下，构成事务的所有操作必须被撤销，数据应被回滚到以前的状态。

(2) 一致性(Consistency)：一个事务应该保护所有定义在数据上的不变的属性。在完成了一个成功的事务时，数据应处于一致的状态。换句话说，一个事务应该把系统从一个一致状态转换到另一个一致状态。例如，在涉及数据库的情况下，一个一致的事务将保护所有定义在数据上的完整性约束。

(3) 隔离性(Isolation)：在同一个环境中可能有多个事务并发执行，而每个事务都应表现为独立执行。串行地执行一系列事务的效果应该同并发地执行它们一样。这要求两件事：在一个事务的执行过程中，数据的中间的(可能不一致)状态不应该被暴露给所有的其他事务；两个并发的事务不应该能操作同一项数据。数据库管理系统通常使用锁来实现这个特征。

(4) 持久性(Durability)：一个被完成的事务的效果应该是持久的。

事务型 Web 服务包含 LRUOW HLS、扩展 WSDL-声明事务型等两种。

事务型 Web 服务模型如图 5-12 所示。

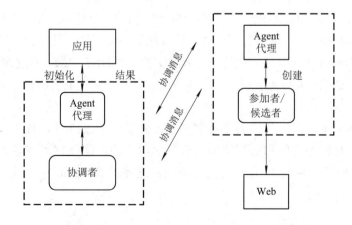

图 5-12　事务型 Web 服务模型

该模型基于 Agent 技术，Agent 的动作取决于请求类型：如果 Agent 被请求创建事物，则它发送 CC(Coordination Content)消息给远程的 Web 服务的 Agent，并在本地创建一个协调者 Coordinator；如果 Agent 收到 CC 消息，则它创建一个参加者 Participant(为原子事务)

或候选者 Candidate(为聚合事务)。

Agent 的主要功能如下：

(1) 时间服务：产生驱动事件，使未提交的失败事务回滚，或为已提交的聚合事务启动补偿事务。

(2) 补偿事务产生器：为聚合事务自动产生相应的补偿操作并合成一个补偿事务。

(3) 日志：记录所有事务的操作及其状态。

(4) 接口：包括为应用程序调用的应用接口和设置补偿策略的规则预定义接口。

(5) 动态产生的协调者和参加者：它们在事务的生命周期内交互信息以协调管理事务。

事务型 Web 服务模型可以同时处理原子事务和聚合事务，以适合 Web 服务的松耦合和自治要求。原子事务用于协调短事务，其故障恢复采用逐级回滚来实现；聚合事务用于协调长事务，子事务之间没有锁定机制，其提交前的故障用回滚操作来恢复，提交后恢复采用补偿事务来实现。

第6章 信息安全技术

随着物联网技术和云计算技术在智慧城市中的应用，用户享受的数字化、智能化服务的种类日益增多，人们的日常生活更加方便快捷。然而，智慧城市中感知覆盖范围广、网络异构多域、数据管控分离、服务跨域协同等特点也造成了网络攻击实施更加容易、数据安全管理难、服务可用性降低等严峻的信息安全问题。并且，随着智慧城市中"智能"设备及"智能"传感器的广泛应用，智慧城市环境下的非法窃听、盗网、用户隐私信息泄露等信息安全问题屡见不鲜，故迫切需要引入信息安全技术进行防护和保障。因此，在进行智慧城市信息化建设的同时，需要重点关注信息安全技术。

6.1 智慧城市信息安全体系

物联网、云计算技术是智慧城市中的核心关键技术，利用该技术不仅能完成智慧城市中的信息采集、信息传输和自动化控制等功能，而且还能使智慧城市系统变得便捷、快速、安全、可靠。然而，物联网、云计算中开放互联、异构融合、协同自治等特性也给智慧城市在安全方面带来了巨大的挑战。此外，由于目前技术还不够成熟，一些潜在的安全问题尚未完全暴露，但是一旦物联网、云计算技术被大规模投入使用，当前看似安全的网络体系结构可能面临巨大威胁。

比如，智慧城市环境下云计算技术可以让用户通过网络以按需、可扩展的方式获得各种所需服务，然而，在云数据的存储和管理过程中云数据的所有权与管理权将会被分离，这样就会造成用户云数据隐私泄露，给信息安全方面带来巨大挑战。物联网作为泛在网络，是智慧城市中不可或缺的一部分，通过信息传感设备及约定协议能够实现物与网的互联，利用物联网技术能实现物体的智能化识别、跟踪、定位和控制。物联网多应用于各个行业的关键领域，故对其承载的服务质量、网络的安全可信性、系统的可管可控性提出了非常高的要求。

智慧城市在建设之初就必须设计严格规范的安全体系。根据智慧城市的实际安全需求和应用需求，设计层次化的智慧城市信息安全体系，如图6-1所示。

(1) 感知层：通过无线传感网采集物理世界信息。智慧城市数据感知涉及多种技术，如传感器技术、RFID技术、二维码识别技术、多媒体信息采集技术和实时定位技术等，因此需要格外关注使用这些技术过程中的安全性问题。如何保证感知节点本身安全以及数据采集过程的安全，就成为感知层安全机制需要考虑的内容。

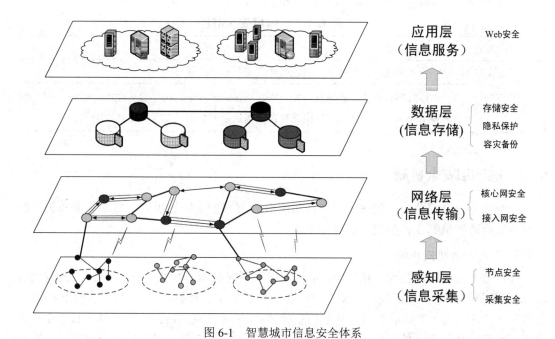

图 6-1　智慧城市信息安全体系

(2) 网络层：以无线/有线局域网、移动通信网为接入网，以 Internet 网络为核心网，提供基于 IP 的网络传输，实现信息在异构网络信息系统间的传输。在网络虚拟化、软件化趋势下，需要从接入网安全、核心网安全两个方面保证智慧城市下异构网络的安全互联互通。

(3) 数据层：以网络为载体，实现信息的分布式存储和处理。数据层需要保证数据存储的机密性和完整性，在此基础上还需要针对数据的隐私性等需求提出相应的隐私保护和容灾备份机制。

(4) 应用层：以网络为载体，基于多样化信息实现特定领域的服务和应用。以典型的 Web 服务为代表，针对可用性、稳定性、隐私性等方面的需求需要制订一系列安全机制以保证应用层软件和服务的安全。

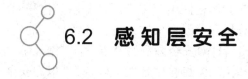

6.2　感知层安全

6.2.1　感知层安全需求

感知层安全涉及传感器等数据采集设备安全及数据接入到网关之前的传感网络安全。物联网的数据采集涉及多种技术，如传感器技术、RFID 技术、二维码识别技术、多媒体信息采集技术和实时定位技术。感知层容易受到攻击的原因主要有两个方面：一方面，传感器节点在计算能力、存储器大小、通信宽带和电池能量等方面资源严格受限；另一方面，传感设备必须分布于要感知的事件的周围而容易被直接访问，并且由于成本的因素而不容易实现防拆装。感知层可能遭受的攻击类型及其攻击方法如表 6-1 所示。

表 6-1　感知层安全威胁

攻击类型	攻击方法
节点攻击	信号干扰、节点捕获、物理破坏、窃听和篡改等
数据采集攻击	虚假路由攻击、选择性转发攻击、Sinkhole 攻击、拒绝服务攻击、Sybil 攻击、Wormhole 攻击、HELLO 洪泛攻击、确认欺骗、被动窃听、重放攻击等

6.2.2　感知层安全机制

针对以上安全威胁，主要采用的安全机制分为节点安全防护机制、链路安全防护机制和网络安全防护机制 3 种类型，具体如下。

1. 节点安全防护机制

针对节点所面临的物理干扰攻击，根据攻击的不同类型，可以采取以下几种防护机制：① 对于单频点的无线干扰攻击，使用宽频和调频的方法比较有效；② 对于全频长期持续无线干扰攻击，唯一有效的方法是转换通信模式；③ 对于有限时间内的持续干扰攻击，传感器节点可以在被攻击的时候不断降低自身的占空比，并定期检测攻击是否存在，当感知到攻击终止以后，恢复到正常的工作状态；④ 对于间歇性无线干扰攻击，传感器节点可以利用攻击间歇进行数据转发。

针对节点所面临的物理篡改攻击，主要的防护方法有：增加物理篡改感知机制，使得节点能够根据外部环境的变化、收发数据包的情况以及一些敏感信号的变化，判断是否遭受物理侵犯；对敏感信息进行加密存储；对节点进行物理伪装和隐藏。

针对节点所面临的仿冒节点攻击，未能鉴别报文的来源是造成仿冒节点攻击的根本原因。因此对付仿冒节点攻击的有效方法是网络各节点之间进行相互认证。对于节点的行为，要进行身份认证，确定为合法节点时才能接收和发送报文。

对于以上针对节点安全的攻击，除了使用对应的方法进行抵御，还可以利用漏洞检测的方法，对每个节点内和节点间的连接链路中存在的系统网络安全漏洞进行分析和修复。近年来，人工智能技术在漏洞检测中应用广泛，利用其检测面广，检测速度快，精度高以及能够实时进行数据分析和对漏洞威胁进行优先级评判的优势，可以解决节点中存在的漏洞威胁，以避免攻击者针对安全漏洞对节点发起攻击。此外，基于机器学习/深度学习的网络安全态势感知和主动防御技术也发展较快，"拟态安全""内生安全"等新型防护方法被相继提出。基于这些新型技术针对节点易受的攻击构建一个主动化的防御模型，在节点受到攻击时，准确快速地检测出攻击类型、攻击严重程度等，并给出相应的决策来应对该种攻击。

2. 链路安全防护机制

链路攻击结构示意图如图 6-2 所示，通信的对等体分别为 RA 和 RB，攻击者定义为 C，在结构中存在 3 个潜在的恶意实体，RA、RB 和攻击者 C 都有可能是恶意的。攻击者 C 的卷入，可能使 RA 和 RB 的通信信道变得不安全。

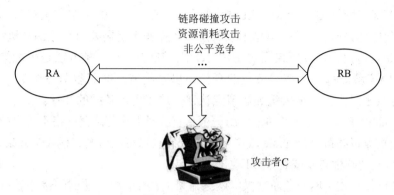

图 6-2　链路攻击结构

针对不同类型的攻击可采取不同的应对措施，具体如下：

(1) 链路碰撞攻击。这种攻击主要通过信道干扰导致报文失真、丢失等。针对链路碰撞攻击，可以采用纠错编码、信道监听和重传机制等处理方法。

(2) 资源消耗攻击。这种攻击主要通过发送垃圾报文导致网络阻塞。对抗资源消耗攻击常用的方法有两种：一是限制网络发送速度，迫使节点自动抛弃多余的数据请求，但该方法会降低网络效率；二是在制订协议时，进行策略优化，例如限制过度频繁的请求，或者限制同一个数据包的重传次数等。

(3) 非公平竞争。这种攻击方式需要攻击者十分了解传感器网络的 MAC 层协议机制，并利用 MAC 层的协议进行攻击。解决方法通常有如下两种：一是短包策略；二是不采用优先级策略或者弱化优先级差异，可以采用时分复用或者竞争的方式进行数据传输。

3. 网络安全防护机制

对于数据传输的攻击主要集中在无线传感器网络(Wireless Sensor Network，WSN)中。接下来主要介绍针对 WSN 的安全防护机制，包括外部攻击的防御和内部攻击的防御。外部攻击是指攻击者从 WSN 外部进行攻击，内部攻击是指攻击者作为 WSN 中的成员进行攻击。

1) 外部攻击的防御

对于针对 WSN 的外部被动窃听攻击，可以采用加密报文头部或者假名变换等方法隐藏关键节点的位置和身份，也可以采用延时、填充等匿名变换技术实现信息收发的逻辑隔离，增大攻击者的逻辑推理难度。

对于针对 WSN 的大部分外部主动攻击，都可以通过使用链路层加密和认证机制来防御。攻击者由于不知道密钥，不能解密，因此无法篡改数据包。由于无法计算正确的消息认证码，攻击者的数据包不能通过认证，从而被阻挡在网络之外。但是由于重放和 HELLO 洪泛攻击方式不对数据包内部做任何改动，因此尽管攻击者被阻挡在网络之外，以上的加密和认证机制仍旧对这两种攻击的防御收效甚微，单纯应用密码学知识并不能完全抵御这类破坏。

2) 内部攻击的防御

内部攻击的防护机制主要针对的是 HELLO 洪泛攻击、Wormhole 攻击、Sinkhole 攻击、Sybil 攻击和选择性转发攻击。

(1) HELLO 洪泛攻击。针对 HELLO 洪泛攻击比较有效的防御方法有两种。一种方法是在链路上传输信息时，对接收信息采取有意义的操作之前需要对链路两端进行双向验证，已有的身份认证协议就可以用来预防 HELLO 洪泛攻击；另一种方法是由可信任的基站使用身份认证协议验证每一个邻居节点的身份，以限制节点的邻居节点个数。攻击者发起 HELLO 洪泛攻击时，需要被大量邻居节点认证，这将引起基站的注意。

(2) Wormhole 攻击。攻击者通常使用一个私有的对无线传感器网络不可见的频带外信道发送信息，目前难以防御 Wormhole 攻击。Wormhole 攻击可以引发其他攻击效果，如 Sinkhole 攻击，也可以与选择性转发或者 Sybil 攻击结合起来。

(3) Sinkhole 攻击。攻击者通过操纵网络流量的路由，将合法的网络流量重定向到恶意服务器或者黑洞地址，从而实现对网络通信的拦截和控制。

(4) Sybil 攻击。在这种攻击方式下，所有节点都使用全局共享密钥通信，而恶意节点可以伪装成网络中任何合法节点或不存在的虚假节点，因此对节点进行身份认证是必要的。身份认证可以用数字签名，但数字签名的开销使得它不适用于能量受限的传感器节点。可行的解决方法是使可信任的基站与网络中每个节点都共享唯一的对称密钥，两个节点建立共享密钥并通信。基站可以对每个节点的邻居节点数目加以限制。

(5) 选择性转发攻击。这种攻击可以通过使用多径路由来防范。这样即使某些消息被恶意节点丢弃，仍有消息副本通过备用路由到达。节点收到多个路由的消息后，可以对消息进行对比，这样就可以发现消息中信息的丢失或者篡改，从而推测出恶意节点的位置。

多样化的安全防护机制从数据、网络多个方面实现了感知层的综合化安全防护，保障了数据的安全采集。

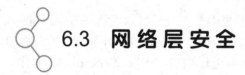

6.3 网络层安全

6.3.1 概述

网络层主要通过把感知层收集到的信息安全可靠地传输到应用层，然后根据不同的应用需求进行信息处理，实现信息的传送和通信。网络层可以分为接入层和核心层，根据智慧城市的网络体系结构，主要从接入网安全、核心网安全两个方面建立网络层安全机制。根据不同的通信介质，智慧城市的接入网可以分为有线网络和无线网络两大类。其中无线网络由于其开放的环境，更加容易受到攻击，而对于有线网络，接入网与核心网的安全技术相似。因此，在接入网安全中我们将针对目前主流的 WLAN 和 4G 网络安全机制进行分析。

6.3.2 无线局域网安全

接下来对 WLAN 安全需求及安全技术进行介绍。

1. 安全需求

由于 WLAN 是以无线电波作为上网的传输媒介的，因此 WLAN 存在着难以限制网络资源的物理访问的问题，这样就使得网络覆盖范围内的地方都成了 WLAN 的接入点，从而使入侵者有机可乘。入侵者可以在预期范围以外的地方访问 WLAN，窃听网络中的数据，入侵 WLAN 应用，以及采用各种攻击手段对无线网络进行攻击。另外，由于 WLAN 还是符合所有网络协议的计算机网络，因此计算机病毒一类的网络威胁因素同样也威胁着 WLAN 内的所有计算机，甚至会产生比普通网络更加严重的后果。WLAN 中存在的安全威胁因素主要包括窃听、截取或者修改传输数据、置信攻击、拒绝服务等。这些威胁导致无线网络存在以下安全问题：容易被入侵、AP 易伪造、未经授权使用服务、服务和性能的限制、地址欺骗和会话拦截、流量分析和流量侦听、高级入侵。

2. WLAN 关键安全技术

1) IEEE 802.11i

IEEE 802.11i 是 IEEE 为了弥补 IEEE 802.11 脆弱的安全加密功能 WEP(Wired Equivalent Privacy，有线等效保密)而制定的修正案，于 2004 年 7 月完成。其中定义了基于 AES (Advanced Encryption Standard，高级加密标准)的全新加密协议 CCMP(CTR with CBC-MAC Protocol)，以及向前兼容 RC4 的加密协议 TKIP(Temporal Key Integrity Protocol，时限密钥完整性协议)。

2) IEEE 802.1X

IEEE 802 LAN/WAN 委员会为解决无线局域网的网络安全问题，提出了 IEEE 802.1X 协议。后期，IEEE 802.1X 协议作为局域网端口的一个普通接入控制机制在以太网中被广泛应用，主要解决以太网内认证和安全方面的问题。IEEE 802.1X 协议是一种基于端口的网络接入控制协议，在局域网接入设备的受控端口对所接入的用户设备进行认证和控制，如图 6-3 所示。连接在端口上的用户设备如果能通过认证，就可以访问局域网中的资源；如果不能通过认证，则无法访问局域网中的资源。

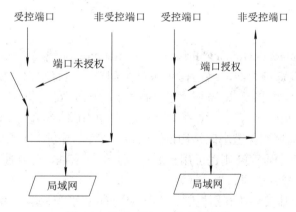

图 6-3　IEEE 802.1X 的体系结构

3) EAP

可扩展认证协议(Extensible Authentication Protocol，EAP)是一种全面的两层认证协议，支持多种认证机制。

EAP 在链路控制阶段没有选择指定的认证机制，而是延迟到认证阶段。它允许认证者在决定指定的认证机制前请求更多信息，并可以使用后端服务器执行多种机制，而 PPP 认

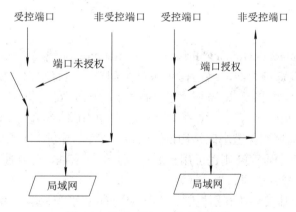

证者仅仅通过认证交换。其优势在于，EAP 可以支持多种认证机制，网络访问服务器设备不必理解每种认证方法，就可以作为后台认证服务器的直通代理。认证从后台认证服务器分离可以简化证书管理和策略决定。EAP 框架如图 6-4 所示。

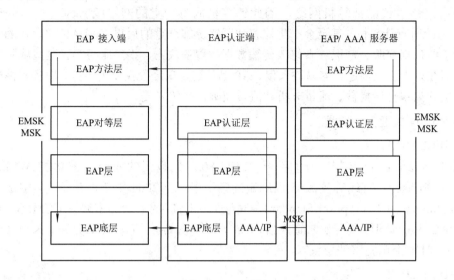

图 6-4 EAP 框架

EAP 可分为四层：EAP 底层、EAP 层、EAP 对等和认证层，以及 EAP 方法层。EAP 底层负责转发和接收被认证端和认证端之间的 EAP 帧；EAP 层接收和转发通过底层的 EAP 包；EAP 对等和认证层在 EAP 对等层和 EAP 认证层之间对到来的 EAP 包进行多路分离；EAP 方法层实现认证算法接收和转发 EAP 信息。基于 EAP 衍生了许多认证协议，如 EAP-TLS 和 EAP-pwd 等，其中 EAP-SIM、EAP-smartcard 和 LEAP 可以较好地适用于资源受限的设备。

4) WAPI

WAPI(WLAN Authentication and Privacy Infrastructure，无线局域网鉴别和保密基础结构)是我国首个在计算机宽带无线网络通信领域自主创新并拥有知识产权的安全接入技术标准。WAPI 同时也是中国无线局域网强制性标准中的安全机制，包含 WAI(WLAN Authentication Infrastructure，无线局域网鉴别基础结构)与 WPI(WLAN Privacy Infrastructure，无线局域网保密基础结构)两个部分。WAI 提供安全策略协商、用户身份鉴别、接入控制等功能，而 WPI 则保证用户通信数据的保密性、完整性。

(1) WAI 鉴别及密钥管理。

WAI 不仅具有更加安全的鉴别机制、更加灵活的密钥管理技术，而且还实现了整个基础网络的集中用户管理，从而满足了更多用户和更复杂的安全性要求。

WAI 采用公钥密码技术，用于 STA(客户端)与 AP(接入点)之间的身份鉴别。该鉴别机制建立在关联过程之上，是实现 WAPI 的基础。与 IEEE 802.1X 的结构类似，AP 提供两种访问 LAN 的逻辑通道，定义为两类端口，即受控端口与非受控端口。AP 提供 STA 连接到鉴别服务单元 ASU(Authentication Service Unit)的端口(即非受控端口)，确保只有通过鉴别的 STA 才能使用 AP 提供的数据端口(即受控端口)访问网络。在基于端口的接入控制操作中定义了 3 个实体：鉴别请求者实体(Authentication Supplicant Entity，ASUE)、鉴别器实体(Authenticator Entity，AE)和鉴别服务实体(Authentication Service Entity，ASE)。

非受控端口允许鉴别数据在 WLAN 中传送，且该传送过程不受当前鉴别状态的限制。对于受控端口，只有当该端口的鉴别状态为已鉴别时，才允许协议数据通过。图 6-5 给出了鉴别请求者实体、鉴别器实体和鉴别服务实体之间的关系及信息交换过程。当鉴别器实体的受控端口处于未鉴别状态时，鉴别系统拒绝提供服务，鉴别器实体利用非受控端口和鉴别请求者实体通信。

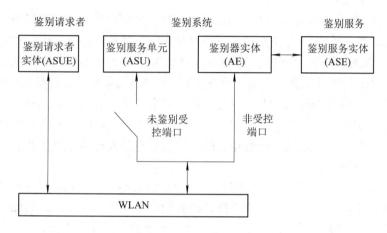

图 6-5　WAI 鉴别架构

当 STA 关联或重新关联至 AP 时，必须进行相互身份鉴别。若鉴别成功，则 AP 允许STA 接入，否则解除其关联。整个鉴别过程包括证书鉴别与会话密钥协商。

WAI 采用双向认证，保证传输的安全性。WAI 安全系统采用公钥密码技术，鉴别服务器(Authentication Server，AS)负责证书的颁发、验证与吊销等，无线 STA 与无线 AP 上都安装有 AS 颁发的公钥证书，作为自己的数字身份凭证。当无线 STA 登录至无线 AP 时，在访问网络之前必须通过 AS 对双方进行身份验证。根据验证的结果，持有合法证书的移动终端才能接入持有合法证书的无线 AP。

(2) WPI 数据传输保护。

WPI 采用国家密码管理委员会办公室批准的用于 WLAN 的对称密码算法实现数据保护，对 MAC 子层的 MAC 数据服务单元进行加密和解密处理，其中保密采用成熟的密码算法封装模式 OFB，完整性校验采用 CBC-MAC 模式，分组密码算法使用 128 位分组密码算法 SM4。

6.3.3　移动通信网络安全

相对于 3G 系统的蜂窝网络，4G 系统使用的是单一的全球范围内的蜂窝核心网，并且采用全数字 IP 技术，实现了从网络内智能化及网络边缘智能化向全网智能化的提升。每个用户设备拥有唯一可识别的号码，通过分层的结构实现异构系统间的互操作。多种业务能够透明地与 IP 核心网连接，具有很好的通用性和可扩展性，但同时所面临的安全威胁和攻击也更多。目前主流移动通信网络为 4G 网络，下面将针对 4G 通信系统的安全需求、安全架构及关键安全技术进行介绍。

1. 安全需求

随着移动通信技术的发展，我国 4G 网络技术已经得到了较为广泛的推广和应用，但其安全隐患也日益暴露，容易引发一系列的安全问题。其主要体现在随着 4G 网络技术规模的扩大和通信技术以及相关业务的不断发展，网络的管理系统已经跟不上网络拓展的步伐，4G 系统所面临的来自网络的安全威胁也越来越多。这些安全威胁主要体现在终端侧和网络侧两个方面。

(1) 终端侧。移动终端是用户使用 4G 无线网络的重要部分，主要承担着人机交互的功能。但是，移动终端存储能力和计算水平的逐渐变化，以及移动终端病毒和漏洞等情况的产生，直接对移动终端的安全性造成影响，从而影响 4G 无线网络的安全性，甚至病毒或木马可以通过 4G 无线网络进行传播，使得 4G 无线网络的安全性不能得到保障。

(2) 网络侧。4G 无线网络的开放性导致攻击者会窃听、篡改数据信息，删除链路上的资料数据，从而造成用户个人信息泄露。同时，攻击者也可以伪装成普通用户，并通过空中接口，对其他用户进行跟踪，获得相关的数据信息和个人资料，导致他人资料流失，使得网络的安全受到影响。

结合 4G 网络的特点，为了确保 4G 网络具有安全灵活性，在满足用户各类需求的情况下，重视安全需求，确保接入网和空中接口的安全，并规避安全隐患。为此，需要建立全面的 4G 网络安全架构，保障 4G 网络通信安全，提供良好的用户服务。

2. 安全架构及关键安全技术

LTE/SAE(Long Term Evolution/System Architecture Evolution，长期演进/系统架构演进)标准作为准 4G 标准，得到了广泛应用，其安全架构包含了网络接入安全(Ⅰ)、网络域安全(Ⅱ)、用户域安全(Ⅲ)、应用域安全(Ⅳ)、安全服务的可视性和可配置性(Ⅴ)，如图 6-6所示。

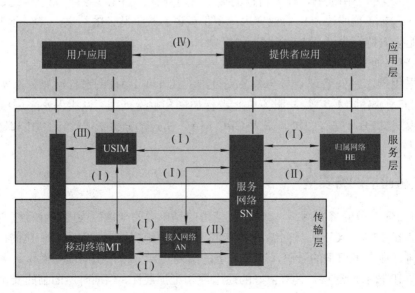

图 6-6　4G 安全架构

(1) 网络接入安全为用户接入服务网络提供安全防护，解决无线接入通信链路安全问题，主要安全技术包括：

① 用户标识的保密性：包括用户标识的保密、用户位置的保密以及用户的不可追踪性。

② 实体认证：用户、接入网络和归属网络之间的相互认证。

③ 加密：包括加密算法协商、加密密钥协商、用户数据的加密和信令数据的加密。

④ 完整性：包括完整性算法协商、完整性密钥协商、用户数据完整性验证与信令数据源认证。

(2) 网络域安全为节点间信令数据、用户数据安全交换提供保证，应用于 AN(接入网络)和 SN(服务网络)之间，用于防止有线网络攻击，主要安全技术包括：

① 有线网络内部实体间的相互认证；

② 有线链路上数据的机密性、完整性和不可否认性。

(3) 用户域安全为移动终端提供接入安全防护，主要安全技术包括：

① 在开始安全业务之前，用户校验平台的完整性和合法性。

② 用户、USIM(全球用户识别卡)和 MT(移动终端)之间的认证，即

• USIM 通过认证确保用户身份的合法性。

• USIM 与 MT 之间的认证。只有授权的 USIM 能接入到终端或其他用户环境，而 USIM 也只在安全的终端中为用户提供服务。

• 用户和 MT 之间的认证。MT 鉴别用户的身份并限定不同种类用户的权限，如区分 MT 的所有者和使用者。用户只有在确认了 MT 是可信的之后，才开始输入敏感信息，并使用其提供的业务。

③ MT 和 USIM 通过认证来完成对用户的访问控制。

④ 对用户、USIM 和 MT 之间通信链路的机密性和完整性的保护。

(4) 应用域安全为用户域和服务域之间的各种应用提供安全数据交换保证。USIM 为网络运营商或第三方运营商提供了创建驻留应用程序的能力，这就需要确保通过网络向 USIM 应用程序传输信息的安全性。其安全级别可由网络运营商或应用程序提供商根据需要选择。

(5) 安全服务的可视性和可配置性能够使用户知道正在使用的安全特性，以及服务的提供和使用是否应当依赖于安全特性。

① 安全可视性。通常情况下，安全特性对用户是透明的，但为了保障安全可视性，需要对用户进行相应的安全提示。安全提示包括：接入网络加密提示，通知用户是否保护传输的数据，特别是在建立非加密的呼叫连接时进行提示；安全级别提示，通知用户被访问网络提供了什么样的安全级别，特别是在用户被递交或漫游到低安全级别的网络(如 3G，2G)时进行提示。

② 可配置性。用户可对如下的安全特性进行配置：允许/不允许用户到 USIM 的认证；接收/不接收未加密的呼叫；建立/不建立非加密的呼叫；接收/拒绝使用某种加密算法等。

6.3.4 核心网安全

1. 安全需求

智慧城市对核心网的可信、可知、可管和可控等方面有着很高的要求，智慧城市的核心网应当具备相对完整的保护能力，只有这样才能够使物联网具备更高的安全性和可靠性。但是在智慧城市中，节点的数目十分庞大，而且以集群方式存在，因此会导致在数据传输时，由于大量机器的数据发送而造成的网络拥塞。因此，链路安全和路由安全是核心网安全的关键。此外，设备安全又是链路安全和路由安全的基础保障。

2. 关键安全技术

1) 设备安全

路由器是因特网上较为重要的设备之一，正是遍布世界各地的数以万计的路由器构成了因特网这个巨型信息网络的"桥梁"。在因特网上，路由器的主要功能之一是转发数据包，即扮演着"驿站"的角色。对于黑客来说，利用路由器的漏洞发起攻击通常是一件比较容易的事情，例如可以通过路由器耗费计算资源，误导信息流量，使网络陷于瘫痪。通常好的路由器本身会采取一个好的安全机制来保护自己，但是仅此一点是远远不够的，保护路由器的安全还需要网管员在配置和管理路由器的过程中采取相应的安全措施。

通常来说，路由器一般处于防火墙的外部，负责与因特网的连接。这种拓扑结构实际上会将路由器暴露在网络安全防线之外。如果路由器本身未采取适当的安全防范策略，就可能成为攻击者发起攻击的一块跳板，对整个网络安全造成威胁。也就是说，如果获得了对路由器的控制权，就获得了网络中通路的使用权，通过对路由器的数据进行篡改，就能对网络进行攻击。

针对路由器的攻击主要分为以下两种类型：一是通过某种手段或途径获取管理权限，直接侵入到系统的内部；二是采用远程攻击的办法造成路由器崩溃死机或运行效率显著下降。因此，保障路由器设备的安全需要对路由器进行合理管理，设置合理的攻击检测机制，保证路由器正常工作的同时防止非法攻击。

2) 链路安全

链路安全是指保证数据在网络链路上传输的安全，防止外部攻击，保证链路层的安全。链路安全保护措施主要是对链路加密，对所有用户数据一起加密，用户数据通过通信线路送到另一节点后立即解密。SSL/TLS(Secure Sockets Layer/Transport Layer Security，安全套接层/传输层安全)协议是确保网络通信安全及数据完整性的一种安全协议，可以为链路安全提供保障。

SSL/TLS 协议的安全目标如下：认证性，借助数字证书认证服务器端和客户端身份，防止身份伪造；机密性，借助加密防止第三方窃听；完整性，借助消息认证码(MAC)保障数据完整性，防止消息篡改；重放保护，通过使用隐式序列号防止重放攻击。

SSL/TLS 协议有一个高度模块化的架构，分为握手层和记录层，如图 6-7 所示，它包含很多子协议，具体如下：

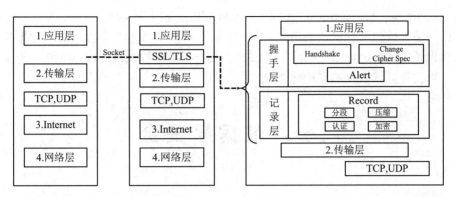

图 6-7　SSL/TLS 协议

(1) Handshake(握手)协议：包括协商安全参数和密码套件、服务器身份认证(客户端身份认证可选)、密钥交换。

(2) Change Cipher Spec(修改密码参数)协议：一条消息表明握手协议已经完成。

(3) Alert(告警)协议：对握手协议中一些异常的错误进行提醒，分为 fatal(致命错误)和 warning(警告)两个级别，fatal 级别的错误会直接中断 SSL 链接，而 warning 级别的错误不会中断 SSL 链接，只是会给出错误警告。

(4) Record 协议：包括对消息的分段、压缩、认证和加密等。

3) 路由安全

由于 IP 的开放性原则，现行的 TCP/IP 体系结构在路由过程中存在许多安全隐患，如 IP 欺骗(IP Spoofing)、源路由攻击、网络侦听等。为了保证数据在路由过程中的安全，IETF(Internet Engineering Task Force，Internet 工程任务组)的 IPSec 小组建立了一组 IP 安全协议集——IPSec(Internet Protocol Security，互联网络层安全协议)，为 IP 及其上层协议提供安全保证。IPSec 通过端对端的安全性来提供主动的保护以防止专用网络与 Internet 的攻击。IPSec 的主要功能包括数据加密、对网络单元的访问控制、数据源地址验证、数据完整性检查和防止重放攻击。IPSec 体系结构如图 6-8 所示。

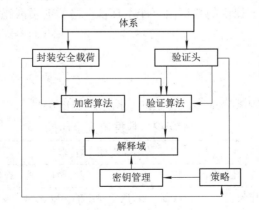

图 6-8　IPSec 体系结构

IPsec 的安全主要由 IP 的验证头(Authentication Header，AH)、封装安全载荷 (Encapsulated Security Payload，ESP)，以及互联网安全关联和密钥管理协议(Internet Security

Association and Key Management Protocol，ISAKMP)三部分来实现。其中，AH 为 IP 数据包提供数据完整性校验和身份认证功能。ESP 可用于确保 IP 数据包的机密性、数据的完整性以及对数据源的身份进行验证；此外，ESP 也负责抵抗重放攻击。ISAKMP 则定义了数据包格式、重发计数器以及消息构建要求。

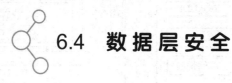

6.4 数据层安全

6.4.1 概述

智慧城市中的数据不可避免地面临许多安全威胁。首先，由于云计算中用户不能直接控制数据，因此传统的通过加密来保护数据安全性的措施无法直接应用。云中存储数据的安全性核查需要在无法掌握全局数据的情况下进行。其次，云计算不仅仅是一个第三方数据仓库，其中存储的数据更新频率很快，包括插入、删除、修改、添加以及重排序等。最后，云计算的调度由同步、协作、分布式的用户掌握。单个用户数据冗余存储在多个物理空间，并以此降低数据完整性的威胁，因此数据准确性核查的分布式协议是实际影响云数据存储安全至关重要的因素。数据层安全具有以下几个方面的含义。

(1) 数据本身的安全，主要是指采用现代密码算法对数据进行主动保护，如数据保密、数据完整性、双向身份认证等。

(2) 数据存储的安全，主要是指数据库在系统运行之外的可读性，一旦数据库被盗，即使没有原来的系统程序，照样可以另外编写程序对盗取的数据库进行查看或修改。

(3) 数据防护的安全，主要是采用现代信息存储手段对数据进行主动防护，如通过磁盘阵列、异地容灾、数据备份等手段保证数据的安全。

(4) 数据处理的安全，主要是指有效地防止数据在录入、处理、统计或打印中由于硬件故障、断电、死机、人为的误操作、程序缺陷、病毒或黑客等造成的数据库损坏或数据丢失现象，如某些敏感或保密的数据由可能不具备资格的人员或操作员阅读而造成数据泄露等后果。

6.4.2 数据层安全需求

威胁数据层安全的因素有很多，常见的数据层攻击的类型和攻击原因如表 6-2 所示。

表 6-2　数据层安全威胁

攻击类型	攻击内容
物理因素	电源故障、磁干扰、物理破坏等因素造成的运行损耗、存储介质失效等
人为错误	由于操作失误，使用者可能会误删除系统的重要文件，或者修改影响系统运行的参数，以及没有按照规定要求或操作不当导致的系统宕机
黑客	通过网络远程入侵系统盗取数据，原因包括利用系统漏洞、管理不力等
病毒	使计算机系统感染病毒，进而破坏/盗取系统中存储的数据

针对以上安全威胁，数据层的安全需求主要体现在机密性、完整性和可用性。

机密性(Confidentiality)：又称为保密性，是指个人或团体的信息不被其他不应获得者获得。

完整性(Integrity)：完整性是数据层安全的三个基本要点之一，指在传输、存储信息或数据的过程中，确保信息或数据不被未授权者篡改或在篡改后能够被迅速发现。

可用性(Availability)：可用性是一种以使用者为中心的设计概念，可用性设计的重点在于让产品的设计能够符合使用者的习惯与需求。

6.4.3 数据安全存储机制

大数据时代存储规模大、存储管理复杂，而且数据种类多，这给数据存储带来了巨大挑战。企业或用户的数据存储是非常重要的环节，其中包括数据的存储位置、数据的相互隔离以及数据的灾难恢复等。云服务器为企业或用户提供了存储空间，即使数据事先是加密的，云服务器能否保证数据之间的有效隔离、托管数据的备份以及不泄露敏感信息是至关重要的。同时，随着数据量的成倍增加，数据存储能力也受到挑战；数据类型的多样性对于数据挖掘能力也是一种挑战。在一些对时效性比较敏感的应用中，对大数据处理速度的要求也越来越高。接下来介绍几种数据安全存储机制。

1. 数据加密机制

数据加密机制包括数据库加密和硬盘安全加密。

1) 数据库加密

加密并不能保证其他层次的安全性，但对于网络，加密是确保全局安全的主要因素；而对于数据库，加密则是安全防御中的某一层。因此应该理智地对数据库进行加密，否则，在总体安全得不到任何加强的同时，有可能会降低系统的性能、可用性以及可访问性。加密和解密需要计算资源，这可能会给数据库服务器增加额外的负担，或者服务器在较大的计算压力下的响应速度无法令人满意。同时，由于无法使用加密状态下的数据，数据库无法对数据进行有效比较，也不能进行计算，而基本的数据操作也是无效的。加密不但向用户隐藏了数据，而且也向数据库隐藏了数据。加密还带来了管理密钥的任务。如果不能妥善地管理密钥，则会产生两个问题：第一，如果密钥泄露，则会导致数据泄露；第二，如果密钥丢失，则会导致数据永远不能再被解密。

Oracle 数据库作为数据库领域的代表产品，其系统可移植性好、使用方便、功能强，适用于各类大、中、小、微机环境。它是一种效率高、可靠性好且适应高吞吐量的数据库解决方案。到目前为止，Oracle 提供了两种加密方式：一种是通过加密 API 构建自己的基础架构，对数据进行加密；另一种是使用 Oracle 数据库的透明数据加密特性对数据进行加密。第一种加密方式可以根据需要构建针对性的数据加密方式，具有更高的灵活性，但其构建和管理过程相对复杂；而第二种加密方式可以将加密过程交给数据库本身管理，能够简化加密部署的操作，使加密过程透明。

此外，2009 年 IBM 公司的克雷格·金特里提出了一项新型密码学算法——同态加密算法，即对加密的数据进行处理后得到一个输出，将这一输出进行解密，其结果与用同一方法处理后未加密的原始数据得到的输出结果是一样的，从而实现了对加密数据的直接操作。

在该类算法的支持下，许多研究者纷纷开发了基于同态算法的数据库加密平台，通过数据库存储加密等安全方法实现了数据库数据存储保密和完整性要求，同时使得数据库以密文方式存储，并在密态方式下工作，确保了数据安全，典型的系统有 CryptoDB 等。但由于计算开销大和支持操作受限，目前该类算法及数据库还需进一步改善。

2) 硬盘安全加密

经过安全加密的故障硬盘，硬盘维修商根本无法查看，这保证了内部数据的安全性。硬盘加密主要通过文件系统加密实现，文件系统是云存储系统中的一个重要组成部分。文件系统加密是实现存储系统安全最简单、最直接的方法。文件系统的安全性通过数据加密的方式来保证。当前常见的安全文件系统主要有以下几种：Blaze 等人提出的加密文件系统(Crypto File System，CFS)，Howaro 等人提出的一个附加安全措施的分布式文件系统(Andrew File System，AFS)，Kaashoek 等人提出的 SFS-RO 系统，Wylie 等人提出的 PASIS 系统等保证文件安全性的技术方法。

2. 完整性验证机制

由于大规模数据所导致的巨大通信代价，用户不可能将数据下载后再验证其正确性。因此，用户需在取回很少数据的情况下，通过某种知识证明协议或概率分析手段，以高置信概率判断远端数据是否完整。

根据是否对数据文件采用了容错预处理，数据完整性验证机制分为数据持有性证明(Provable Data Possession，PDP)机制和数据可恢复证明(Proofs of Retrievability，POR)机制，如图 6-9 所示。根据不同的关注点进行分类，PDP 机制能快速判断远程节点上的数据是否损坏，比较注重效率。POR 机制不仅能识别数据是否已损坏，且能恢复已损坏的数据。两种机制有着不同的应用场合，PDP 机制主要用于检测大数据文件的完整性；而 POR 机制则用于重要数据的完整性确保，如压缩文件的压缩表等，对于这类应用，尽管只损坏很少的一部分数据，但可以造成整个数据文件失效。

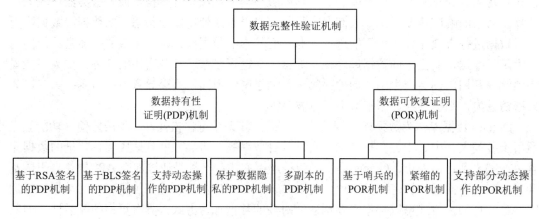

图 6-9　数据完整性验证机制分类

6.4.4　其他数据安全防护机制

针对身份需要进行认证、错误需要进行恢复、个人隐私需要进行保护等需求，通常提供以下三种防护机制。

1. 访问控制和身份鉴别技术

访问控制和身份鉴别技术可以有效地控制用户对存储资源的访问。根据用户身份的不同，系统可以授予用户不同的访问权限，并设置相应的策略保证合法用户获得资源的访问权。这种策略可以将用户对存储系统的访问限制在一定的范围内，从而保证其他用户数据的安全性，防止越界访问。例如，登录访问控制可以使授权用户能够登录网络存储系统并获取存储资源，目录访问控制可以控制用户对目录、文件、存储设备的访问等。

2. 备份容错和恢复

云存储中的物理存储设备一般是一些比较廉价的商用设备，因此存储设备故障是一种正常现象。通常针对这类故障所采用的做法是冗余备份数据，并将数据存放在不同的数据中心中，以保证个别存储设备的故障不影响整个存储系统的可用性。当个别存储设备发生故障时，系统能够迅速发现错误并找寻备份数据，从而完成数据存取访问。同时，廉价的商用存储设备也要求系统具有良好的数据检错和纠错能力，以保证数据的正确读写。目前，常见的数据备份容错和恢复方式依据复杂度由简到难可分为数据备份、双机容错和异地容灾 3 种类型。

(1) 数据备份。备份管理包括备份的可计划性、自动化操作、历史记录的保存或日志记录。

(2) 双机容错。双机容错的目的在于保证系统数据和服务的在线性，即当某一系统发生故障时，仍然能够正常地向网络系统提供数据和服务，使得系统不至于停顿，即保证数据不丢失和系统不停机。

(3) 异地容灾。在各单位的 IT 系统中，必然有核心部分，通常称之为生产中心。往往给生产中心配备一个备份中心，该备份中心是远程的，并且在生产中心的内部已经实施了各种各样的数据保护。当发生火灾、地震等灾难而导致生产中心瘫痪时，备份中心就会接管生产，继续提供服务。

3. 隐私保护

数据隐私保护涉及数据存储、处理和销毁的整个数据生命周期。目前隐私保护是国内外研究的热点，根据不同的应用场景，不同的学者、工程师给出了相应的解决方案。Roy 将集中信息流控制(DIFC)和差分隐私保护技术融入云中的数据生成与计算阶段，提出了一种隐私保护系统 Airavat，防止 MapReduce 计算过程中非授权的隐私数据泄露出去，并且支持对计算结果的自动除密。在数据存储和使用阶段，Mowbray 提出了一种基于客户端的隐私管理工具，提供以用户为中心的信任模型，帮助用户控制自己的敏感信息在云端的存储和使用。Munts-Mulero 讨论了现有的隐私处理技术(包括 k 匿名、图匿名以及数据预处理等)作用于大规模待发布数据时所面临的问题和现有的一些解决方案。Rankova 则提出了一种匿名数据搜索引擎，交互双方可以搜索对方的数据并获取自己所需要的部分，同时保证搜索询问的内容不被对方所知，搜索时与请求不相关的内容不会被获取。

6.5 应用层安全

6.5.1 Web 服务安全需求

随着 Web 服务在物联网中的应用越来越广泛，Web 服务安全威胁逐渐凸显出来。攻击者可以篡改网页内容，窃取重要的内部资料，甚至在网页中植入恶意代码，侵害网站的访问者。这也使得用户更加关注和重视 Web 服务安全。Web 服务安全威胁如表 6-3 所示。

表 6-3　Web 服务安全威胁

攻击类型	攻击内容
服务器瘫痪	DDoS(分布式拒绝服务)攻击让网站瘫痪；入侵网络并删除文件、停止进程，让 Web 服务器彻底无法恢复
篡改网页	修改网站的页面显示
木马	木马入侵对网站不产生直接的破坏，但它可以对访问网站的用户进行攻击。挂木马容易被网络管理者发现，跨站攻击是新的倾向
篡改数据	篡改数据库或者 Web 程序，这种攻击不易被发现

针对以上安全威胁，Web 服务的安全需求主要集中在消息机密性、完整性、不可否认性和源认证性等方面。

6.5.2 Web 服务安全标准体系

传统 Web 应用程序常常依赖于传输层的安全机制，如 SSL/TLS 安全传输协议等，它们提供了认证、数据完整性保障和数据加密的功能。但是 SSL 只在点对点的情况下为消息提供消息完整性和机密性的服务。为解决应用层端到端的安全性问题，目前多在消息层上引入安全机制，对 SOAP 消息头进行扩展。IBM 和微软共同制定了一个 Web 服务安全规划，开发了一组 Web 服务安全标准规范和技术，这些规范涉及高层密钥交换、认证、授权、审计和信任等一系列安全机制。Web 服务安全标准体系如图 6-10 所示。

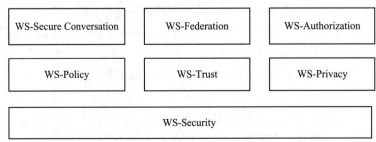

图 6-10　Web 服务安全标准体系

Web 服务安全标准体系的底层是 WS-Security 基本标准，在此基础上分别制定了 WS-Policy、WS-Trust、WS-Privacy、WS-Secure Conversation、WS-Federation 和 WS-Authorization 这 6 项安全标准，具体介绍如下。

(1) WS-Security。这一 SOAP 扩展主要致力于实现消息内容的完整性和机密性，可使用指定的机制与许多安全模型和加密技术相配合。

(2) WS-Policy。它是 WS-Security 的补充。对于应用于 WS-Security 的 WS-Policy，WS-Policy 表示了策略断言。WS-Policy 中的安全性策略断言指定了它们的 Web 服务的安全需求。这些安全需求包括所支持的加密和数字签名的算法、保密属性(或称为隐私属性)，以及这些信息如何绑定到 Web 服务中。

(3) WS-Trust。对于安全性令牌的请求与发放以及信任关系的管理，该规范定义了一系列基于 XML 的原语。

(4) WS-Privacy。该规范综合运用 WS-Security、WS-Policy 和 WS-Trust 与保密策略进行通信。部署 Web 服务的组织规定了这些保密策略，并且保密策略需要流入的 SOAP 请求中包含断言，发送者遵循这些保密策略。

(5) WS-Secure Conversation。它定义了一些能够提供安全通信的扩展，这些扩展构建在 WS-Security 的基础之上。

(6) WS-Federation。它用于跨不同信任域的身份表示、属性、认证和授权联邦。

(7) WS-Authorization。它与 XACML(可扩展访问控制标记语言)有许多重叠，该规范描述了指定和管理 Web 服务的访问策略。

6.5.3 Web 服务关键安全技术

1. XML 安全性标准簇

1) XML Signature

XML Signature(又称作 XMLDsig，XML-DSig，XML-Sig)是一个定义数字签名的基于 XML 语法的 W3C 推荐标准。从功能上看，XML Signature 与 PKCS#7(加密消息的语法标准)有很多共同点，但是 XML Signature 具有更好的可扩展性。XML Signature 在许多 Web 技术(如 SOAP、SAML 等)中得到了应用。XML Signature 支持签名任何类型的数据(称作资源)，最常见的是 XML 文档，除此之外，任何可以通过 URL(Uniform Resource Locator，统一资源定位系统)访问的资源都可以被签名。如果 XML Signature 用于对包含该签名的 XML 文档之外的资源签名，则称为 Detached (分离)Signature；如果 XML Signature 用于对包含它的 XML 文档的某个部分进行签名，则称为 Enveloped(封内)Signature；如果 XML Signature 包含被签名的数据，则称为 Enveloping(封外)Signature。

2) XML Encryption

XML Encryption(又称作 XML-ENC)是一个 W3C 推荐标准，支持对任意类型数据的加密，并以 XML(标准通用标记语言的子集)的方式描述加密后的内容。

XML Encryption 可以被用于加密各种类型的数据，称作"XML Encryption"的原因是使用了 XML 元素(EncryptedData 或 EncryptedKey 元素)，这些元素可以包含或引用了密文、密钥信息和加密算法等。

当对 XML 元素或元素的内容进行加密时，在加密后的 XML 文档中，EncryptedData 元素将替代该元素或内容。当对任意数据进行加密时，EncryptedData 元素可以成为新的 XML 文档的根元素，或成为应用选定的 XML 文档的子元素。

XML Encryption 和 XML Signature 都使用了 KeyInfo 元素，或者作为 SignedInfo 元素、EncryptedData 元素或 EncryptedKey 元素的子元素出现，并为接收者提供对签名进行验证或对加密数据进行解密所需的密钥信息。KeyInfo 元素是可选的，它可以附加在消息上，或者通过一个安全通道传送。

3) XML 密钥管理规范(XKMS)

XKMS(XML Key Management Specification)是由 VeriSign、Microsoft 和 webMethods 三家公司发起并推动的密钥配置与注册规范，它为访问和集成公钥基础设施(Public Key Infrastructure，PKI)拟定了一种便捷规范的机制。XKMS 主要用于制定密钥配置及注册规范，并结合 XML 加密及 XML 数字签名规范，提高网络数据传输的安全性。XKMS 由 X-KISS (XML Key Information Service Specification，XML 密钥信息服务规范)和 X-KRSS(XML Key Registration Service Specification，XML 密钥注册服务规范)组成。前者用于密钥的定位和查询等服务，后者用于密钥的注册。XML 密钥管理规范与公钥基础设计技术结合，可简化密钥的注册、管理和查询服务，减少客户端应用程序设置的复杂性，降低与 PKI 建立信任关系的复杂度。

4) 安全断言置标语言(SAML)

SAML(Security Assertion Markup Language)支持一致性管理的概念，对保护 Web 服务起到了重要的作用，因此得到了广泛应用。

SAML 定义了认证、授权和属性三种声明。认证表明一个对象以前曾得到某种手段(如口令、硬件令牌或 X.509 公共密钥)的认证；授权表明应当准予或拒绝一个对象使用资源；属性表明对象与属性相关联。

SAML 没有规定声明的信任程度，声明的信任程度是由本地系统决定的，这会导致由于声明不准确而造成损失。为了避免这一点，基于 Web 的企业之间需要建立信任关系或达成运营协议，在这类关系或协议中，企业同意在接受一次声明前进行一种验证。

SAML 支持多种通信和传输协议，主流使用方法是将 SAML 与 HTTP 上的 SOAP 相结合。SAML 无须 cookie 就可以加载，根据浏览器配置文件类型不同，加载方式包括两种：通过浏览器/artifact 加载和通过浏览器/post 加载。

(1) 在使用浏览器/artifact 加载时，将 SAML 声明指针 SAMLartifact 作为一个 URL 查询串的组成部分交给 HTTP 传输。

(2) 在使用浏览器/post 加载时，SAML 在 HTML 表格内声明，然后被加载给浏览器，并作为一次 HTTP 的有效载荷的组成部分传送给目的站点。

5)可扩展访问控制标记语言(XACML)

XACML(eXtensible Access Control Markup Language)是一种基于 XML 的开放标准语言，它用于描述安全政策以及对网络服务、数字版权管理(DRM)以及企业安全应用信息进行访问时的权限控制。

XACML 可与另一个 OASIS 标准 SAML 协同工作。SAML 定义安全系统之间的共享授权信息，例如用户密码和安全检查。使用 XACML 描述政策的规则引擎(检查已建立的规则并提示与之相符的行为的程序)时，可将这种信息与已建立的标准比较以判定用户权限。

2. WS-Security 关键技术

WS-Security 通过消息完整性、消息机密性和消息的认证机制来保护 SOAP 消息传送的安全性。WS-Security 机制为 SOAP 消息提供了多类型的安全模型和加密技术。

SOAP 消息传输过程中需要考虑许多不同类型的威胁，如消息被敌对者篡改或读取、敌对者向服务发送消息，以及是否有合适的安全性断言来保障处理的顺利进行等。为了对付这些威胁，WS-Security 可使用安全令牌、XML Encryption、XML Signature 这 3 种关键安全元素，对消息体、消息头或者这两者进行加密和/或数字签名，从而保护了消息的安全性。这 3 种安全元素具体功能如下：

(1) 安全令牌。安全令牌与 SOAP 消息相关联，可用于验证用户身份及加密 SOAP 消息。WS-Security 提供了一个通用的机制，可支持多种安全令牌格式。例如，当客户需要提供身份证明时，可以使用一份身份证书或者一个特定的经营许可证。

(2) XML Encryption。XML Encryption 与安全令牌相配合，对多个 SOAP 消息进行加密处理，从而确保 SOAP 消息的机密性。

(3) XML Signature。XML Signature 用于检测消息是否被修改，从而确保消息完整性。XML Signature 支持多重签名，多个签名可能是多个 SOAP 角色所签的。

6.5.4 其他服务安全防护机制

1. Web 内生安全

内生安全主要是指一个软硬件系统除预期的设计功能外，还包括副作用、脆弱性、自然失效等因素在内的显式或隐式表达的非期望功能，以及对最终用户不可见，或所有未向使用者明确声明或披露过的软硬件隐匿功能，例如前门、后门、陷门等"暗功能"。

针对新一代网络空间的内生安全问题，动态异构冗余构造(Dynamic Heterogeneous Redundancy，DHR)方法能够化解或规避 Web 空间中"已知的未知风险"或"未知的未知威胁"，其主要的特性包含 5 个方面：

(1) 能将构造内未知漏洞后门的隐匿性攻击，转变为拟态界内攻击效果不确定的事件；

(2) 能将效果不确定的攻击事件归一化为具有概率属性的广义不确定扰动问题；

(3) 基于拟态裁决的策略调度和多维动态重构负反馈机制产生的"测不准"防御迷雾，可以瓦解试错或盲攻击的前提条件；

(4) 能借助"相对正确"公理的逻辑表达机制，在不依赖攻击者先验知识或行为特征信息的情况下提供高置信度的敌我识别功能；

(5) 能将非传统安全威胁归一化为广义鲁棒控制问题，并可实现一体化的处理。

应用 DHR 方法进行网络空间拟态防御，可以有效地解决 Web 空间中存在的内生安全问题，使得 Web 服务安全机制更加完善。

2. 基于人工智能的 Web 安全防护技术

人工智能技术作为 21 世纪三大尖端技术之一，在很多学科领域都获得了广泛应用。近年来，基于人工智能的异常检测技术和应用漏洞检测技术在 Web 领域的安全防护中起到了关键作用。

基于人工智能的异常检测技术是指利用机器学习等方法使计算机可以通过已有的训练模型判断出新的输入数据是不是合理合法的，或者从一定量的数据中找出与其他数据相异的特征点，通过这些检测出的异常数据来对系统或设备等进行分析，从而不断提高设备的安全性。在 Web 应用中，基于人工智能的无监督的异常检测方法，针对大量正常日志建立训练模型，从而将与正常流量不符的识别为异常。这种安全防护方法与 Web 防火墙拦截规则的构造恰恰相反，拦截规则旨在识别入侵行为，因而需要在对抗中"随机应变"；而基于人工智能的异常检测技术旨在对正常流量建模，在对抗中"以不变应万变"。通过这种基于人工智能的安全防护技术，Web 攻击者将更难绕过安全保护，且因其可以不断学习，Web 应用也将越来越安全。

基于人工智能的应用漏洞检测技术则是指利用机器学习等可以实时分析数据、根据风险级别对漏洞进行优先级排序的特性来对系统或应用中可能存在的威胁进行扫描，并及时发现，从而在攻击者利用这些漏洞之前修复并完善系统或应用。在 Web 应用中，攻击者可以通过浏览器或者其他的攻击工具，在 URL 或者其他的输入区域(如表单等)，向 Web 服务器发送特殊的请求，从中发现 Web 应用程序中存在的漏洞，进而操作和控制网站，达到攻击的目的。利用机器学习等技术，通过对应用行为的分析来建立应用感知模型，从而对 Web 应用中可能存在的漏洞进行检测，并且可以根据漏洞的危险程度给出优先级评估与解决方案参考。

利用以上两种基于人工智能的安全防护方法，不仅可以有效抵御 Web 攻击，同时也可以不断提升 Web 应用的安全性。

应 用 示 范 篇

第7章　智能家居

智能家居是多种高新技术和新兴技术结合的产物，通常也称为家庭自动化。智能家居是指通过控制智能设备(通常是智能家居应用程序)，实现家庭内各类资源的有效调度和协同，满足居民对各类服务的需求，为居民提供安全性、舒适性、便利性的服务，使家居智慧化。

7.1　智能家居概述

智能家居是以住宅为平台，利用综合布线技术、网络通信技术、安全防范技术、自动控制技术、音视频技术将家居生活有关的设施集成，构建高效的住宅设施与家庭日程事务的管理系统，从而提升家居生活的安全性、便利性、舒适性、艺术性，打造环保节能的居住环境。

智能家居是在物联网的影响之下家居智能化的体现。智能家居通过物联网技术将住宅中的各种设备设施(如音视频设备、照明系统、窗帘控制系统、空调控制系统、安防系统、数字影院系统、影音服务器、网络家电等)连接到一起，提供家电控制、照明控制、电话远程控制、室内外遥控、防盗报警、环境监测、暖通控制、红外转发以及可编程定时控制等多种功能。与普通家居相比，智能家居不仅具有传统的居住功能，还兼备通信网络、信息家电、自动化设备等信息化产物，提供了全方位的信息交互功能，甚至节约了各种能源成本。

7.2　多网融合的智能家居系统设计

7.2.1　智能家居设计需求

如图 7-1 所示，现有的智能家居网络体系架构分为分布式网络架构和集中式网络架构。这两种架构运用于不同的场景中，既有各自的优点，又各自有较为明显的不足。

分布式网络架构可以在用户家庭内部完成厂商所提供的设备的功能。分布式网络架构的优点是组网灵活、易于部署、配置灵活、扩展性好。该架构中各设备可自行连入外部网络，并且可自组织成网；各种终端自行进行资源管理；每个设备可独立被寻址，用户可通过该架构直接连接到特定的设备进行控制。

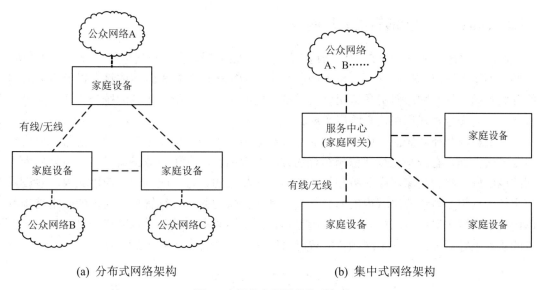

(a) 分布式网络架构	(b) 集中式网络架构

图 7-1　智能家居网络体系架构

　　分布式网络架构也有着明显的缺点：家庭设备的通信接口与各终端厂家的通信技术不匹配导致异构网络之间的融合较困难；设备和应用的独立管理也使得不同设备间的资源共享和协同服务变得困难；现有的大多数终端无法满足用户终端各自进行服务管理和安全维护的需求，不利于用户的使用。

　　集中式网络架构是在分布式网络架构之后提出的，用于改善分布式网络架构所带来的不足。它的优点在于引入了家庭网关，并通过集成多种通信方式，实现了各种终端设备之间以及其与外部异构网络之间的交互、资源的共享及应用，方便用户对家庭设备的集中控制。家庭网关建立了统一的安全管理和业务管理平台，有效地保障了智能家居网络业务正常运行。

　　国内外厂商在部署智能家居网络时，多选择集中式网络架构。但是，该架构中的家庭网关需集成多样化的通信技术，建立防火墙等不同的安全防护，还需提供服务管理和终端设备管理的功能，这对设备生产厂商和系统集成商提出了很高的要求。此外，"单点失效"和"瓶颈"问题，有可能成为智能家居网络中的潜在隐患。

　　传统的智能家居网络主要侧重于家庭内部设备的互联互通和资源共享，对外部网络仅仅负责接入工作。由于家庭内部提供的服务和资源有限，用户无法对智能家居真正建立起概念，也就无法真正体验到智能家居标准化组织提出的"舒适、自在的数字化生活"。而在多网融合的背景下，随着融合技术越来越成熟，电信网、广播电视网和互联网中提供的各类服务日益增多，各种网络提供的服务逐步渗透和融合，从而给智能家居网络带来了新的发展机遇。多网融合的发展为智能家居提供了多样化的服务和更加优越的资源平台，包括信息资源、内容资源和网络资源。不同的服务提供商、运营商利用不同的网络和业务，通过设备向用户提供服务，构造家庭的通信环境(以网络电话、宽带语音等业务为代表)、娱乐环境(以交互式网络电视、在线游戏等业务为代表)、信息环境(以服务信息推送、资源接收和共享等业务为代表)、生活环境(以家庭安防报警等业务为代表)。

7.2.2 面向多网融合的智能家居网络结构

面向多网融合的智能家居网络结构采用了"网络分层、服务和安全统一管理"的思想，主要分为接入网层和核心网层。接入网层负责智能家居内部各种终端的接入以及终端之间的互联互通，核心网层负责各应用域及外部异构网络提供的所有服务的统一管理。同时，智能家居的安全管理也在核心网层实现。

为了解决智能家居网络中存在的业务种类繁多、管理结构复杂等问题，通常采用集中与分布式管理、有线与无线通信相结合的方法。根据智能家居的业务需求将网络划分为不同的应用域，将智能家居中业务相似、功能需求相近的设备分配到同一应用域内，并设置应用域管理中心对该应用域内的所有终端及其所提供的服务进行管理。这样的网络结构可以简化家庭网关对应用域内具体业务的管理，而主要对多种外部异构网络的接入和其所提供的服务进行管理。面向多网融合的智能家居网络体系结构如图 7-2 所示。

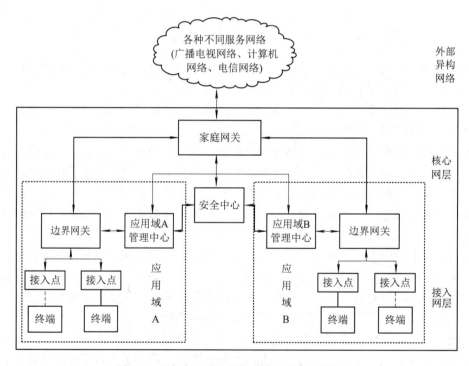

图 7-2　面向多网融合的智能家居网络体系结构

这种网络结构的独特性主要体现在以下两方面：

(1) 划分"应用域"。应用域是建立智能家居网络的基础，各种不同的终端通过应用域有机地结合为具有相关性的整体。应用域的引入将大大减轻家庭网关对于异构网络接入、服务管理、安全管理的负担，具体的家庭内部设备网络接入、服务管理和安全管理均由本应用域管理中心处理。

(2) 以家庭网关为中心构建智能家居统一管理平台。该平台是智能家居网络的核心部分，也可以理解为一个家庭信息网络业务与安全的管理中心。通过该平台，用户可实现家庭内各应用域的有效统一管理，从而为不同服务间的协同提供基础，实现家庭内不同设备间功能的智能协同。同时，针对智能家居外部异构网络中三网并存的现状，采用"服务融合"和"服务中间件"的思想，将广播电视网络、计算机网络以及电信网络提供的服务进行接入适配和整合分析，向用户进行统一的服务提供和组合，屏蔽了不同网络间底层通信技术的差异，这使得用户使用服务的过程更加清晰简单。

7.2.3 面向多网融合的智能家居系统结构

根据图 7-2 提出的分域式智能家居网络体系结构，构建面向多网融合的智能家居系统结构，如图 7-3 所示。

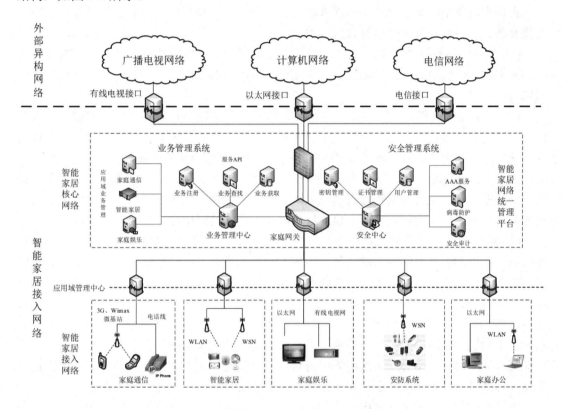

图 7-3　面向多网融合的智能家居系统结构

由图 7-3 可以看出，面向多网融合的智能家居系统主要包含了智能家居接入网络、智能家居核心网络和外部异构网络三个部分。

(1) 智能家居接入网络。智能家居接入网络主要指的是家庭内部不同应用域组成的网络，每种应用域内根据各自通信需求设置不同的家电设备，应用域网络子网关负责连接智能家居接入网络。应用域包括家庭通信应用域、智能家居应用域、家庭娱乐应用域、安防系统应用域和家庭办公应用域等，每一种应用域内都采用所需的通信方式，如 Ethernet、WLAN、广播电视网络、3G、电话线等。同一应用域内可实现资源共享、域内信息审计和安全性评估，并实现服务管理和安全管理。

(2) 智能家居核心网络。智能家居核心网络主要由家庭网关和应用域网络子网关构成。

家庭网关建立统一集中的管理方式，不仅需要完成家庭网关的网络接入、地址管理、协议转换等功能，还负责建立安全管理系统和业务管理系统。安全管理系统包括密钥管理、证书管理、用户管理、AAA 服务、病毒防护、安全审计等，用于完成用户接入认证和授权，设备认证、服务授权、隐私保护等功能，保障家庭网络的信息安全；业务管理系统包括业务注册、业务查找、业务获取等部分，保障家庭用户便捷地访问各种服务。应用域网络子网关负责对应用域内的设备信息和安全进行集中管理。

(3) 外部异构网络。外部异构网络包括广播电视网络、计算机网络、电信网络等基础设施网络，其中包含了丰富的信息资源，可向用户提供所需的功能，是智能家居网络的重要组成部分。

在以上网络中，智能家居中所涉及的实体主要包括：信息终端设备和智能家电、网络连接设备、应用域管理中心以及家庭网关。

(1) 信息终端设备和智能家电。信息终端设备和智能家电是执行具体智能家居业务功能的网络实体，其所对应的具体设备有家庭通信应用域的手机、IP 电话，以及家庭娱乐应用域的电视等。

(2) 网络连接设备。网络连接设备是实现接入网各终端间互联互通的网络实体，主要包括无线、有线接入点，以及边界通信网关等。其所对应的具体设备有 WLAN、3G 接入点、交换机、路由器、Modem 以及支持多种接入方式的通用网关设备等。

(3) 应用域管理中心。应用域管理中心是对家庭网络中同一应用域内的终端设备及其所提供的服务和安全机制进行管理的功能实体，如机顶盒。应用域管理中心可以通过软件集成至边界网关上实现管理功能，也可以单独设置独立的应用域管理中心管理服务器。

(4) 家庭网关。家庭网关是智能家居内部网络的核心，同时也是内部用户获取外部异构网络中提供的各种服务的关键实体。以家庭网关为载体，并通过软件形式实现的智能家居网络统一管理平台包括业务管理系统和安全管理系统两大部分。业务管理系统主要是对智能家居内部各应用域以及外部异构网络所提供的所有服务进行管理，为用户提供各种服务 API 接口，通过这些接口可以方便实现智能家居内外部各种不同服务的注册、查询、获取等基本功能，同时根据用户的需求，自适应地实现不同服务间的智慧联动与协同，完成更加复杂的应用。安全管理系统则采用身份认证、访问控制及数据加密等安全机制来抵御来自家庭网络内部和外部的各种安全威胁，如非法用户接入、隐私信息窃取等。

由以上的设计来看，在面向多网融合的智能家居系统中，家庭网关和应用域管理中心是核心关键部分。

7.3　家庭网关的设计与实现

家庭网关是家庭内部网络以及其和外部网络通信交互的核心设备，负责对家庭内业务、安全的综合管理，因此，进行家庭网关的设计与开发是本系统首先要解决的关键问题。

7.3.1 功能概述

家庭网关包含了两大块核心功能,即网络通信和系统管理。

(1) 在网络通信方面,家庭网关既可以实现家庭设备内部网络与外部网络之间的信息交互,也可以实现家庭设备内部网络之间的信息交互,因此,家庭网关需要提供多网接入、网关数据路由等基本功能。

(2) 在系统管理方面,通过构建智能家居网络统一管理平台来对数字家庭安全以及应用域进行管理。该平台由业务管理系统以及安全管理系统组成。业务管理系统向用户提供不同应用域的业务信息管理和资源管理功能。安全管理系统能够向用户提供安全信息管理、用户身份认证、防火墙过滤、设备认证、安全策略配置、网络日志记录等功能。

7.3.2 软件架构概述

根据功能设计,家庭网关软件平台主要包括基本系统软件层、核心功能软件层以及上层应用软件层 3 个层次。基本系统软件层由操作系统和驱动程序组成,负责与底层的网络硬件进行交互,实现对硬件的控制。核心功能软件层负责对基本系统软件层的软件进行封装和整合,使上层应用软件层能够屏蔽底层接口的差异。上层应用软件层包括安全管理系统和业务管理系统两个软件系统,负责家庭网关中的安全控制、业务查询以及定制等业务基本信息管理功能。家庭网关中软件平台的层次如图 7-4 所示。

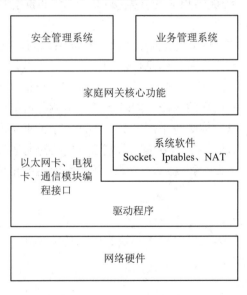

图 7-4　家庭网关软件平台层次图

根据家庭网关的逻辑功能及智能家居网络整体架构,在 Linux 操作系统以及各通信模块厂家所提供的驱动程序的基础上可设计家庭网关核心功能软件层和上层应用软件层的架构。家庭网关软件架构如图 7-5 所示,主要包括核心功能系统、安全管理系统、业务管理系统。

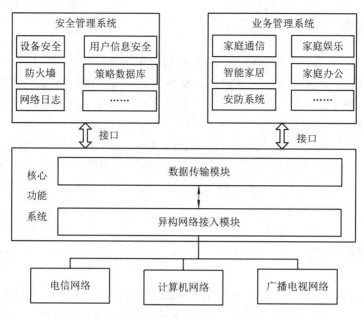

图 7-5 家庭网关软件架构

核心功能系统主要包括异构网络接入模块和数据传输模块，用于实现与外部网络(如计算机网络、广播电视网络、电信网络)的连接，实现家庭设备内部网络与外部网络之间以及家庭设备内部网络之间数据包的传输和转发。此外，核心功能系统需要向上层的安全管理系统和业务管理系统提供相应的开发接口。这里主要指的是封装好的统一的数据发送和接收接口。

针对家庭网络中日益增长的安全威胁，在核心功能系统的基础上设计了安全管理系统，主要用于保障用户信息、家庭设备、信息传输的安全，并支持用户、设备身份认证，对违反设定规则和策略的服务使用建立日志记录，以便跟踪、查询和处理。通过在家庭网关处建立防火墙，可以抵抗非法用户的入侵，同时保证正常业务流能通过防火墙。

针对家庭中通信、娱乐、控制等不同种类、不同需求的业务和应用，建立业务管理系统。该系统对家庭通信、家庭娱乐等多个应用域管理中心进行管理，建立不同的业务优先级，为特定业务和应用设定带宽和规则，以保障业务和应用的正常运行。

7.3.3 核心功能系统

核心功能系统主要包括异构网络接入模块、数据传输模块，分别负责实现三网接入、数据报文的寻址和路由等功能。

1. 异构网络接入模块

家庭网关采用各种接入方式与外部网络(如广播电视网络、计算机网络、电信网络)相连。异构网络接入模块对用户而言，向用户屏蔽底层差异，使用户可以无差别地访问不同外部网络中的资源和服务。

在核心功能系统中，该模块的主要作用是对广播电视网络、计算机网络以及电信网络等外部异构网络提供的数据通信接口(包括数据发送接口以及数据接收接口)进行封装，从而向上层的数据传输模块提供统一的调用接口。异构网络接入模块的通信接口封装过程如图 7-6 所示。

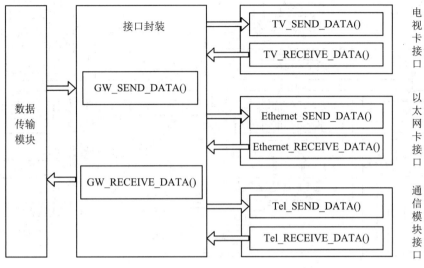

图 7-6　异构网络接入模块的通信接口封装过程

2. 数据传输模块

数据传输模块主要通过调用异构网络接入模块提供的统一的数据发送接口和数据接收接口来实现家庭设备内部网络与外部网络之间的数据报文等信息的传输，需要实现的功能包括协议转换以及报文转发。

由于外部网络涉及广播电视网络、计算机网络和电信网络等多种异构网络，且包括 TCP/IP 报文、3G/4G 协议报文以及工控信号等多种类型的数据，而内部核心网络采用以太网形式，因此需要采用协议转换的方式来实现数据传输，即将非 TCP/IP 数据转换为符合 TCP/IP 格式的数据报文。

在通信过程中，将数据分为控制流和业务流两种类型。控制流是指用户在接入家庭网络前进行身份认证过程中交互的数据，业务流是指用户获取具体业务服务过程中交互的数据。根据所传输数据的不同特点，家庭网关的数据传输模块需要作出不同的处理。对于控制流，数据传输模块将其提交给家庭网关上层的安全管理系统和业务管理系统；对于业务流，数据传输模块通过采用网络地址转换(Network Address Translation，NAT)技术实现数据转发功能。在这里，家庭网关通过不同的端口号来区分控制流和业务流信息。此外，该模块还负责实现数据报文过滤功能，对于业务流中非法用户的数据报文，模块将进行丢弃操作，从而保证只有合法用户才能够使用智能家居服务。

7.3.4　安全管理系统

1. 安全管理系统软件结构设计

根据家庭网关安全管理系统的功能，可设计安全管理系统结构，如图 7-7 所示，它包含用户交互界面模块、用户管理模块、接入认证模块、网络通信模块、系统配置模块以及日志模块。

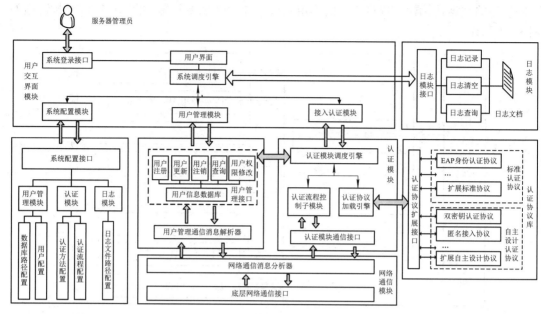

图 7-7　安全管理系统结构

(1) 用户交互界面模块。用户交互界面模块负责向服务器管理员提供友好的图形化界面，使管理员能够更加方便地管理安全管理系统。

(2) 用户管理模块。用户管理模块包含用户信息数据库，负责存储合法的家庭用户信息，同时向管理员提供用户注册、用户更新、用户注销、用户查询、用户权限修改等用户管理接口，便于管理员对后台用户信息数据库的操作。该模块底层的用户管理通信消息解析器负责接收和解析家庭网络中传输的用户管理消息，并通过调用相应接口实现操作。

(3) 接入认证模块。接入认证模块负责调用认证协议库中的各种身份认证协议来对接入家庭网络的用户进行认证。该模块包括认证模块调度引擎、认证流程控制子模块、认证协议加载引擎以及认证模块通信接口。

(4) 网络通信模块。网络通信模块通过调用家庭网关中核心功能系统封装的接口来发送和接收报文消息。该模块包含的网络通信消息分析器负责分析所接收的报文的类型，然后传输给相应的模块进行处理。

(5) 系统配置模块。系统配置模块负责对安全管理系统的一些信息进行配置，包括数据库路径配置、用户配置、认证方法配置、认证流程配置和日志文件路径配置。

(6) 日志模块。日志模块负责对系统运行的信息进行记录，并向管理员提供日志记录、日志清空和日志查询接口。

2. 安全管理系统程序流程

安全管理系统程序流程如图 7-8 所示。

用户首先启动安全管理系统，在登录界面上输入相应的用户名及密码后进入系统主界面。通过选取主界面上不同的菜单和选项，管理员可以对用户信息以及系统信息进行配置。在主界面启动的同时，后台的用户管理消息监听以及认证消息监听线程启动，负责监听网络中的这两种消息。

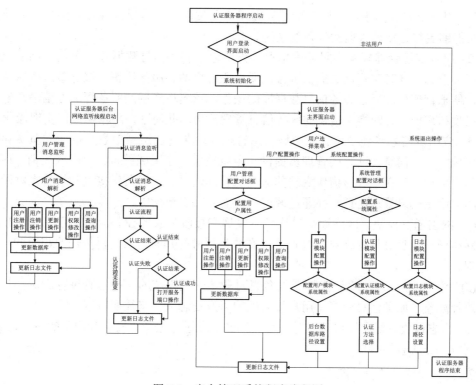

图 7-8 安全管理系统程序流程图

7.3.5 业务管理系统

1. 业务管理系统软件结构设计

根据家庭网关业务管理系统的功能,可设计业务管理系统结构,如图 7-9 所示,它包括用户交互界面模块、服务信息管理模块、应用域信息管理模块、网络通信模块、系统配置模块以及日志模块。

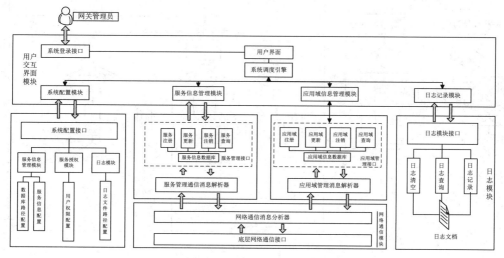

图 7-9 业务管理系统结构

(1) 用户交互界面模块。用户交互界面模块负责向管理员提供友好的图形化界面，使管理员能够更加方便地管理业务管理系统。

(2) 服务信息管理模块。服务信息管理模块包含服务信息数据库，负责存储所提供服务的相关信息，同时向管理员提供服务注册、服务更新、服务注销、服务查询等服务管理接口，便于管理员对后台服务信息数据库的操作。该模块底层的服务管理通信消息解析器负责接收和解析家庭网络中传输的服务信息管理消息，并通过调用相应接口实现操作。

(3) 应用域信息管理模块。应用域信息管理模块包含应用域信息数据库，负责存储所有应用域的相关信息，同时向管理员提供应用域注册、应用域更新、应用域注销、应用域查询等应用域管理接口。该模块底层的应用域管理消息解析器负责接收和解析家庭网络中传输的应用域信息管理消息，并通过调用相应的接口实现操作。

(4) 网络通信模块。网络通信模块负责发送和接收相关的控制流报文消息。该模块包含的网络通信消息分析器将对所接收的报文的类型进行判断，然后再传输给相应的模块进行处理。

(5) 系统配置模块。系统配置模块负责对业务管理系统的一些信息进行配置，包括数据库路径配置、服务信息配置、用户权限配置以及日志文件路径配置等。

(6) 日志模块。日志模块负责对系统运行的信息进行记录，并向管理员提供日志记录、日志清空和日志查询接口。

2. 业务管理系统程序流程

业务管理系统程序流程如图 7-10 所示。

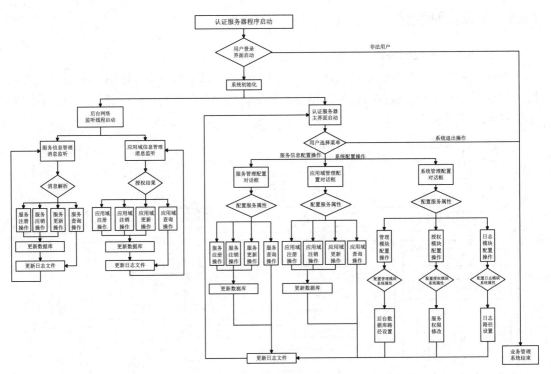

图 7-10 业务管理系统程序流程图

用户首先需要启动业务管理系统，在登录界面上输入相应的用户名及密码后进入系统主界面。通过选取主界面上不同的菜单和选项，管理员可以对服务信息以及系统信息进行配置。在主界面启动的同时，后台的服务信息管理消息监听和应用域信息管理消息监听线程启动，负责监听网络中的这两种消息。

7.4　应用域管理中心的设计与实现

应用域管理中心是智能家居中各应用域的核心管理设备，负责对各应用域内的所有设备及服务进行集中管理。

7.4.1　功能概述

根据智能家居设计需求及分域式网络结构，应用域管理中心的功能主要包括以下6个方面。

(1) 异构网络接入功能：域内不同的服务设备采用了不同的通信机制，为了实现不同设备间的互联互通以及协同服务，应用域管理中心提供了支持多种通信方式接入的异构网络接入功能。

(2) 数据传输功能：可以实现域内各种设备间、跨域设备间以及域内设备与外部网络间的相互通信。

(3) 应用域设备管理功能：对域内所有设备的基本信息以及使用情况进行集中管理。基本信息包括设备标识、设备名称以及设备地址；使用情况包括设备实时运行状态监控，以及设备参数的配置等。

(4) 服务信息管理功能：对域内服务信息(如服务标识、服务名称、服务内容等)通过建立数据库进行统一维护。

(5) 服务授权功能：对请求服务的用户进行权限判定，只有授权的用户才能够访问相应的服务。

(6) 服务资源管理功能：根据不同的业务需求，通过建立相应的资源管理机制来对该类服务资源进行管理。

7.4.2　软件架构概述

与家庭网关软件层次相似，应用域管理中心软件分为系统软件层、核心功能软件层以及应用软件层3个层次。应用域管理中心中软件层次结构如图7-11所示。

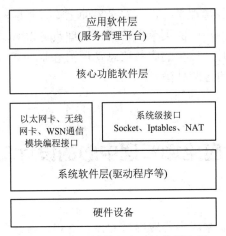

图 7-11 应用域管理中心软件层次图

系统软件层负责与底层的硬件设备进行交互，实现对硬件设备的控制。系统软件层主要包含系统的驱动程序、系统级接口等。核心功能软件层负责对系统软件层的软件进行封装和整合，使上层的应用软件层能够屏蔽底层接口的差异。应用软件层是指构建的服务管理平台，该平台通过调用核心功能软件层的接口实现服务信息管理、服务授权以及服务资源管理等功能。

根据应用域管理中心的逻辑功能需求，在操作系统以及各通信模块驱动程序的基础上可进一步设计应用域管理中心核心功能软件层和应用软件层的架构，如图 7-12 所示。

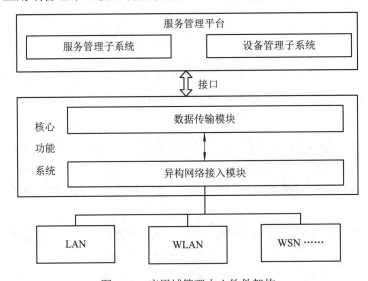

图 7-12 应用域管理中心软件架构

核心功能系统主要包括异构网络接入模块、数据传输模块等，用于实现内部不同机制设备间以及与家庭网关之间的互联互通。此外，核心功能系统还需要向上层的服务管理平台提供相应的基本功能的调用接口，如数据发送和接收接口等。

针对家庭中不同种类、不同需求的业务和应用，在核心功能系统的基础上建立服务管理平台。该平台可对家庭通信、智能家居、家庭办公等多个应用域中的服务和设备进行有效管理，同时保障业务和应用的正常运行。

7.4.3　核心功能系统

与家庭网关相似,应用域管理中心的核心功能系统主要包括异构网络接入模块和数据传输模块,负责实现异构网络的接入、数据报文的寻址和路由等功能。

应用域内各设备采用多种通信机制与应用域管理中心相连。为了实现应用域内设备间的互联互通,以及与其他应用域网络设备和外部网络设备间的通信,核心功能系统引入了异构网络接入模块和数据传输模块。异构网络接入模块负责屏蔽底层通信机制差异,向应用域管理中心的上层应用提供统一的数据传输接口。数据传输模块通过调用异构网络接入模块封装好的接口来进行数据发送和接收,同时对数据做必要的协议转换处理。

1. 异构网络接入模块

在核心功能系统中,异构网络接入模块的主要作用是对有线以太网、无线局域网802.11以及无线传感器网 Zigbee 等通信机制中提供的数据通信接口进行封装,包括数据发送接口和数据接收接口,从而向上层的数据传输模块提供统一的调用接口。异构网络接入模块通信接口封装过程如图 7-13 所示。

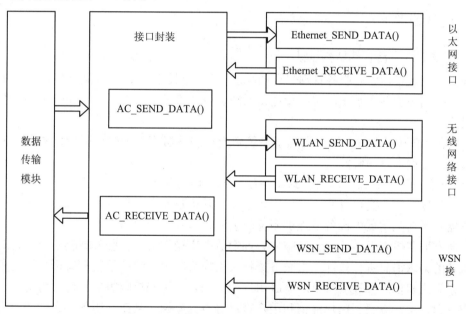

图 7-13　异构网络接入模块通信接口封装过程

除了已定义的通信接口,异构网络接入模块还应当具有一定的扩展性。也就是说,当应用域网络中存在其他通信机制的设备时,通过在统一通信接口添加相应的处理代码即可实现对新接口的封装,而对于上层的数据传输以及上层服务平台来讲,由于调用的是统一的通信接口,因此并不需要做太大的改动即可实现对新通信接口的支持。

2. 数据传输模块

数据传输模块主要通过调用异构网络接入模块提供的统一的数据发送接口和数据接收接口来实现应用域内设备之间、跨应用域设备间以及与外部网络之间的数据报文等信息的传输,需要实现的功能包括协议转换以及报文转发。

由于应用域网络中涉及有线以太网、无线局域网以及传感器网络等多种类型的网络，而家庭核心网络采用有线以太网形式，因此需要采用协议转换的方式来实现设备间的互联互通。其中，有线以太网和无线局域网上层协议均基于 TCP/IP 模型，只是 MAC 层协议以及物理层介质不同，通过有线网卡和无线网卡的驱动即可实现协议的转换；而传感器网络所采用的上层协议也存在不同，因此需要单独的协议转换模块来提供接口，从而实现由传感器网协议到 TCP/IP 的转换。

在数据传输过程中，将数据分为控制流以及业务流两种类型。控制流主要指的是用户在使用服务前授权请求的消息以及用户配置设备参数的消息，业务流主要指的是用户获取具体业务服务过程中交互的数据。根据所传输数据的不同特点，应用域管理中心的数据传输模块需要作出不同的处理。对于控制流，数据传输模块将其提交给应用域管理中心的上层的服务平台处理；对于业务流，数据传输模块通过采用 NAT 技术实现数据转发功能。在这里，应用域管理中心通过不同的端口号来区分控制流和业务流信息。此外，该模块还负责实现数据报文过滤功能，对于业务流中非授权用户的数据报文，模块将进行丢弃操作，从而保证只有合法的授权用户才能够使用智能家居服务。

7.4.4 服务管理平台

1. 服务管理平台软件结构设计

根据应用域管理中心服务管理平台的功能，可设计服务管理平台，其软件结构如图 7-14 所示，包括用户交互子系统、服务管理子系统、设备管理子系统、网络通信模块以及系统日志模块。

(1) 用户交互子系统。用户交互子系统负责给服务器管理员提供图形化界面，使管理员能够更加方便地管理服务。

(2) 服务管理子系统。服务管理子系统负责对域内服务进行统一的有效管理，包含服务信息管理器、服务授权引擎、用户信息管理器以及服务平台业务 4 个部分。其中服务信息管理器负责对应用域内设备所提供服务的名称、内容、端口等信息进行记录，同时提供服务注册、服务更新、服务注销和服务查询等数据库操作接口。服务授权引擎负责对用户使用服务的请求消息进行处理，由服务授权决策模块对用户的权限进行解析并给出相应的授权结果。用户信息管理器负责对家庭用户的标识、名称和权限等信息进行管理，同时提供用户注册、用户更新、用户注销和用户查询等数据库操作接口。服务平台业务负责对各个具体业务中的关键信息进行记录，从而向用户提供更多的诸如信息统计等更高层的服务；此外该模块还向用户开放一些数据的使用接口，从而使用户能够根据自己的需要开发其他的应用业务，同时也增强服务平台的扩展性。

(3) 设备管理子系统。设备管理子系统负责对应用域内服务提供设备的设备标识、设备名称、设备地址等信息进行管理，同时向平台管理员提供了设备信息注册、设备信息更新、设备消息注销和设备信息查询等操作。

(4) 网络通信模块。网络通信模块通过调用应用域管理中心核心功能系统封装的接口来发送和接收报文消息。该模块负责处理的消息类型包括服务管理消息、服务请求消息、用户管理消息、设备管理消息以及设备配置消息。

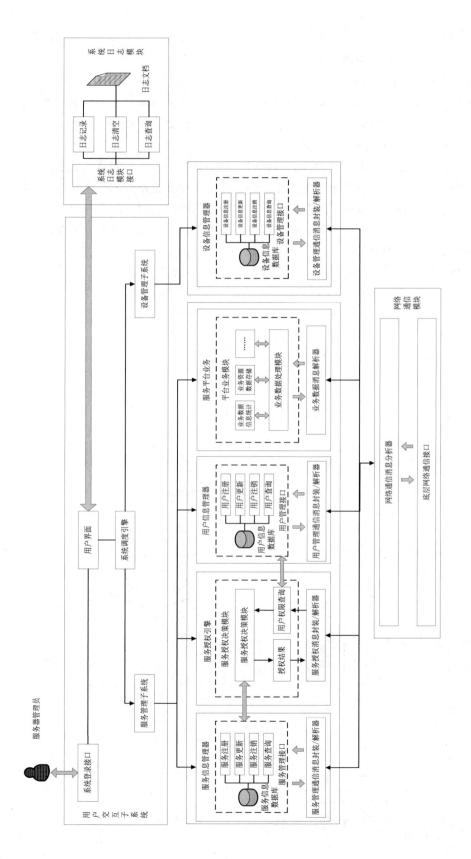

图 7-14　服务管理平台软件结构

(5) 系统日志模块。系统日志模块负责对系统运行的信息进行记录,并向管理员提供日志记录、日志清空和日志查询接口。

2. 服务管理平台程序流程

整个服务管理平台的操作可分为本地操作和远程操作两种类型,可由多个不同的进程进行处理。本地操作是指服务平台管理员通过图形化界面来进行操作,远程操作是指服务平台需要监听相应的操作消息并作出相应的处理。

服务平台工作流程如下:用户首先需要启动服务管理平台,在登录界面上输入相应的用户名及密码后进入服务管理平台主界面。通过选取主界面上不同的菜单和选项,用户可以对服务信息和设备信息进行管理和配置。在主界面启动的同时,用于远程操作的服务信息管理、服务请求、用户信息管理、业务数据、设备信息管理等消息的监听线程启动,负责监听网络中的这几种消息。

本地操作流程如图 7-15 所示,远程操作流程如图 7-16 所示。

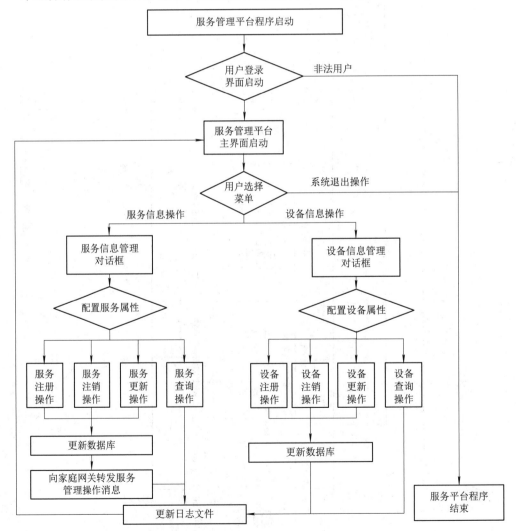

图 7-15　服务管理平台本地操作流程图

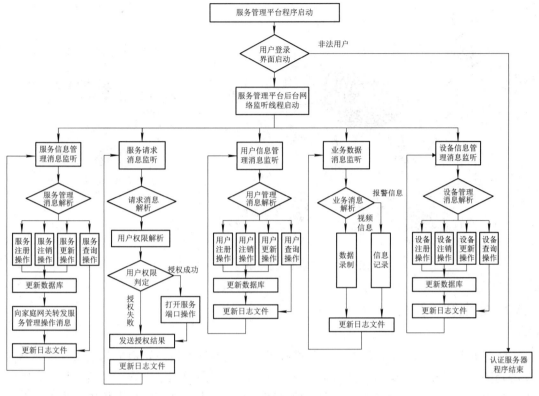

图 7-16　服务管理平台远程操作流程图

7.5　智能家居典型应用

在面向多网融合的智能家居系统的支撑下，家居不仅具有传统的居住功能，同时能够提供信息交互功能。人们在外部就能查看家居信息并控制家居的相关设备，这使得人们可以有效安排时间，从而让家居生活更舒适、更安全、更环保、更便捷。在物联网、云计算技术的支撑下，家居系统的功能更加丰富、更加多样化和个性化，且广泛应用于家庭安防、家电智能控制、智能娱乐领域。

7.5.1　家庭安防

越来越多的数据表明，家庭中的突发事件会对个人和家庭产生严重的危害。这些突发事件包括火灾、入室盗窃、煤气超标等，而家庭安防作为智能家居的典型应用之一，可以有效防止突发事件的发生。如图 7-17 所示，家庭安防主要包括预警和监控两种类型的服务。预警服务是智能家居网络中的安防业务，通过煤气、烟雾检测传感器等，为家庭提供安防预警；监控服务则实现了通过室内视频监控等实时获取家中信息或情况。

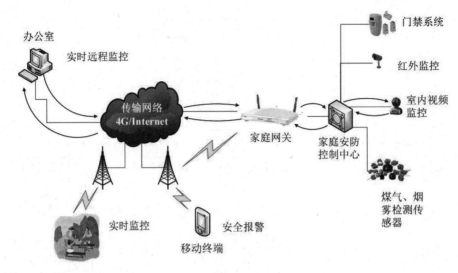

图 7-17　智能家居在家庭安防中的应用

7.5.2　家电智能控制

随着嵌入式计算技术、终端操作系统技术的快速发展，信息家电成为未来家用电器的发展趋势。信息家电横跨信息技术领域和家电领域，逐渐模糊了电脑、通信产品、家电的市场界限。在传统电器功能的基础上，信息家电减少了人机之间的技术障碍，突出了应用功能，既具备操作简单、性能稳定、价格低廉、维护简便等普通家电的优势，又能创造出某些新的实用功能。其中，信息家电的智能控制功能成为其主要亮点，如远程查看家电设备状态，以及控制家电等，如图 7-18 所示。

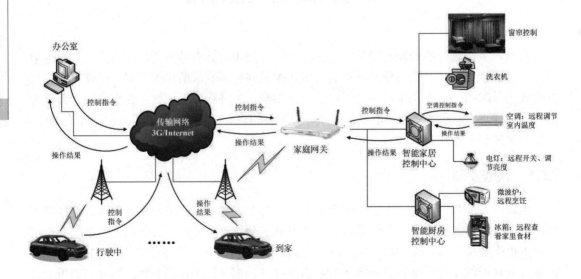

图 7-18　智能家居中的家电智能控制应用

7.5.3 智能娱乐

娱乐是家庭应用不可或缺的服务功能。随着网络通信技术的快速发展，智能家居进一步丰富了家庭娱乐服务，如图 7-19 所示。通过与网络服务云的连接，智能家居提供了更多的娱乐资源。同时通过家庭内不同设备的互联互通，实现了家庭内娱乐资源的快速实时共享。

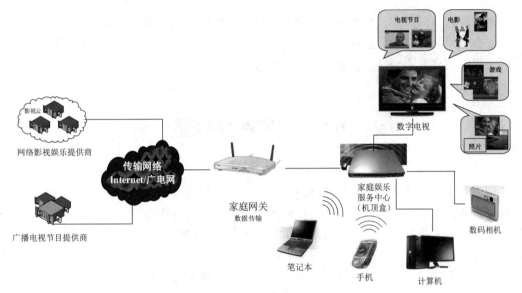

图 7-19　智能娱乐应用

第 8 章　智　慧　医　疗

智慧医疗是以医疗云数据中心为核心，以电子病历、电子健康档案和医疗物联网为基础，综合应用物联网、数据融合传输交换、移动计算和云计算等技术，跨越原有医疗系统的时空限制而构建的医疗卫生服务和管理体系。

8.1　智慧医疗概述

智慧医疗是智慧城市提供的典型服务之一，也是智慧城市的关键性服务。在这种服务模式下，居民的个人智慧医疗档案可被记录和传输到远程终端进行远程实时显示和远程分析，以供医务人员参考。当指标出现异常时，医务人员可对居民进行提醒与治疗，从而实现了居民与医务人员的信息交流，使得居民足不出户就能享受医务人员的相关医疗服务，在一定程度上方便了智慧城市管理，为居民提供了更便利的服务。

当代信息技术革命与生物医学技术革命为智慧医疗的发展奠定了基础，也正是这两大技术的结合促进了一种全新的医疗健康模式——智慧医疗的诞生，给疾病的治疗、创伤的恢复和卫生保健及卫生管理带来了更多的希望与期待。智慧医疗已经成为发达国家医疗保健系统的发展趋势。简单地讲，智慧医疗是指利用信息传输和终端技术将疾病的预防、诊断和治疗，以及卫生保健集于一体的新型的医疗保健模式。它包括电子病历、信息储存和传输、数字化医院、虚拟医院、远程医疗和网上会诊等重要组成部分，是医疗保健走向信息化、数字化和电子化的结果。针对目前智慧医疗网络的应用范围不广、功能不强、多种类型并存的现状，本章从网络应用的推广、安全、兼容性等方面考虑，提出一种新的智慧医疗网络架构。该智慧医疗网络架构的应用领域主要包括以下几方面。

(1) 个人智慧医疗档案：个人智慧医疗档案的建立，使得个人智慧医疗信息的存储与管理更方便。

(2) 健康在线：病人可以使用互联网在线寻找医疗保健信息，这在一定程度上有利于改变传统医疗模式下医生和患者之间信息不对称的局面。

(3) 基本的医疗法管理：医疗保健小组使用信息传输技术进行病人管理、医疗记录管理和电子处方管理。

(4) 家庭保健：由医疗保健专业人员通过远程传输技术进行的保健服务。

(5) 医院和病人的管理：可以使用信息传输技术对医院的后勤安排、病人信息、药物使用情况、护理情况等进行管理。

(6) 远程医疗和远程会诊：医院间的信息传输和医生之间的远程会诊。

(7) 继续医学教育：医疗保健专业人员可以通过智慧医疗进行继续医学教育。

(8) 监控与管理：国家卫生主管部门和地方卫生主管部门可以通过智慧医疗信息网络对各个医院、卫生防疫站和其他医疗保健机构进行监控与管理，从而提高医疗保健和公共卫生危机的反馈能力和应变能力。

 8.2　智慧医疗系统设计

8.2.1　功能需求

智慧医疗网络可借助计算机网络实现医疗服务的数字化、信息化，实现病人健康的实时监控和远程医疗，这对提高医疗水平、共享医疗资源、节省医疗开销有重要意义。以下是智慧医疗系统需具备的功能。

(1) 健康监测与数据收集：利用终端监测人体的各项生命特征值，并将这些数据按照一定的格式存储。这些数据将作为电子病历的内容，以及医生诊断病情的主要依据。

(2) 自动紧急呼叫：终端监测到数值异常时，会自动发出紧急呼叫信号，通知救援；另外，病人感觉身体不适时也可以主动发起呼叫。

(3) 网络自动检测与连接：网络终端可以自动检测环境周围的网络，并且自动进行网络的认证和连接。

(4) 电子病历的创建和管理：病人的资料传输到医院的服务器端时，服务器端会根据病人的个人信息，记录病人当前信息，形成病人电子病历。

(5) 辅助诊断：服务器端会根据病人的身份将病人的病历等相关资料发送到医生客户端，帮助医疗人员更好地了解病人的病情，并且将医生的诊断结果发送到远端的客户端，方便远端的医疗人员进行紧急治疗。

(6) 疾病预防：通过全面体检，建立智慧医疗档案，对个人的健康状况进行分析、评估、预测、预防和治疗的全过程。根据健康评估预测可能发生的疾病，对疾病发生的危险性进行数字化的分析和管理，并提出有效的预防措施。当发现疾病时，为病人就诊提供全方位的医疗服务，并提出治疗的建议。

(7) 安全管理：对客户端收集到的病人的私人信息进行安全管理，包括用户的身份认证、用户数据的加密、病人病历访问的权限等有关病人的私人信息的管理，这在网络的推广和应用中是非常重要的。

8.2.2　智慧医疗网络架构

智慧医疗的主要目的是实现医疗系统的信息化和数字化，通过网络来为病人提供更好、更方便的医疗服务，全面改善医疗资源难以共享、分布不平衡等带来的各种问题。根据智慧医疗的功能需求，所设计的网络架构如图 8-1 所示。

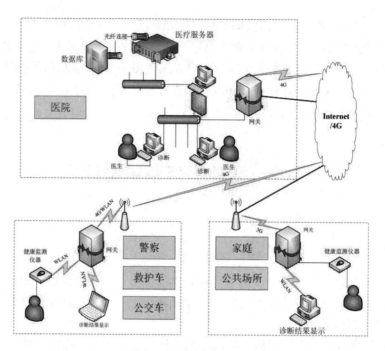

图 8-1　智慧医疗网络架构

　　智慧医疗网络采用典型的 C/S 网络架构，分为客户端和服务器端两大部分。客户端主要监测病人的身体状况，并将数据发送到服务器端。客户端分为网关和数据监测客户端。网关的主要功能是将数据监测客户端传输来的数据进行分类封装和加密；数据监测客户端负责监测用户的各项生命特征值(如体温、心率等)。服务器端则负责接收和处理客户端发送来的数据，即根据病人的相关数据产生相应的诊断结果及治疗方法，并返回到客户端。

8.2.3　智慧医疗系统结构

　　在智慧医疗网络架构的基础上，设计智慧医疗系统结构，如图 8-2 所示。整个系统包括了以下几个部分：客户端感知网络、数据传输网络、医院网络以及智慧医疗数据中心。

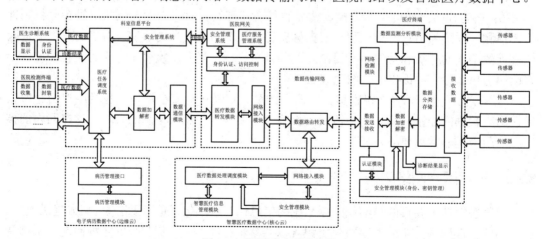

图 8-2　智慧医疗系统结构

(1) 客户端感知网络。客户端感知网络主要由各种传感器以及医疗终端两个部分组成。传感器负责收集各种医疗信息，如心跳、脉搏、血压、体温等，并及时将这些信息传输给用户携带的医疗终端进行存储和转发。为了节约能源和便于传输，传感器以一定的时钟频率进行工作，即每隔一段时间，传感器收集一次数据并传输出去。医疗终端负责接收和转发传感器收集的各种数据。此外，医疗终端还具有对数据进行初步分析的功能，如果出现异常将主动呼叫医院。

(2) 数据传输网络。数据传输网络负责对数据进行传输，主要包括 3G/4G、计算机网络等用户常用的通信网络。

(3) 医院网络。医院网络负责对传输来的信息进行处理，主要包括医院网关、科室信息平台、医生诊断系统、电子病历数据中心等。医院网关负责对传输的数据进行安全控制，实现对用户身份的认证以及服务的访问控制。科室信息平台负责对传输的医疗数据进行调度，按照一定的调度策略将数据转发给相应的医生进行处理。医生诊断系统通过可视化的操作界面实现医生对用户的远程诊断。诊断完成后，医生需要向用户反馈诊断结果，同时将该次的诊断信息传输到电子病历数据中心和智慧医疗数据中心进行保存。

(4) 智慧医疗数据中心。智慧医疗数据中心由政府负责建立和维护，负责对日常收集的用户健康信息进行存储，同时将用户的电子病历信息进行备份和保存。与电子病历数据中心的区别在于电子病历数据中心只记录用户的看病史，对于日常收集的用户健康信息不予保存；电子病历数据中心以医院为单位，每家医院均有自己的电子病历数据中心，但智慧医疗数据中心是区域性质的，一般以地区为单位，例如西安市雁塔区就可以建设一个智慧医疗数据中心。

8.3 医疗终端的设计与实现

8.3.1 功能概述

医疗终端是感知医疗信息的终端设备，是整个智慧医疗系统的重要组成部分。医疗终端的主要功能是采集用户的健康信息，这些信息经过智慧医疗网络系统的处理，将成为用户电子病历记录和智慧医疗信息。医疗终端的便携性、稳定性、安全性、可操作性以及价格会影响整个智慧医疗系统的发展和推广。

根据业务需求，医疗终端的主要功能是收集各种传感器监测的数据并及时将数据发送出去。它包括以下几个模块：数据监测模块、数据显示模块、网络监测模块、安全管理模块和数据通信模块。各模块在终端中的层次分布如图 8-3 所示。

(1) 数据监测模块。主要功能是接收各种智能传感器所监测到的数据，将这些数据临时存储起来，并分析所监测的数据是否发生异常，若发生异常，则产生异常信号。

(2) 数据显示模块。它主要负责一些模块执行结果的显示。例如，安全管理模块会将认证失败或者成功的消息发送至该模块，网络监测模块会将是否监测到网络信号的消息发送至该模块。

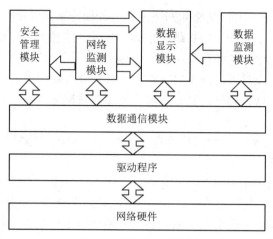

图 8-3　模块软件层次图

(3) 网络监测模块。主要功能是监测医疗终端周围是否存在网络信号。如果存在网络信号，则自动将终端接入网络；如果存在多种网络，则按照一定的策略来判断网络的性能，自动选择性能最好的网络接入，并将接入网络的信息发送至安全管理模块和数据显示模块。

(4) 安全管理模块。主要功能是当网络监测模块监测到医疗终端周围存在网络信号时，自动进行认证接入，认证成功后向数据显示模块发出认证成功信号。

(5) 数据通信模块。它负责将来自其他模块的数据加密、封装并发送出去。通常，根据安全管理模块保存的密钥进行加密，按照网络监测模块所选择的通信方式进行封装。此外，该模块将从外部网络接收到的数据解密、拆分，发送至各个模块。

在这 5 个模块的协调工作下,医疗终端就可以将接收到的健康数据发送到接入的网络中。

8.3.2　医疗终端软件架构

根据医疗终端的功能要求以及各模块的工作关系，在操作系统层以及各通信模块厂家所提供的驱动程序的基础上进一步设计了医疗终端软件架构，如图 8-4 所示。

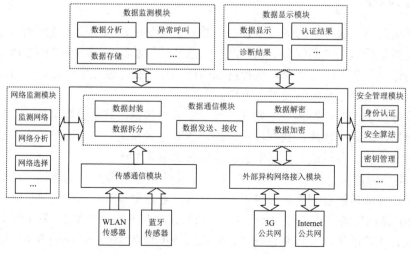

图 8-4　医疗终端软件架构

(1) 异构网络接入模块。该体系结构中，最底层是异构网络的接入模块，包括传感通信模块以及外部异构网络接入模块，用于实现医疗终端与内部医疗传感器以及外部通信网络的数据交流。该模块负责从传感器网络中接收数据，并将经过处理的数据通过公共网络传输出去。由于内部传感器中多种通信机制并存，而外部的通信网络也包括 3G、Internet 等多种网络，因此该模块需要集成多种通信模块才能实现异构网络的接入。

(2) 数据通信模块。网络接入后由数据通信模块负责接收数据。该模块要能处理在不同通信协议、模块中传输进来的不同格式的数据，经过解密、拆分数据包等处理，将应用数据发送到上层应用软件模块进行处理。同时根据网络监测模块监测到的通信方式，将从上层应用软件模块接收到的数据加密、封装成相应通信方式的格式，然后将数据发送到异构网络接入模块，经过公共网络传输出去。

(3) 数据监测模块。上层应用软件模块中，数据监测模块负责处理从传感通信网络中接收到的数据。该模块接收到下层传送的数据时，会将数据按照不同的种类存储，同时将该数据与相应种类的标准值对比，即进行数据分析。在监测的过程中如果出现异常，则产生异常信号。

(4) 数据显示模块。根据用户的需要显示各模块的执行结果，如数据监测模块监测到的实时数据，医院诊断系统返回的诊断结果等。

(5) 网络监测模块。该模块负责监测网络，若存在多种网络，则按照一定的策略选择最优的网络接入。

(6) 安全管理模块。该模块负责管理终端数据加密所需要的信息，对用户身份进行认证。

医疗终端中各模块数据流如图 8-5 所示。

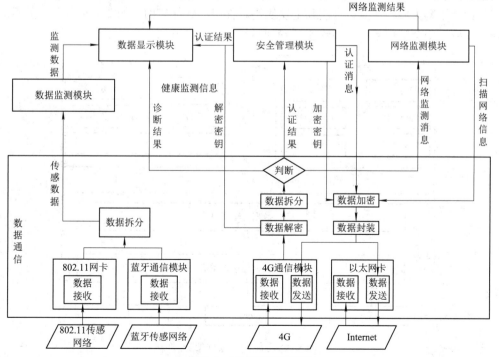

图 8-5　医疗终端数据流

8.4　医院网关的设计与实现

8.4.1　功能概述

医院网关是连接内部医院网络和外部数据传输网络的关键设备。医院内的各种信息平台和设备均需要通过它与外部网络进行信息交互，同时也实现了医院内部各科室平台间的信息交互。医院网关需要提供网络接入、网关数据路由等基本功能。

此外，在网关基本功能的基础上需要构建安全管理系统以及医疗服务管理系统。安全管理系统能够提供身份认证、密钥管理、防火墙过滤、网络日志记录等功能。医疗服务管理系统负责管理和向用户发布各种医疗服务信息，同时控制对服务的访问。

8.4.2　医院网关软件架构

医院网关软件平台主要包括基本系统软件层、核心功能软件层以及上层应用软件层 3 个层次。基本系统软件层由操作系统和驱动程序组成，负责与底层的通信硬件进行交互，实现对硬件的控制。核心功能软件层负责对基本系统软件层的软件进行封装和整合，并向上层应用屏蔽底层接口差异。上层应用软件层包括安全管理系统和医疗服务管理系统两个软件系统，负责网关中的安全控制以及服务查询、定制等功能。

根据医院网关的逻辑功能，在操作系统以及各通信模块厂家所提供的驱动程序的基础上进一步设计了网关核心功能软件层和上层应用软件层的软件架构，如图 8-6 所示，主要由核心功能系统、安全管理系统、医疗服务管理系统 3 个系统组成。

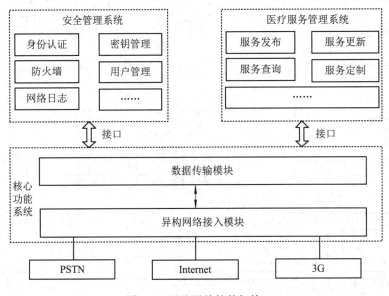

图 8-6　医院网关软件架构

(1) 核心功能系统。核心功能系统主要包括异构网络接入模块和数据传输模块，用于接入外部数据传输网络，从而实现医院内部与外部网络之间的数据包传输和转发。

(2) 安全管理系统。针对外部网络日益增长的安全威胁，在核心功能系统的基础上设计了安全管理系统，主要用于保障医疗信息传输的安全，进行身份认证，对违反设定规则和策略的服务使用建立日志记录，以便跟踪、查询和处理。通过建立防火墙，可以抵抗非法用户的入侵，同时保证正常业务流能通过防火墙。

(3) 医疗服务管理系统。针对医院提供的不同种类、不同需求的服务和应用，建立医疗服务管理系统。该系统负责对这些服务信息进行统一管理，实现服务发布、服务更新、服务查询、服务定制等功能，从而保障业务和应用的正常运行。

医院网关中各模块间具体的数据流如图8-7所示。

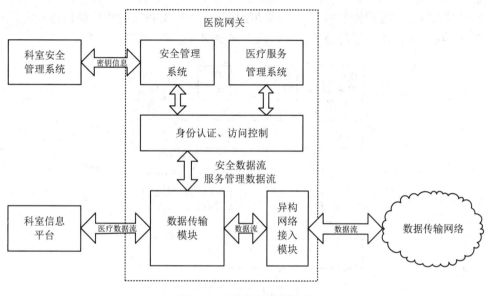

图 8-7　医院网关数据流图

8.5　科室信息平台的设计与实现

8.5.1　功能概述

科室信息平台负责对接收的医疗信息数据进行解密，然后通过医疗任务调度系统分配给相应的医生进行诊断操作。该平台的功能主要包括医疗任务调度、医疗数据安全管理等。

医疗任务调度系统作为科室信息平台的核心，在电子医疗工作过程中起着非常重要的作用，相当于网络通信中的"路由器"，为通信的双方(这里指医生终端和用户身体分类信息)建立路由连接。

调度可以决定用户身体某一部位(例如眼睛、心脏等)的信息应该被发送给哪一个科室的哪一个医生进行诊断。该系统就是接收已经分好类的用户身体信息数据，数据经过调度之后，分发给医生终端。医生在终端根据用户的病历对用户的身体信息进行诊断后，将结果和医嘱返回给该系统，并在日志中对医生的诊断进行记录。该系统再将结果和医嘱汇总后以病历的形式发送给用户，并更新电子病历数据中心以及智慧医疗数据中心的病历。

8.5.2　医疗任务调度系统软件架构

医疗任务调度系统负责接收用户和医生传来的数据，将数据处理后再发送给用户或医生。所以，该系统实际上可以看作是由两台并行的服务器组成的，一台服务器负责与用户终端进行交互，另一台负责与医生终端进行交互。由于该系统的核心部分是任务调度模块，即将接收到的用户身体信息进行调度之后发送给医生终端，因此任务调度模块起到了连接两个服务器的作用。

根据对系统工作过程的分析和系统的功能概述，可以将系统的软件架构划分为三大模块：用户终端交互模块、任务调度模块、医生终端交互模块，如图 8-8 所示。

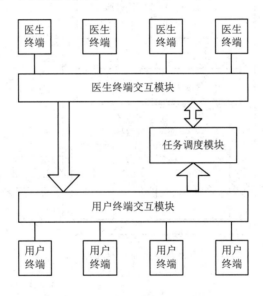

图 8-8　医疗任务调度系统软件架构

(1) 用户终端交互模块。用户终端交互模块是该系统中与用户终端交互的主要模块，交互的过程采用 C/S 架构。该模块主要负责与用户终端的连接，接收并分类存储用户传送过来的身体分类信息，接收并存储用户的基本信息，汇总所有的诊断结果，生成病历，反馈病历给用户，以及更新电子病历数据中心的病历。该模块除了能够与用户交互，还能通过外部网络与智慧医疗数据中心进行通信，以便对智慧医疗数据中心的病历进行更新。

(2) 任务调度模块。任务调度模块是该系统的核心部分，该模块根据存储的用户身体分类信息和医生的信息进行任务的调度。任务就是等待被诊断的已经分好类的用户身体信息。该模块实现的关键是调度算法的选择。该模块要有很好的扩展性，当有更加优越的调度算法出现时，能够替换现有的算法，而不需要对系统做很大的改动。

(3) 医生终端交互模块。医生终端交互模块是该系统中与医生终端进行交互的模块，交互的过程中采用 C/S 架构。该模块主要负责医生终端的接入、医生的登录身份认证、医生信息的管理、调度任务的分发、诊断结果的存储、日志记录，以及病历的管理。

需要注意的是，医生终端是医生用来处理任务的终端程序，其本身不属于该调度系统；用户终端是用户采集信息以及进行信息分类和发送的终端设备，其本身也不属于该调度系统。

8.6 医生诊断系统的设计与实现

8.6.1 功能概述

医生诊断系统的设计主要是为了对医疗任务调度系统分发的任务进行处理。该系统提供的功能主要有医生登录、医生注册、医生主动请求任务、医生被动接受任务，以及医生查看用户的历史病历信息、查看日志和发送诊断结果等。因为该终端是 UI 客户端，所以能够提供友好的用户交互是非常重要的。

8.6.2 医生诊断系统软件架构

根据医生诊断系统的功能分析，可以将该系统的软件架构分为三个层次，每一层为上层提供服务，同时使用下层提供的服务。总体架构如图 8-9 所示。

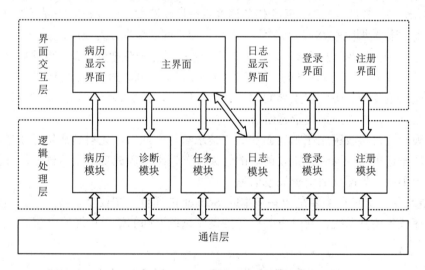

图 8-9 医生诊断系统软件架构

医生诊断系统软件架构的三层分别为界面交互层、逻辑处理层和通信层。界面交互层主要给医生提供操作界面，将逻辑处理层提供的操作结果可视化。逻辑处理层主要负责响应医生在界面交互层的交互请求，进行必要的逻辑处理和数据封装，然后发送给通信层，同时接收通信层返回的数据，进行必要的格式转换后传送给界面交互层进行显示。具体功能如下。

(1) 界面交互层。从系统软件架构中可以看出，界面交互层主要有注册界面、登录界面、日志显示界面、主界面、病历显示界面五个界面。

注册界面主要给新医生提供注册本系统的可操作界面。医生在该界面填写自己的基本信息，即可完成注册。

登录界面主要给医生提供登录本系统的可操作界面。医生可以在登录时指定自己的工作状态，同时该界面还能给用户提供跳转到注册界面的按钮。

主界面是为医生工作提供的可操作界面。该界面可以显示当前要处理的用户的身体信息，医生还可以通过该界面主动请求任务、填写诊断结果，以及查看用户病历信息和日志等。

(2) 逻辑处理层。逻辑处理层分为注册模块、登录模块、日志模块、任务模块、诊断模块、病历模块。

注册模块主要负责处理注册界面的事件，如封装注册信息。其主要的逻辑功能包括对注册信息的合法性进行判断，例如判断该医生是否已经注册等。

登录模块负责处理登录界面的交互请求，如封装医生的登录信息，进行必要的逻辑设计等。其主要的逻辑功能包括医生登录次数的控制、医生登录结果的判断等。

日志模块主要接收医生在主界面的日志请求事件。通常，先封装请求数据，然后通过通信层发送出去，同时会接收请求的结果。若请求日志成功，则新建日志显示界面显示日志，否则向主界面返回请求失败信息。

任务模块主要处理两类任务，一类是医生在主界面主动请求的任务，另一类是由医疗任务调度系统分发的任务。当医生主动请求任务时，该模块将请求传递给通信层，由通信层将请求发送给医疗任务调度系统，医疗任务调度系统接受请求，进行相应处理后将结果发给医生诊断系统。该模块根据收到的结果给主界面传递不同的信息。若获取任务成功，则该模块将任务信息传递给主界面进行显示，否则传递给主界面获取失败的信息。当医疗任务调度系统主动向医生诊断系统分发任务时，该模块会接受任务，同时给主界面提示信息。

诊断模块主要接收医生在主界面填写的诊断结果，然后将医生的标识以及诊断时间封装到诊断结果中，再将结果交给通信层。

病历模块主要接收医生在主界面的病历请求事件。通常，先封装病历标识数据，然后通过通信层发送出去，同时会接收请求的结果。若请求病历成功，则新建病历显示界面显示病历，否则向主界面返回请求失败信息。

(3) 通信层。通信层主要是一些基本的 Socket 的通信，主要负责将上层封装好的数据发送给医疗任务调度系统，同时将医疗任务调度系统返回的结果传递给上层。

8.7 智慧医疗数据中心的设计与实现

8.7.1 功能概述

智慧医疗数据中心主要由第三方(一般是政府机构)搭建，是智慧医疗系统存储、管理采集到的数据的核心系统，也是整个智慧医疗系统的核心组成部分。智慧医疗数据中心的主要功能是存储和管理用户的健康信息，包括用户的电子病历、用户的日常健康监测信息。该系统对数据的安全性，以及数据检索、数据存取的高效性有着非常严格的要求。

　　该系统将收集到的各种健康信息，按用户标识和数据属性分类存储、管理。该系统可为医疗机构诊断病人病情提供参考、为政府机构制定相关卫生条例提供准确的资料、为宣传和预防各种流行病提供详实数据。

　　该系统可分为四大功能模块，分别为网络接入模块、医疗数据处理调度模块、安全管理模块和智慧医疗信息管理模块。各模块间层次关系如图8-10所示。

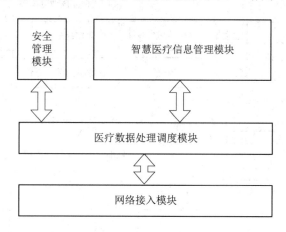

图 8-10　智慧医疗数据中心功能模块层次图

　　(1) 网络接入模块：连接外部异构网络；屏蔽外部异构网络数据传输格式的差异；保证网络连接正常，数据通信链路不中断。

　　(2) 医疗数据处理调度模块：负责数据的加密、解密；负责数据的拆分、封装；对数据进行分析，判断数据类型；调用智慧医疗信息管理模块提供的函数对数据进行管理。该模块是整个系统的核心。该模块接到认证成功的消息后就可以接收来访数据。如果医疗人员认证成功，该模块会根据医疗人员发出的指令，调用智慧医疗信息管理模块提供的函数接口，对数据进行相应的操作。

　　(3) 安全管理模块：自动对来访数据进行认证，认证成功后向医疗数据处理调度模块发送认证成功信号。

　　(4) 智慧医疗信息管理模块：将用户的各种医疗数据按照一定的格式存储起来，采用数据库系统，对外提供数据操作的接口，如添加用户、添加属性、数据更新、数据删除、数据调用等功能接口。

8.7.2　智慧医疗数据中心软件架构

　　根据智慧医疗数据中心的功能要求以及各模块的工作关系，在操作系统以及各通信模块厂家所提供的驱动程序的基础上进一步设计智慧医疗数据中心核心软件层和应用层软件的架构，如图8-11所示。

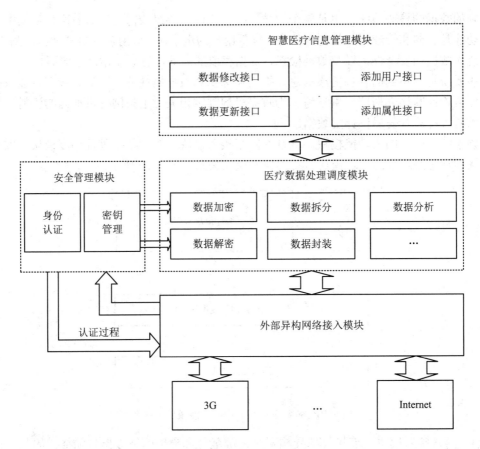

图 8-11　智慧医疗数据中心软件架构

(1) 外部异构网络接入模块。最底层的外部异构网络接入模块用于实现智慧医疗存储系统与外部通信网络的数据交流。由于外部的通信网络包括 3G、Internet 等多种网络，因此该模块需要集成多种通信模块以实现异构网络的接入。

(2) 医疗数据处理调度模块。网络接入后由医疗数据处理调度模块负责接收数据。该模块要能处理不同通信协议、模块中传输进来的不同格式的数据，经过解密、拆分数据包等操作，将应用数据发送到上层模块进行处理。同时根据网络的通信方式，将从上层模块接收到的数据加密、封装成相应通信方式的格式，然后将数据发送到外部异构网络接入模块，经过公共网络传输出去。同时该模块调用智慧医疗信息管理模块所提供的数据处理接口来处理所接收到的数据。

(3) 智慧医疗信息管理模块。智慧医疗信息管理模块主要用于数据的存储和管理，可应用数据库系统管理数据，向医疗数据处理调度模块提供数据处理的接口。随着大数据时代的到来，针对不同类型的医疗数据，可以采用不同的数据库技术。

(4) 安全管理模块。安全管理模块负责管理数据加、解密所需要的信息，并对访问者身份进行认证。

智慧医疗数据中心中各模块之间的数据流如图 8-12 所示。

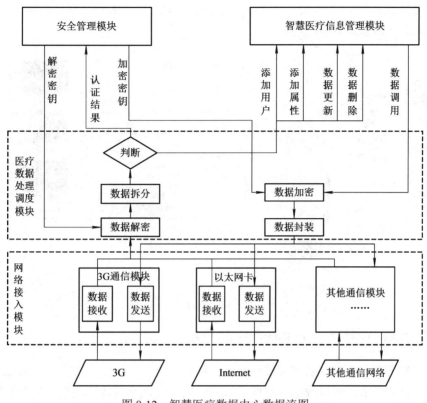

图 8-12　智慧医疗数据中心数据流图

 ## 8.8　智慧医疗典型应用

　　我国的医疗卫生体系正处于临床信息化向区域医疗卫生信息化发展的阶段，物联网技术的发展，满足了居民关注自身健康的需要，推动了医疗卫生信息化产业的发展。智慧医疗应用潜力巨大，能够帮助医院实现对人的智能化医疗和对物的智能化管理工作，支持医院内部医疗信息、设备信息、药品信息、人员信息、管理信息的数字化采集、处理、存储、传输、共享等，实现物资管理可视化、医疗信息数字化、医疗过程数字化、医疗流程科学化、服务沟通人性化，能够满足医疗健康信息、医疗设备与用品、公共卫生安全的智能化管理与监控等方面的需求，从而解决医疗平台支撑薄弱、医疗服务水平整体较低、医疗安全生产存在隐患等问题。

8.8.1　智慧医疗在家庭中的应用

　　智慧医疗在家庭中的应用体现在，人们可以在家中通过网络进行预约、挂号；人们不再需要在检查部门等候检查结果，各种诊疗影像和数据可以通过网络直接传送到主治医生的面前，医生可以及时、准确地对病人做出诊治。基于互联网、有线电视等的私人医疗保健服务和公众医疗咨询服务，将随时提醒大众进行身体检查、预测某种疾病的产生和发展，并向病人推荐新的治疗方法,使得病人足不出户就能享受医生的相关医疗保健服务。图 8-13 描述了智慧医疗在家庭中的应用。

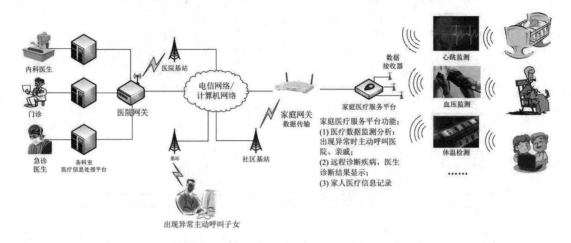

图 8-13　智慧医疗在家庭中的应用

8.8.2　智慧医疗在社区、公共场所中的应用

在社区和公共场所中,智慧医疗也有很大的应用空间。比如,在老年人活动中心、公园、超市等公共场所,可以设置智慧医疗站点。当市民在公共场所遭遇突发疾病的时候,可以快速有效地接受远程医疗服务,极大地方便了居民生活。图 8-14 展示了智慧医疗在社区、公共场所中的应用。

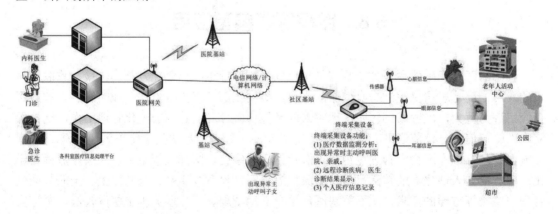

图 8-14　智慧医疗在社区、公共场所中的应用

8.8.3　智慧医疗在救护车上的应用

智慧医疗在救护车上的应用,可以使病人在前往医院的途中即可接受治疗,从而最大程度地缩短治疗时间,为抢救病危病人提供了有力保障。

患者在进入救护车之后,医生会立即接通各种仪器,只要在一台电脑中输入患者的身份证号,就可以迅速调出智慧医疗档案,从而得到血型、既往病史、过敏药物等一系列患者的信息。与此同时,监护仪上所有的生命体征信息也通过蓝牙同步到电脑上,救护车上的医生就可以立即与目的地医院、120 指挥中心进行视频会诊,各方就可以清晰地看到患者的真实情况,准确地诊断患者的病情,医院也能及时为患者做好各项急救准备。这样,患者一到医院,就可以立即进入手术室,这为抢救病人争取到了更多的时间。图 8-15 展示了智慧医疗在救护车上的应用。

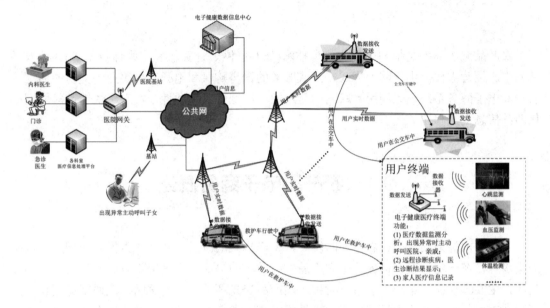

图 8-15　智慧医疗在救护车上的应用

第 9 章　农产品电子商务系统

农产品电子商务是指利用现代信息技术(如互联网、计算机和多媒体技术等)为涉农领域的生产经营主体提供在网上完成产品或服务的销售购买和电子支付等业务交易的活动。农产品电子商务系统充分利用互联网的易用性、广域性和互通性,实现了快速可靠的网络化商务信息交流和业务交易。

9.1　农产品电子商务概述

随着国内经济的发展,农业不断发展,生产模式的改进、生产要素投入的增加、技术的进步等,在一定程度上都促进了农产品生产效率的提高。但是现阶段农产品仍存在诸多问题,主要表现在:第一,信息不对称,农产品交易环节价格不透明,流通渠道冗长,产消两端市场信息沟通不顺畅等导致的交易成本高、效率低,同时消费端的准确信息也无法快速有效地反馈到上游种植、养殖、加工等环节;第二,农产品生产与销售脱节,质量难以监控。

随着互联网时代的来临,借助"互联网+"信息技术,构建了农产品电子商务系统。该系统,突破了时空限制,实现了随时随地互联互通,改变了信息不对称的现象,实现了产销两端的紧密结合,提高了生产效率;同时采用多方位的监控和管理技术,提高了生产工具、劳动力、土地、资本等多方面的配置与利用率,提高了农产品质量。总之,基于物联网、大数据技术构建的农产品电子商务系统作为面向智慧城市消费者的典型应用,实现了生产端农产品的生产过程可监控、质量可鉴别,物流端产品可实时跟踪,消费端可快速订购、可支付等多样化功能,真正将物联网技术带来的高效便利延伸至千家万户,是智慧农业的关键组成部分。

9.2　农产品电子商务系统设计

9.2.1　需求分析

目前我国的食品健康行业存在以下问题:

(1) 农副食品安全问题。我国食品安全方面事故频发，其中一个很重要的原因是从生产到销售缺乏监管。加大对农副产品从生产到流通的整个流程的监管，则可以降低食品安全隐患。但现在的食品供应链有一个突出的矛盾：农民种出了绿色健康有机食品，却找不到销售渠道；而喜欢吃绿色健康有机食品的家庭，又买不到称心的食品，绿色健康有机食品在菜市场的品种少且上新慢。随着对食品安全的重视，绿色农业大有可为，物联网则可在这方面发挥重要的作用，通过某种途径实现"从田间到灶头"的严格安全把控。

(2) 农产品的培育和控制方法问题。培育、控制农产品的方法不当，会导致蔬菜、水果等农产品的新鲜程度、营养成分、营养价值不够，培育的农产品不仅不能满足消费者的需求，也不利于商家的销售。智慧农业的一个突出表现是智能化培育控制，即通过在农业园区安装生态信息无线传感器和其他智能控制系统，可对整个园区的生态环境进行监测，从而及时掌握影响园区环境的一些参数，并根据参数变化适时调控诸如灌溉系统、保温系统等的基础设施，确保农产品有较好的生长环境，以提高产量、保证质量。

针对以上两个问题，可设计基于物联网技术的农产品电子商务系统，为各类用户提供个性化的农场服务。在这种服务模式下，农场采取在有偿租赁划分地上自主种植相应农作物的形式，向用户提供农场资源的订购服务(菜地租用)。用户订购该农场提供的服务后，农场技术工作人员为用户提供相应的配套服务，辅助用户种植好自己的作物，并布设传感器节点对菜地的土壤温度、湿度、空气含量等指标进行监测，以便进行农作物信息采集与分析。农场将网络技术与生态农业相结合，用户可以通过网站对自家菜地进行在线实时监控和发布指令，随时掌握自家菜地的种植情况，并将意见反馈给农场技术工作人员。农场配有专业的农艺师，可进行 7×24 小时的农作物照管和咨询服务。农作物成熟后，农场将通过网络、短信、电话等方式通知用户，用户可选择自行前往采摘，或者可选择送货上门等服务。

农产品电子商务系统以生态农业为基础，以现代 IT 技术和物联网技术为手段，以绿色、环保、创新为宗旨，以休闲、娱乐、教育等为理念，发展无污染、无公害的花果蔬菜、畜禽产品，拓展特色农业范畴，促进了本地区新型农业服务的发展，给不同家庭用户提供个性化服务。

9.2.2　农产品电子商务系统网络结构

农产品电子商务系统采用了复杂的网络结构，其网络场景包括移动终端、信息家电、电子商务系统平台等不同的网络实体，这些实体在农产品电子商务系统中所处的位置不同，所具备的功能也不相同。具体的农产品电子商务系统网络结构如图 9-1 所示。

农产品电子商品系统在现有电子商务系统的基础上进行了突破和创新，引入了多方销售、购买的思想，既满足了城市白领、因空余时间少而无法选购蔬菜的中青年的消费需求，也满足了因行动不便、无法承载蔬菜重量的老年人和残疾人的日常需要。此外，农产品电子商务系统建立了一个集成化的销售和购买平台，既可以允许超市发布经过自己采集、加工生产的蔬菜产品，也允许农场主针对本区域居民发布本农场的蔬菜信息，满足不同人群、不同经济消费能力的用户的需求。此外，本系统采用物联网技术，将产品的物流跟踪、产品溯源、农场产品监控、库存量实时观测、产品支付等环节最大限度地向用户展示，增强了用户的购物体验，解决了日常生活的不便。

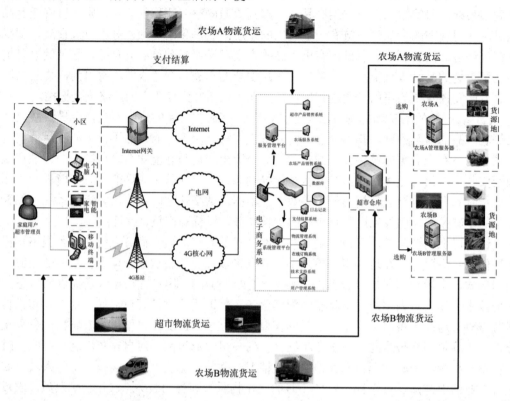

图 9-1　农产品电子商务系统网络结构图

　　整个农产品电子商务系统的搭建所需要和所参与的实体包括用户(家庭用户、超市管理员等)、家电设备、接入网络(Internet、广电网、4G 核心网)、电子商务系统、农场、物流公司、银行和电信运营商等。

　　(1) 用户。用户是使用电子商务系统来完成蔬菜选购的部分，包括家庭用户、超市管理员等。

　　(2) 家电设备。家电设备是用户访问电子商务系统所需要的终端设备，包括个人电脑、智能家电、移动终端等。

　　(3) 接入网络。用户访问电子商务系统所需使用的接入网络包括 Internet、广电网、4G 核心网等。通过设定不同的网络接入方式，可满足用户随时随地通过各种方式购买蔬菜的需要。

　　(4) 电子商务系统。电子商务系统是农产品电子商务系统网络结构中的核心部分，集成了两种不同的销售模式，即 B2C 的超市产品销售系统和 C2C 的农场产品销售系统。超市产品销售系统向各大农场采购蔬菜，进行整合、加工后向顾客出售；农场产品销售系统通过向本区域内的居民提供种类丰富、档次不一的蔬菜，使得消费者能够接触到最新鲜、最纯正的蔬菜，使得消费者在购买时增添了一种渠道。

　　(5) 农场。农场是进行蔬菜种植、培育的专门机构，不仅向超市大量提供蔬菜，供其加工销售，也直接向消费者提供档次不一、质量各异的蔬菜，满足消费者对饮食搭配的特殊需求。此外，农场还提供了其他服务，如向消费者提供"我的农场"服务，为消费者选购菜地，按照消费者的需要栽种蔬菜，并提供菜地信息实时监测的服务，如实时提供土壤温度、湿度、蔬菜长势等信息，让消费者直观、放心地选购蔬菜，并参与到蔬菜的制作和加工过程中来。

(6) 物流公司。物流公司负责对货物进行物流配送。引入物联网技术之后，消费者和商家能实时查看货物的运行路线，这也极大地方便了消费者的购买需要。

(7) 银行和电信运营商。银行和电信运营商主要参与电子商务交易活动的支付结算环节，消费者可以通过各大银行的网上银行支付，也可以通过现金支付。随着物联网的不断发展，手机支付越来越流行，支付结算方式的多样化使得消费者轻松购物。

9.2.3 农产品电子商务系统总体结构

农产品电子商务系统包括新闻和产品发布系统、用户管理系统、在线订购系统、支付结算系统、物流管理系统、查询搜索系统、技术支持系统、统计管理系统、农场服务系统和用户界面设计系统 10 个子模块。不同的模块完成不同的功能，且很多模块之间紧密相关，这些模块共同组建成了农产品电子商务系统。农产品电子商务系统总体结构如图 9-2 所示。

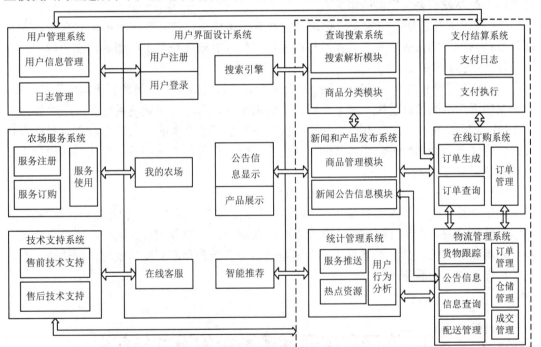

图 9-2 农产品电子商务系统总体结构

(1) 新闻和产品发布系统。新闻和产品发布系统负责新闻和公告信息的发布以及产品的上架、删除、更新，它需要为用户界面设计系统、技术支持系统、在线订购系统、查询搜索系统提供接口，并享受物流管理系统提供的服务。

(2) 用户管理系统。用户管理系统主要管理个人用户和管理员用户，负责用户信息注册、用户信息修改、用户服务管理。它需要向用户界面设计系统提供接口，并享受支付结算系统、在线订购系统提供的服务。

(3) 在线订购系统。在线订购系统为不同类别的用户提供商品购买服务，用户通过选择商品、加入购物车、生成订单等操作完成订购，并将订单信息发给支付结算系统和物流管理系统进行处理。本系统还包括订单信息的查询，以及订单的增加、删除、修改功能。它需要向用户管理系统、新闻和产品发布系统、支付结算系统、技术支持系统提供接口，享受物流管理系统提供的服务。

(4) 支付结算系统。支付结算系统通过接受在线订购系统的订单，运用不同的支付结算方法，调用相应的支付结算接口，如移动支付、POS 机支付、网银支付、现金支付等，完成支付结算功能。它需要向用户界面设计系统、在线订购系统提供接口。

(5) 物流管理系统。物流管理系统完成物流管理功能，不仅面向消费者，也面向超市销售商和农场供应商。它包括仓储管理、信息管理、订单管理、货物跟踪、配送管理等基本功能。它需要向在线订购系统、统计管理系统、技术支持系统、新闻和产品发布系统提供接口。

(6) 查询搜索系统。查询搜索系统对不同农产品进行分类上架管理，并接受用户的搜索请求，即时返回满足用户需求的商品情况。它需要向用户界面设计系统提供接口，并享受新闻和产品发布系统提供的服务。

(7) 技术支持系统。技术支持系统为消费者提供售前、售后技术服务，它享受新闻和产品发布系统、物流管理系统、在线订购系统、统计管理系统提供的服务，需要向用户界面设计系统提供接口。

(8) 统计管理系统。统计管理系统帮助消费者实现智能推荐、帮助商家实现智能决策，它需要向用户界面设计系统、技术支持系统提供接口，享受物流管理系统提供的服务。

(9) 农场服务系统。农场服务系统是农产品电子商务系统的一大特色，它负责向农场提供服务注册，为用户提供服务订购，使用户享受个性化的农场服务，它需要向用户界面设计系统提供接口。

(10) 用户界面设计系统。用户界面设计系统向用户、管理员提供图形化界面，使用户能够轻松享受系统提供的智能服务，包括浏览商品、关注我的农场、智能推荐、在线客服、搜索引擎等，使管理员能够方便地管理系统。在后台，用户界面设计系统需要用户管理系统、农场服务系统、技术支持系统、查询搜索系统、新闻和产品发布系统和统计管理系统的接口提供相应的服务。

9.3 农产品电子商务系统的设计与实现

9.3.1 新闻和产品发布系统

1. 功能概述

新闻和产品发布系统主要用于发布电子商务系统公告、实时的商品促销信息以及商品相关信息等，其显著特点是内容更新快，信息量相对比较大。

2. 新闻和产品发布系统的设计与实现

新闻和产品发布系统包括新闻发布和产品发布两个部分，面向超市供应商和农场农产品供应商。新闻发布主要是针对商品优惠信息和最新资讯的发布，引导消费者消费。产品发布主要是对所拥有商品的上架信息的发布，以供消费者进行挑选、购买。该系统与用户界面设计系统紧密联系，所有的新闻公告和产品信息都通过用户界面设计系统显示。此外，超市管理员和农场农产品管理员还负责对农产品信息进行实时更新，通过商品的添加、删除、修改操作，保持超市仓库库存信息和农场库存信息的真实性。

新闻和产品发布系统包括两个方面的功能：一方面，用户可以通过登录网站浏览新闻公告、促销商品信息和所有商品的信息，例如当用户使用电子商务系统时，系统会显示新闻和商品条目，包括电子商务系统的最新动态和促销商品的报价、商品的相关信息；另一方面，管理员可以在后台更新新闻公告和商品信息，例如管理员可添加、修改和删除新闻公告，还可添加、修改和删除商品上架和下架信息、商品价格、商品数量等。

新闻和产品发布系统软件设计架构如图 9-3 所示。

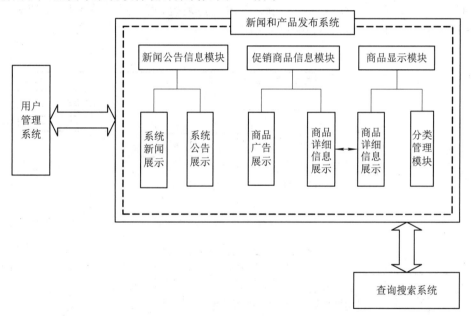

图 9-3　新闻和产品发布系统软件设计架构

新闻和产品发布系统主要分为三个模块：新闻公告信息模块、促销商品信息模块和商品显示模块。

(1) 新闻公告信息模块包括系统新闻展示和系统公告展示，用于显示系统新闻和公告消息，及时通知用户需要注意的事情。

(2) 促销商品信息模块分为商品广告展示和商品详细信息展示。在商品广告展示部分中，商家以简短、醒目的方式展示新近的促销打折商品，用户可以由此进入商品详细信息展示部分进行选购。

(3) 商品显示模块包括分类管理模块和商品详细信息展示。分类管理模块可以帮助用户方便、快捷地查找到需要的商品，以便选购；商品详细信息展示部分展示了商品品牌、功能、规格等一系列相关信息，帮助用户更好地了解、掌握商品的信息，以便用户作出判断。

新闻和产品发布系统应与用户管理系统有相关接口,以便管理员能够添加、更新、删除新闻公告栏的项目,以及管理促销商品信息模块的广告消息。

9.3.2 用户管理系统

1. 功能概述

用户管理系统主要针对两类用户,即个人用户和管理员用户。这里的个人用户既可以是购买商品的家庭用户或者进行商品采购的超市采购员,也可以是进行超市商品发布的超市商品发布员或者农场产品发布的农场产品发布员。这里的管理员用户主要是对该农产品电子商务系统后台进行维护管理、统计的用户,负责对该系统进行定期维护和更新。

2. 用户管理系统的设计与实现

用户管理系统软件设计架构如图9-4所示。用户管理系统主要包括用户信息管理模块、用户信息数据库模块和日志管理模块。用户信息管理模块是本系统中非常重要的模块,它与用户界面设计系统、在线订购系统、技术支持系统、农场服务系统等密切联系,这些系统都需要获取用户信息管理模块中的信息。

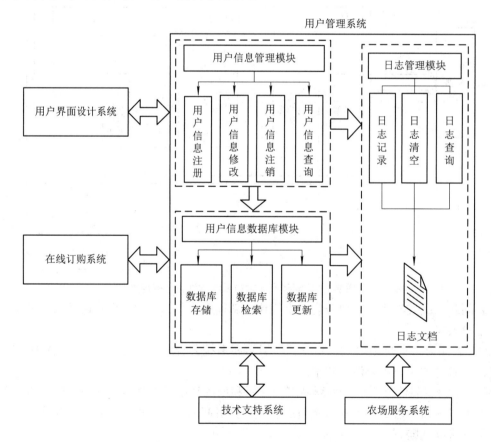

图 9-4　用户管理系统软件设计架构

用户信息管理模块包括用户信息注册、用户信息修改、用户信息注销、用户信息查询等内容。用户信息数据库模块包括数据库存储、数据库检索、数据库更新等子模块。日志管理模块包括日志记录、日志清空、日志查询等子模块，分别完成相应的功能。

用户信息管理模块负责对用户信息进行管理，如用户信息的注册、修改、注销、查询，在完成上述相应操作后，需要调用用户信息数据库模块中的相关接口，进行数据库信息的存储、检索和更新。上述两个模块中的信息都需要写入日志管理模块。

9.3.3　在线订购系统

1. 功能概述

在线订购系统主要支持在线订购、购物车、订单管理等功能，用户可以查询订单，随时随地了解所选购的商品数量、价格以及货物的物流等相关信息。

2. 在线订购系统的设计与实现

在线订购系统主要面向三类人群，即普通用户、超市和农场。普通用户通过在线订购系统可以订购超市的商品，也可以直接订购农场的农产品，以保证产品的新鲜度；超市通过在线订购系统可以订购农场的农产品，以供其他顾客选购。订单具有"确认""到款""已发货""退货""取消"状态，方便用户控制购物流程的每个阶段。每位用户订购的每件商品都会生成一个订单，订单包括的内容如图9-5所示。

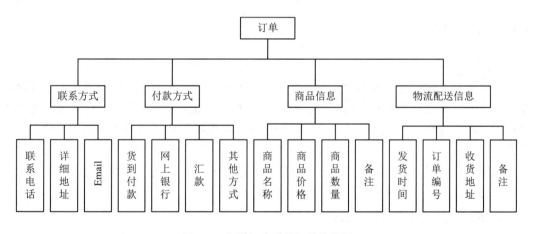

图 9-5　在线订购系统订单结构图

在线订购系统软件设计架构如图9-6所示。

在线订购系统分为三个模块：商品信息管理模块、订单状态管理模块和订单查询管理模块。

(1) 商品信息管理模块。在商品信息管理模块中，用户可以根据订单状态来添加订单、修改订单和删除订单。若订单未付款或者未发货，用户可以继续购买相应的商品，并生成订单，或者修改已购买商品的数量、关闭相应的订单等；若订单已经发货，则用户不能进行相应的操作。用户确定订单后直接进入支付结算系统和物流管理系统。

(2) 订单状态管理模块。订单状态管理模块包括付款状态和发货状态的管理，用户可以根据订单状态进入物流管理系统实时查询商品的物流信息。

(3) 订单查询管理模块。订单查询管理模块用于用户查询最新订单和历史订单。用户可以在历史订单中查询曾经购买的商品，并直接进入相关地址再次购买。

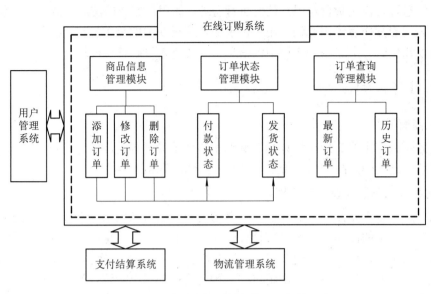

图 9-6 在线订购系统软件设计架构

9.3.4 支付结算系统

1. 功能概述

支付结算系统的功能是为电子商务系统中的消费者、商家和金融机构提供资金支付方面的服务。支付结算系统利用新型的支付手段，把电子现金、信用卡、借记卡等支付相关信息通过网络安全传送到银行或相应的处理机构，从而实现电子商务处理结算。该系统是集购物流程、支付工具、安全技术、认证体系、信用体系及金融体系于一体的综合系统，是交易实现的重要一环，关系到购买者是否讲信用，能否按时支付，商家能否按时回收资金，促进企业经营的良性循环。

2. 支付结算系统的设计与实现

支付结算系统软件设计架构如图 9-7 所示。

支付结算系统是一个由买(消费者或用户)卖(商家或企业)双方、网络金融服务机构(包括商家银行、用户银行)、网络认证中心以及网上支付工具(电子货币、电子支票、信用卡、电子现金)和网上银行等组成的大系统。支付结算系统应有安全电子交易协议或安全套接层协议等安全控制协议，这些涉及安全的协议提供了网上交易与支付的可靠环境；网上交易与支付的环境的外层，则由国家及国际相关法律法规的支撑来予以实现。其中，订单结算模块首先利用订单详情计算出消费者需要支付的费用，然后帮助消费者选择相应的付款方式进行支付，并将支付结果返回。日志模块负责对系统运行的信息进行记录，并向系统管理员提供日志清空、查询和记录接口。

用户在线支付方式分为四大类，即移动支付、基于第三方代理的支付、网上银行支付和货到付款。

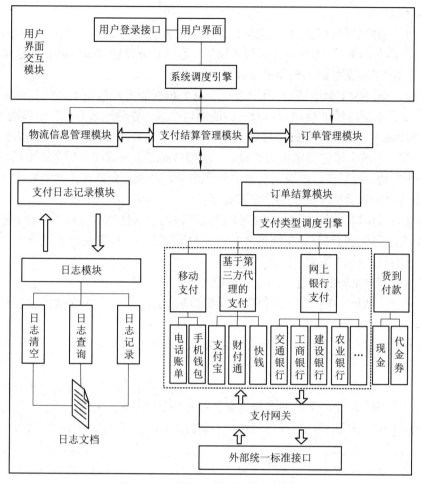

图 9-7　支付结算系统软件设计架构

(1) 移动支付。移动支付是使用移动设备通过无线方式完成支付行为的一种新型支付方式，其中手机支付是目前广泛使用的典型移动支付方式。移动支付的主要参与者有消费者、商家、金融机构和支付网关。假设消费者和商家都在金融机构拥有账户，那么其支付的一般流程可参见图9-8。

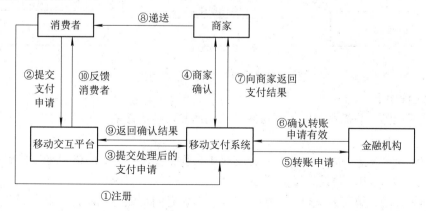

图 9-8　移动支付流程

具体流程如下：

① 注册：消费者只有先向移动支付提供商提出开户申请，才可以使用移动支付服务。

② 提交支付申请：开通移动支付服务以后，消费者可以通过短信或者其他移动手段提交自己的购物信息和支付请求到移动交互平台。

③ 提交处理后的支付申请：移动交互平台首先根据服务号对消费者的支付申请进行分类，然后把这些申请压缩成移动运营商支持的通信格式，最后把它们转交给移动支付系统。

④ 商家确认：在收到CMPP(China Mobile Peer to Peer，中国移动点对点)协议格式的申请后，移动支付系统会通过商家查询并验证一些细节问题，商家在之后会给出相应的反馈。

⑤ 转账申请：如果商家同意消费者的转账申请，系统就会处理，比如验证行为的有效性、计算业务总额以及向金融机构申请转账等。

⑥ 确认转账申请有效：金融机构会对转账申请的合法性进行验证并给出系统反馈。

⑦ 向商家返回支付结果：在收到金融机构的反馈之后，移动支付系统就会向商家发出转账成功的信息和递送货物的要求。

⑧ 递送：商家把商品通过物流发给消费者。

⑨ 返回确认结果：在收到金融机构的反馈以后，移动支付系统立刻把这一反馈转发给移动交互平台。

⑩ 反馈消费者：移动交互平台会把从移动支付系统那里得到的支付结果反馈给消费者。

(2) 基于第三方代理的支付。基于第三方代理的支付模式是目前较流行的一种在线支付模式。第三方代理是居于网上消费者和商家之间的公正中间人，采用广泛合作的方式同众多银行建立收支接口，从而解决了烦琐的银行卡支付问题。具体的支付流程如图9-9所示。

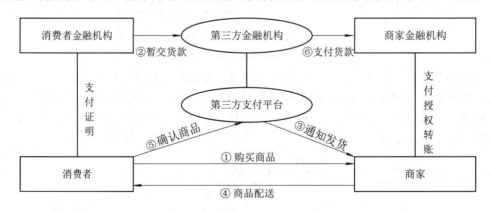

图9-9　基于第三方代理的支付流程

具体流程如下：

① 购买商品：消费者在电子商务网站选购商品，确认订单，买卖双方在网上达成交易意向。

② 暂交货款：消费者选定某第三方支付平台作为交易中介，用借记卡或信用卡将货款划到第三方金融机构，并设定发货期限。

③ 通知发货：第三方支付平台通知商家，消费者的货款已到账，要求商家在规定时间内发货。

④ 商品配送：商家收到消费者已付款的通知后按订单发货，并在网站上做好相应记录，消费者可在网上跟踪货物状态；如果商家没有发货，第三方支付平台会通知消费者交易失败，并询问将货款划回其账户还是储存在支付平台。

⑤ 确认商品：消费者收到货物并确认满意后通知第三方支付平台。如果消费者对货物不满意，或认为与商家承诺有出入，可通知第三方支付平台拒付款并将货物退回商家。

⑥ 支付货款：若消费者满意，第三方支付平台通过第三方金融机构将货款划入商家账户，交易完成。

(3) 网上银行支付。网上银行支付模式是指将商家应用系统、消费者应用系统和银行系统连接起来，通过在线支付可以直接把资金从消费者银行账户转移到商家银行账户。该支付模式的核心在于支付网关，位于 Internet 和金融专网之间，是连接消费者、商家和银行的桥梁，可保证整个网上交易安全进行。具体支付流程如图 9-10 所示。

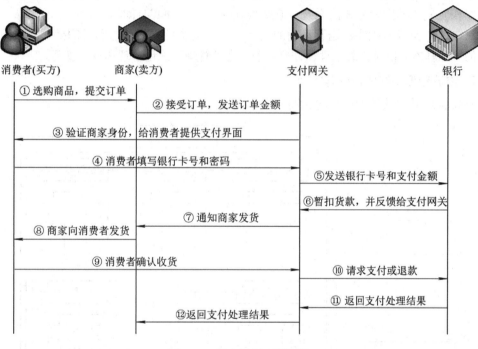

图 9-10　网上银行支付流程

具体流程如下：

① 消费者在电子商务网站选购商品，确认后提交订单。

② 商家接受订单，并发送带有订单金额的支付请求给银行的支付网关。

③ 支付网关验证商家身份，然后将消费者引导至网络银行支付界面。

④ 消费者填写支付信息及相关的验证信息，并交付给支付网关。

⑤ 支付网关将消费者的支付信息及支付金额告知银行。

⑥ 银行暂扣货款，并将操作结果反馈给支付网关。

⑦ 支付网关通知商家，消费者的货款已到账，要求商家在规定时间内发货。

⑧ 商家向消费者发送货物，并在网站上做好相应记录，消费者可在网上跟踪货物状态。

⑨ 消费者收到货物后根据货物情况通知支付网关。

⑩ 如果消费者对货物满意，则支付网关向银行发送支付请求；若不满意，则发送退款请求。

⑪ 银行向支付网关返回支付处理结果。

⑫ 支付网关将支付处理结果告知商家。

(4) 货到付款。货到付款是指消费者在收到商品后，将交易额支付给物流，再由物流转账给商家，即平常所说的"一手交钱，一手交货"。

9.3.5 物流管理系统

1. 功能概述

物流管理系统主要负责物流管理，该系统不仅面向用户，也面向超市销售商和农场供应商。物流管理系统是由物资、包装设备、装卸搬运机械、运输工具、仓储设施、人员和通信联系等相互制约的因素组成的系统。它需要在一定的空间和时间里，将正确的物品，在正确的时刻，以正确的顺序，送到正确的地点，实现物资的空间效益和时间效益。物流管理系统的五项基本功能是信息管理、订单管理、仓储管理、配送管理和成交管理。

2. 物流管理系统的设计与实现

物流管理系统软件设计架构如图 9-11 所示。

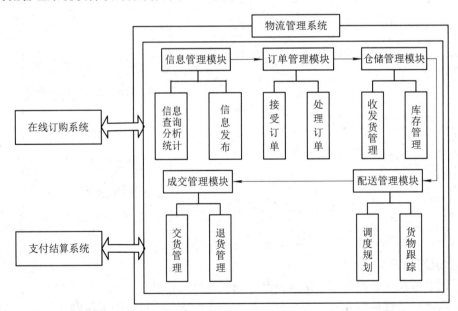

图 9-11 物流管理系统软件设计架构

物流管理系统主要由五个模块组成，分别为信息管理模块、订单管理模块、仓储管理模块、配送管理模块和成交管理模块。

(1) 信息管理模块。信息管理模块是物流管理系统与其他系统交流的接口，是实现供应链管理的主要途径，其主要承担的功能如下。

① 集中控制：提供对物流全过程的监控，并能对各环节数据进行统计分析，得出指导商家运营的依据。

② 信息查询：为用户提供灵活多样的查询条件，使得用户可以共享物流管理系统的信息资源，如货物物流分配情况、货物在途运输状况、货物库存情况等。

③ 信息发布：物流管理系统对外发布系统当前的状态信息，包括订单处理状态、库存资源管理等信息。

(2) 订单管理模块。订单管理模块是办理从消费者处接受订单、准备货物、明确交货时间、约定交货期限、管理剩余货物等作业的系统。如果当前库存资源能够满足消费者需求，则接受订单，并迅速办理相关手续，高效有序地处理各种订单。

(3) 仓储管理模块。仓储管理模块管理仓库的收发、分拣、摆放、补货、移库、盘点等，同时进行库存分析，并与财务系统集成。仓储管理模块的主要目标是利用条码技术、射频识别技术等电子商务物流信息关键技术，通过输送带、自动栈板机、自动分拣机、计算机等自动仓储设备实现自动化库存管理。仓储作业的基本流程如图 9-12 所示。它主要包括入库管理、库存管理、出库管理。

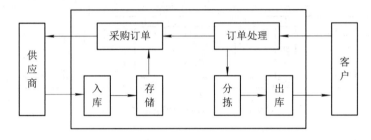

图 9-12 仓储作业的基本流程

① 入库管理：根据入库单对进入仓库的产品进行分类、核对、包装、登记，以及签发入库凭证、商品入库堆码等。入库管理的核心是产品信息的录入，即必须输入产品的品名、单价、规格、生产厂家、生产日期、数量等信息，并将这些信息更新到库存记录中。

② 库存管理：库存管理是指利用自动化库存管理技术对商品进行合理的保存和经济的管理，为货物提供良好的保护环境和条件，对库存商品有关的各种技术证件、单据、凭证、账卡等进行信息化管理。库存管理的主要内容包括商品分区、分类和货位编号，以及合理堆码和苫垫、货账保管、盘点和商品保管养护等工作。利用自动化库存管理技术可充分提高其准确性和工作效率。

③ 出库管理：依据出库单拣货、配货、复核、包装、贴标签，当其实际出库时，将库存记录中的库产品转移到出库记录中，并更新库存记录。

(4) 配送管理模块。配送管理是指商家采用网络化的计算机技术和现代化的硬件设备、软件系统及先进的管理手段，针对社会需求，严格地、守信用地按照用户的订货要求，定时、定点、定量地将货物交给各类用户，满足其对商品的需求。同时寻求最佳运输路线，并实现在途货物的实时跟踪。通过 RFID 技术读取 EPC 编码信息，并传输到处理中心以供商家和消费者查询，实现对物流过程的实时监控，提高物流服务质量，增强消费者对网络购物的满意程度。

(5) 成交管理模块。成交管理是指消费者在收到商品时，应当面检查，如果消费者满意，则办理成交手续，选择货到付款支付方式的消费者此时需向物流付款。如果消费者不满意，并且符合退货要求，则办理相应的退货手续。

物流管理系统的工作流程如图 9-13 所示，包括进货、进货验收、保存、分拣、包装、分类、组配、装货、运输及交货等。与传统物流模式不同，电子商务系统的每个订单都要送货上门，因此物流成本更高，配送路线的规划、配送日程的调度、配送车辆的合理利用的难度更大，与此同时，电子商务系统的物流流程可能会受到更多因素的制约。

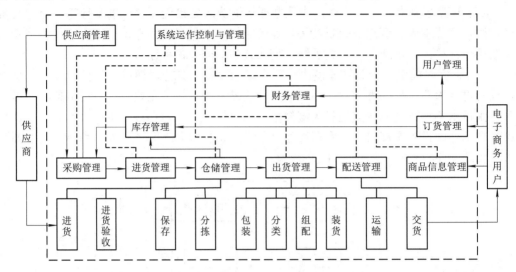

图 9-13　物流管理系统工作流程图

9.3.6　查询搜索系统

1. 功能概述

查询搜索系统给用户提供了一个自由选择并筛选数据的功能，用户可以根据自己的需要选择不同的条件来搜索所需要的信息，通常可按照不同的类别、不同的搜索方式(按内容，按主题)、不同的时效和关键字来进行筛选。

用户访问主界面后，既可以登录自己的账户，进行蔬菜、水果等信息的检索，也可以不登录账户，直接检索，以决定是否进行在线购买操作。由于后台数据采用了较为成熟的 SQL 数据库进行存储，因此本系统通过运用 SQL 语句、搜索算法来对用户的查询搜索请求进行响应。

用户对信息的检索方式各有不同，所需信息的种类也千差万别。了解用户不同的信息需求和检索习惯的多样性是建立查询搜索系统的基础。用户的检索类型大致分为以下几类。

(1) 确定项搜索：用户知道自己需要什么信息，也知道结果存于什么地方，只需要把它找出来，这是最简单的检索类型。

(2) 存在性检索：用户知道自己需要什么信息，但不能准确描述，也不确定答案是否存在，检索目的在于验证其存在性。

(3) 复杂检索：用户需要所有同要搜索的主题相关的各类信息。

本查询搜索系统可以采取分类目录检索、关键词检索、全文检索等多样化技术。

查询搜索的主要指标有响应时间、准确率、相关度等。这些指标决定了搜索引擎的技术指标，搜索引擎的技术指标决定了搜索引擎的评价指标。好的查询搜索系统应该具有较快的响应速度和较高的准确率，当然这些都需要搜索引擎技术作为保障。

查询搜索系统有两种实现方式，一是采用数据库自带的检索功能，二是采用通用搜索引擎提供的免费站内搜索。前者实施简单，可实现对文章标题的检索，但是查询结果不准，只能按照时间先后排序，检索的效率低，不适合大数据量、大访问量的网站应用；后者基本无投资，无须投入硬件资源，查询的效果较好。本系统对这两种方式都有涉及，这两种方式分别支持关键词搜索和全文搜索。

本系统产生的查询搜索结果将作为输入信息，供统计管理系统使用，以便统计管理系统在必要的时候作出热点资源推荐和个性化服务的智能推送。

2. 查询搜索系统的设计与实现

查询搜索系统软件设计架构如图 9-14 所示。

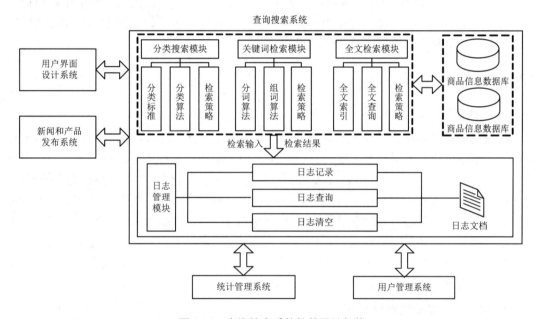

图 9-14　查询搜索系统软件设计架构

查询搜索系统期望在检索效率、检索质量两方面达到预期目标。检索效率主要指用户搜索时的时间效率，要求用户在搜索时不能有明显的延迟感，全文搜索的索引建立时间和空间效率也应满足系统运营要求。检索质量包括查全率和查准率，在查询搜索系统中，查全率是指检索出某一关键词的相关商品数与所有商品数的比率，查准率是指检索出的相关商品数与检索出的商品总数的比率。该系统分为分类搜索模块、关键词检索模块、全文检索模块和日志管理模块。

(1) 分类搜索模块。分类搜索模块主要指用户根据所需要查找的内容的所属类别在分类目录下找到对应类目，通过建立分类标准，运用分类算法，最大限度地满足用户的分类需求。其执行效率相比于关键词检索和全文检索较低一些。

(2) 关键词检索模块。关键词检索模块是本系统中较为核心的模块之一，采用分词算法和组词算法，对于自动抽词和赋词的要求较高。关键词检索模块对平台提供的信息资源，经过手工标识或通过机器自动标识出一些能够表现资源特征的词语，将其存储在引擎数据库的主题词字段中，并以此字段作为引擎数据库的索引。该种检索方法查准率高，但是查全率较之全文检索还有一些欠缺。

(3) 全文检索模块。全文检索模块是一种面向全文和提供全文检索的模块。它以文本数据为主要处理对象，根据数据资料的内容(而不是外在特征)实现检索。它的基本工作原理是将包含检索词的文献或全文检索出来，不管这个词出现在文献中的什么位置，或者说文献中的任意一个词都可以作为检索到该文献的条件。全文检索模块包括两方面的内容：全文索引和全文查询。索引中存储了关键字和对应的记录在逻辑存储空间中的位置。全文索引指的是创建索引的过程中，建立关键字与记录的对应关系，创建完成的索引信息以增量的方式修改属性信息；全文查询利用索引分类，根据关键字查找对应的记录。全文检索模块将检索的范围覆盖到整个产品记录，如产品的属性、特征都可以被检索出来。

(4) 日志管理模块。日志管理模块负责对用户的查询历史进行记录，便于用户日后快速查询。它的主要功能包括日志记录、查询和清空等操作。在工作过程中，上述三个模块中的相关检索信息都需要写入日志管理模块。

9.3.7 技术支持系统

1. 功能概述

技术支持系统是农产品电子商务系统中的服务功能系统，主要给家庭用户、超市销售者用户、农场销售用户提供技术支持，该技术支持一般通过在线服务、离线服务、用户自助服务等方式被提供。一方面，商家使用农产品电子商务系统时，接受本系统提供的售前、售后服务。另一方面，用户在进行商品购买时，也可享受本系统为商家提供的技术支持服务，商家通过在线服务、离线服务等方式满足各类用户的农产品购买需求。

在线服务主要通过网站留言、论坛、即时信息等手段，为客户或用户提供在线服务。本系统也提供离线服务，如电话咨询，由相关工作人员录入。用户自助服务指的是用户登录后可使用自助服务功能，查询订单执行情况或其他相关问题。

2. 技术支持系统的设计与实现

技术支持系统软件设计架构如图 9-15 所示。

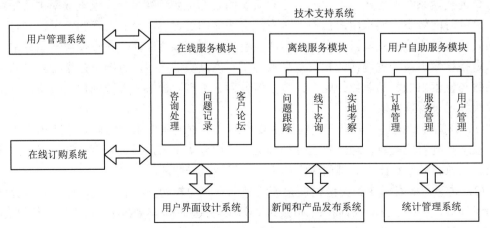

图 9-15　技术支持系统软件总体架构图

技术支持系统是农产品电子商务系统的辅助支撑系统，用于完成对用户的售前、售后服务工作。它主要包括在线服务模块、离线服务模块和用户自助服务模块，不同的模块对应不同的功能。

(1) 在线服务模块。在线服务模块主要提供售前、售后服务，例如：提供在线表单，对用户的咨询信息进行反馈处理等；对用户提出的问题进行分类，并指派对应的工作人员处理；在系统中进行跟踪和记录，并显示在工作日程表上；可设置用户论坛、用户信息跟踪、公司新闻动态群发邮件等功能；对用户的提问和意见进行统计，并将其作为改进产品或改进工作的材料。

(2) 离线服务模块。离线服务模块主要是进行问题的跟踪，提供线下咨询的方式，并提供实地考察的方式。离线服务模块与在线服务模块紧密结合，密不可分，既相互支持，又相互补充。

(3) 用户自助服务模块。用户自助服务模块是向用户提供便捷处理方式的模块。用户通过该模块可自行寻找问题的解决办法，以及进行订单管理、服务管理、用户管理等操作。该模块是在线服务模块、离线服务模块的补充模块，也是一个非常重要的模块。

技术支持系统是农产品电子商务系统的一个重要分支，有效地解决了用户购物决策环节中的重要问题，具有很大的意义。

9.3.8　统计管理系统

1. 功能概述

统计管理系统在获得网站访问量、成交记录、用户行为等基本数据的情况下，对有关数据进行统计分析、数据挖掘，帮助用户分析问题，最终实现智能推荐，以提供个性化服务。统计管理系统还可以发现用户访问网站、购物的规律，并将这些规律与网络营销策略等相结合，找出目前网络营销中可能存在的问题，为进一步修正或重新制订网络营销策略提供依据。

2. 统计管理系统的设计与实现

统计管理系统包括统计分析和日志管理两大部分。其中，统计分析部分是统计管理系统的核心模块。统计分析部分首先获取用户及商家的必要信息，该信息主要包括成交记录及用户偏好信息，然后采用数据挖掘的基本方法，分别进行用户信息分析以及商家信息分析，最终达到为用户提供个性化的服务及智能推荐，帮助企业进行用户行为分析及销售情况分析，为企业制订营销策略提供依据的目的。日志管理部分负责对系统运行的信息进行记录，并向系统管理员提供日志记录、日志查询和日志清空接口。统计管理系统的软件架构如图 9-16 所示。

智能推荐系统根据数据挖掘技术建立用户档案。用户档案的建立可以基于对用户长期行为的分析，如用户的浏览记录、购买历史、性别和职业等，也可以基于用户的当前行为，如用户当前的会话行为、当前的购物信息、当前的浏览商品等。智能推荐系统中的数据挖掘主要包括关联规则挖掘和分类挖掘两类，另外还有协同推荐方法。关联规则挖掘是指根据销售数据发现不同类型商品在销售过程中的相关性。分类挖掘是指将用户的输入信息划分为相应类别，并根据用户输入信息和特征信息，预测是否向用户推荐该项。协同推荐是指在获取用户关于商品的当前定性需求后，寻找与当前用户需求相似的用户，将相似用户的购买商品作为当前用户的推荐商品。基于数据挖掘的智能推荐系统的工作流程如图 9-17 所示。

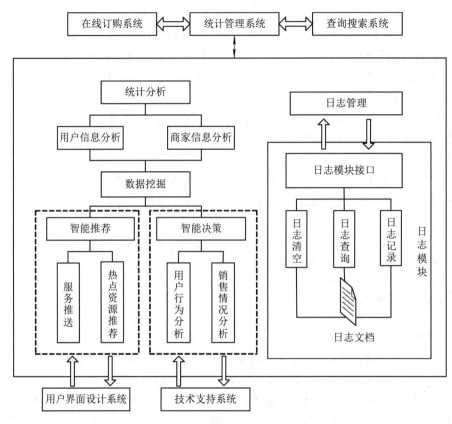

图 9-16　统计管理系统软件架构

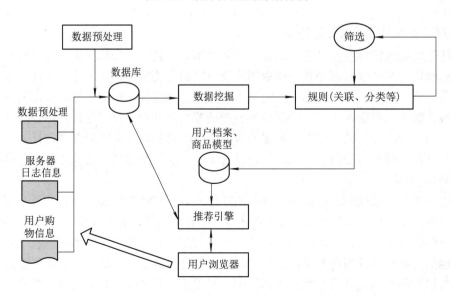

图 9-17　基于数据挖掘的智能推荐系统工作流程

用户行为分析是指运用多学科知识研究和分析用户的构成、特点及其在购物活动上所表现出来的规律，企业可利用分析结果进行商业决策、战略调整。基于数据挖掘的用户行为分析流程如图9-18所示。其中，特征提取器采用数据挖掘技术对用户行为进行分析，从中提取用户行为特征。行为挖掘器利用数据挖掘技术对数据库中的数据进行学习，从中挖掘用户行为规律。检测器分析特征提取器送来的数据以响应正在出现的破坏性行为。知识库用于存放由行为挖掘器产生的异常模式和正常行为模式。

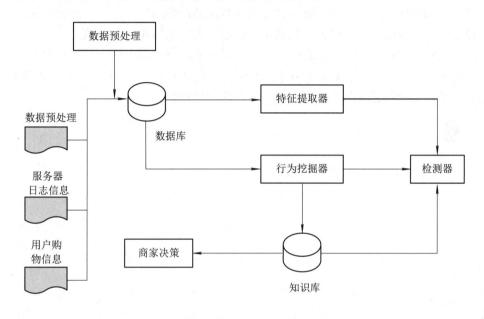

图 9-18　基于数据挖掘的用户行为分析流程

9.3.9　农场服务系统

1. 功能概述

农场服务系统为不同家庭用户提供个性化的服务，包括服务注册(针对农场商家)、服务订购(针对用户)、服务使用(包括长势观察、数据监测、实时图像传送、指令发送)。

2. 农场服务系统的设计与实现

图9-19为农场服务系统软件架构。农场服务系统通过用户界面设计系统登录，并通过服务模块调度引擎执行相应模块(包括服务注册模块、服务订购模块、服务使用模块、用户管理模块和日志记录模块)的功能。

(1) 服务注册模块。服务注册模块是给农场商家提供的，主要包括信息服务和控制服务。信息服务包括菜地租用和信息采集，控制服务包括远程控制和指令发送。菜地租用指的是农场为每一位订购的用户分配一块菜地，供其使用，提供技术支持并协助其耕作。信息采集指的是通过布设传感器节点，对菜地的土壤含量、温度、湿度、空气含量等指标进行监测，以便进行农作物信息采集与分析。远程控制指的是用户可通过网络技术进行农场信息的采集、视频图像的传输，并能够监测到农作物的长势。指令发送是指根据上述农作物信息的分析，进行综合决策，并发送给农场工程技术人员。

（2）服务订购模块。服务订购模块指的是农场商家发布与农产品相关的服务，由用户进行订购，相关接口包括订购方式、订购内容、订购记录、订购期限等内容，用户订购的服务内容即服务注册模块中的服务内容。

（3）服务使用模块。服务使用模块是用户成功订购服务并通过身份认证和访问控制后使用的模块，包括使用方式和使用条件两部分内容。

（4）用户管理模块。用户管理模块是与用户类型、用户操作相关的模块。用户类型包括普通用户和农场主，农场主不仅包括发布农场服务的农场销售人员，还包括工程技术人员，便于进行农场管理。用户操作包括用户注册、用户更新和用户注销。

（5）日志记录模块。日志记录模块是用来记录用户或农场主进行的农场服务操作的模块。该模块不仅记录农场主发布服务信息的情况，也记录用户订购服务、使用服务的过程。日志记录模块包括日志记录、日志查询、日志清空等操作。

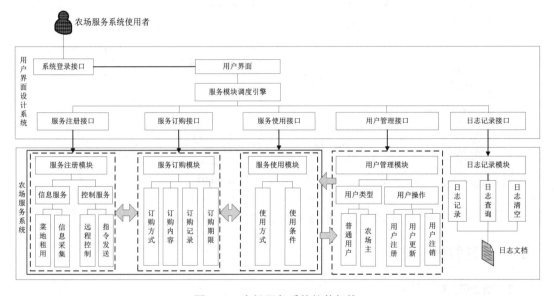

图 9-19　农场服务系统软件架构

9.3.10　用户界面设计系统

用户界面的设计特点主要是简单易用、美观、功能性较强。用户界面设计系统软件架构如图 9-20 所示。

农产品电子商务系统的用户界面设计系统主要由用户登录注册界面、新闻公告界面和分类搜索界面三部分组成。

（1）用户登录注册界面：主要用于普通用户和管理员用户的登录、注册，登录成功后即可使用农产品电子商务系统购买商品，或者查看之前已购买的商品、历史订单等。

（2）新闻公告界面：用于显示系统新闻公告以及促销商品的广告等信息。普通用户打开电子商务系统后即可浏览当日新闻消息；管理员用户可以对新闻内容和商品广告消息进行添加、更改、删除操作。

（3）分类搜索界面：用户可以在此搜索需要的商品信息，快速、有效地找到商品并进行购买。

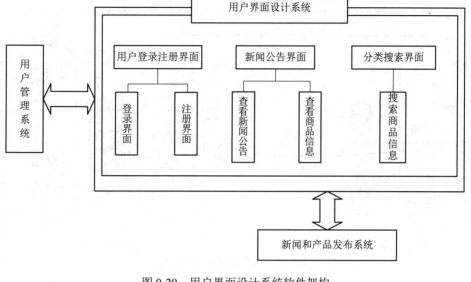

图 9-20　用户界面设计系统软件架构

9.4　农产品电子商务典型应用

随着电子商务的快速普及,其市场规模和盈利能力有目共睹。目前电子商务主要集中在图书、音像、服装、电子产品等领域,且在不同的领域内给人们的生活带来了极大的便利。然而电子商务对于蔬菜、水果等对时间、质量要求比较高的农产品却涉及较少。目前,随着生活节奏的加快,采用物联网技术开发的面向智慧城市的农产品电子商务系统在实现蔬菜、水果等产品的网上订购、送货到家等基本商务功能的基础上,为用户提供了有效的实时产品监控机制,保障产品质量。该系统既满足了中青年消费者的购买需求,也使得老年人和残疾人不用为货物的配送而发愁;同时,商品零售商也节约了成本,增加了收益,利用电子商务平台,更好地为本地和本区域的居民服务。

9.4.1　农产品网上订购

如图 9-21 所示,农产品网上订购系统为家庭用户(包括中青年、老年人、残疾人等人群)、超市采购者提供了一个在线蔬菜订购服务。家庭用户可通过本系统购买蔬菜,一方面直观获取各类蔬菜信息;另一方面减轻了购买所需的时间成本和体力消耗,通过完善的订单处理、支付结算、物流配送模块所实现的功能,实现轻松购物。超市采购员也可通过本系统及时获取全市各类农场发布的各种蔬菜信息,并通过相应软件模块的功能,有针对性地购买性能较优的农产品,实现在线批量订购,并且进行整合、加工、上架,以供用户选购。

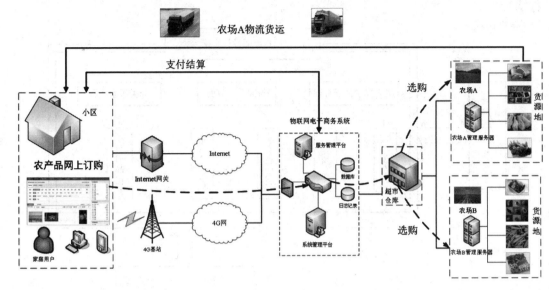

图 9-21　农产品网上订购系统

9.4.2　农产品生产监控

如图 9-22 所示，农产品生产监控系统提供了农产品的远程监测和控制。通过传感器提供信息实时监测的服务，如实时提供土壤温度、湿度、农产品长势等信息，使得用户直观地了解农产品的相关情况。

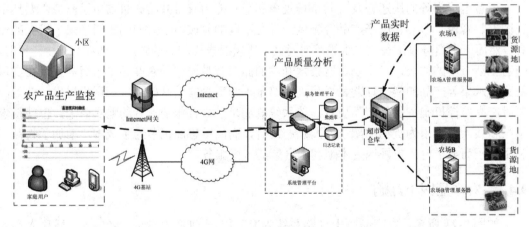

图 9-22　农产品生产监控系统

参考文献

[1] 刘云浩. 物联网导论 [M]. 2 版. 北京：科学出版社，2013.

[2] 郎为民. 大话物联网[M]. 北京：人民邮电出版社，2011.

[3] GUO M，LIU Y，YU H，et al. An overview of smart city in China[J]. China Communications，2016，13(5)：203-211.

[4] International Telecommunication Union. ITU Internet Reports 2005: The Internet of Things[R]. 2005.

[5] BALL M. IBM takes aim at creating a smarter planet: interview with richard lechner[R]. 2010.

[6] Ministry of Information and Communication. U-Korea master plan to achieve the world's first ubiquitous society[R]. Republic of Korea，2007.

[7] 中国信息通信研究院. 物联网白皮书(2020 年)[R]. 2020.

[8] 中国工业和信息化部电信研究院. 物联网白皮书(2011 年)[R]. 2011.

[9] 中国电子技术标准化研究院国家物联网基础标准工作组. 中国物联网标准化白皮书 [R]. 2013.

[10] 中国电子技术标准化研究院. 智慧城市标准化白皮书(2022 版)[R]. 2022.

[11] 中国电子技术标准化研究院. 新型智慧城市评价指标：GB/T 33356—2022[S].

[12] 宁焕生，徐群玉. 全球物联网发展及中国物联网建设若干思考[J]. 电子学报，2010，38(11)：2590-2599.

[13] 苏美文. 物联网产业发展的理论分析与对策研究[D]. 长春：吉林大学，2015.

[14] 刘利秋，卢艳军，徐涛. 传感器原理与应用[M]. 北京：清华大学出版社，2015.

[15] 李建中，李金宝，石胜飞，等，传感器网络及其数据管理的概念、问题与进展[J]. 软件学报，2003，14(10)：1717-1727.

[16] 尹义龙，宁新宝，张晓梅，等. 自动指纹识别技术的发展与应用[J]. 南京大学学报：自然科学版，2002，38(1)：29-35.

[17] 田启川，张润生. 生物特征识别综述[J]. 计算机应用研究，2009，26(12)：4401-4406，4410.

[18] 燕雨薇，余粟. 二维码技术及其应用综述[J]. 智能计算机与应用，2019，9(05)：194-197.

[19] 蒲策. QR 二维码编码译码算法研究及应用[D]. 成都：成都理工大学，2016.

[20] 宫雪. QR 二维码个性化设计及其应用研究[D]. 北京：北京工业大学，2015.

[21] GAO S，YANG X，GUO H，et al. An empirical study on users' continuous usage intention of QR code mobile payment services in China[J]. International Journal of E-Adoption，2018，10(1)：18-33.

[22] 胡凌. 健康码、数字身份与认证基础设施的兴起[J]. 中国法律评论，2021，38(02)：

102-110.

[23] 严文博，姚远志，张卫明，等. 基于二维码和信息隐藏的物流系统隐私保护方案[J]. 网络与信息安全学报，2017，3(11)：22-28.

[24] 许毅，陈建军. RFID 原理与应用[M]. 北京：清华大学出版社，2013.

[25] 彭宇，王丹. 无线传感器网络定位技术综述[J]. 电子测量与仪器学报，2011，25(5)：389-399.

[26] 罗军舟，吴文甲，杨明，等. 移动互联网：终端、网络与服务[J]. 计算机学报，2011，34(11)：2029-2051.

[27] 杨玥，於志文，周兴社，等. I-Sensing：面向智慧校园的参与感知应用系统[J]. 小型微型计算机系统，2013，34(9)：2205-2210.

[28] 沈苏彬，范曲立，宗平，等. 物联网的体系结构与相关技术研究[J]. 南京邮电大学学报：自然科学版，2009，29(6)：1-11.

[29] 金纯，李娅萍，曾伟，等. BLE 低功耗蓝牙技术开发指南[M]. 北京：国防工业出版社，2016.

[30] 顾瑞红，张宏科. 基于 ZigBee 的无线网络技术及其应用[J]. 电子技术应用，2005，31(6)：1-3.

[31] 张海君，郑伟，李杰. 大话移动通信[M]. 2 版. 北京：清华大学出版社，2015.

[32] 欧阳亚菲，黄卫东. 4G+助建"智慧城市"[J]. 中国电信业，2016(4)：60-62.

[33] 官微，段红光. LTE 关键技术及其发展趋势分析[J]. 电子测试，2009(5)：22-25，57.

[34] 李群，高海莺. LTE、WIMAX 与 WIFI 网络架构之比较[J]. 通信技术，2013(2)：86-88，91.

[35] 5G；Architecture enhancements for 5G system (5GS) to support network data analytics services(release 17)[S]. 2021.

[36] Management and orchestration；management data analytics(release 17)[S]. 2021.

[37] CHETTRI L，BERA R. A comprehensive survey on internet of things (IoT) toward 5G wireless systems[J]. IEEE Internet of Things Journal，2020，7(1)：16-32.

[38] ZHANG Z Q，XIAO Y，Ma Z，et al. 6G wireless networks：vision，requirements，architecture，and key technologies[J]. IEEE Vehicular Technology Magazine，2019，14(3)：28-41.

[39] IMT-2030(6G)网络技术工作组. 面向 6G 网络的智能内生体系架构研究报告[R]. 2022.

[40] TANG F，KAWAMOTOY，KATO N，et al. Future Intelligent and Secure Vehicular Network Toward 6G：Machine-Learning Approaches[J]. Proceedings of the IEEE，2020，108(2)：292-307.

[41] 谢希仁. 计算机网络 [M]. 6 版. 北京：电子工业出版社，2013.

[42] 杨正洪. 智慧城市：大数据、物联网和云计算之应用[M]. 北京：清华大学出版社，2014.

[43] 陈涛. 云计算理论及技术研究[J]. 重庆交通大学学报：社会科学版，2009，9(4)：104-106.

[44] JUKIE N，VRBSKY S，NESTOROV S. 数据库系统导论[M]. 李川，刘一静，等，译.

北京：机械工业出版社，2015.

[45] SILBERSCHATZ A. 数据库系统概念[M]. 6 版. 杨冬青，李红燕，唐世渭，等，译. 北京：机械工业出版社，2012.

[46] 陈凯，白英彩. 网络存储技术及发展趋势[J]. 电子学报，2002，30(z1)：1928-1932.

[47] 蔡皖东. 基于 SAN 的高可用性网络存储解决方案[J]. 小型微型计算机系统，2001，22(3)：284-287.

[48] LAM C. Hadoop 实战[M]. 韩冀中，译. 北京：人民邮电出版社，2011.

[49] WHITE T. Hadoop 权威指南[M]. 曾大聸，周傲英，译. 北京：清华大学出版社，2010.

[50] KARAU H，KONWINSKI A，WENDELL P，et al. Spark 快速大数据分析[M]. 北京：人民邮电出版社，2015.

[51] CERNY T，DONAHOO M J，TRNKA M. Contextual understanding of microservice architecture：current and future directions[J]. ACM SIGAPP Applied Computing Review，2018，17(4)：29-45.

[52] FOOTEN J，FAUST J. The service-oriented media enterprise：SOA，BPM，and web services in professional media systems[M]. CRC Press，2012.

[53] ERL T，CARLYLE B，PAUTASSO C，et al. SOA with REST：principles，patterns &constraints for building enterprise solutions with REST[M]. Prentice Hall Press，2012.

[54] LI X，CHEN Y，LIN Z，et al. Automatic Policy Generation for Inter-Service Access Control of Microservices[C]// USENIX Security Symposium. 2021.

[55] DAVIES J，KRISHNA A，SCHOROW D. The Definitive Guide to SOA：BEA Aqua Logic Service Bus[M]，Springer. 2007.

[56] ERL T，GEE C，CHELLIAH P，et al. Next generation SOA：a concise introduction to service technology & service-orientation[M]. Pearson Education，2014.

[57] LEWIS J，FOWLER M. Microservices a definition of this newarchitectural term[OL]. https：//martinfowler.com/articles/microservices.html.

[58] NEWMAN S. Building microservices：designing fine-grained systems[M]. O'Reilly Media，Inc.，2015.

[59] 韩家炜,孟小峰,王静,等. Web 挖掘研究[J]. 计算机研究与发展,2001,38(4):405-414.

[60] 程炜，杨宗凯，乐春晖，等. 基于 Web Service 的一种分布式体系结构[J]. 计算机应用研究, 2002, 19(3): 105-107, 111.

[61] 叶钰，应时，李伟斋，等. 面向服务体系结构及其系统构建研究[J]. 计算机应用研究，2005, 22(2): 32-34.

[62] 张建勋，古志民，郑超，等. 云计算研究进展综述[J]. 计算机应用研究，2010，27(2)：429-433.

[63] ELGAZZAR K，HASSANEIN H S，MARTIN P. Daas：Cloud-based mobile web service discovery [J]. Pervasive and Mobile Computing，2014(13)：67-84.

[64] QIU D，LI B，JI S，et al. Regression testing of web service：a systematic mapping study[J]. ACM Computing Surveys，2015，47(2)：21.1-24.16

[65] 腾讯云计算(北京)有限公司. 腾讯云容器安全白皮书[R].2021.

[66] Kubernetes Documentation[OL]. https：//kubernetes.io/docs/home/.

[67] MARATHE N，GANDHI A，SHAH J M. Docker swarm and kubernetes in cloud computing environment[C]// 2019 3rd International Conference on Trends in Electronics and Informatics (ICOEI). 2019.

[68] NADAREISHVILI I，MITRA R，MCLARTY M，et al. Microservice architecture：aligning principles，practices，and culture[M].O'Reilly Media，Inc，2016.

[69] BESBRIS D G，DOERKSEN R A，EAVES D S，et al. Service discovery: US20060161563A1[P]. 2006-07-20.

[70] 徐勇军. 物联网关键技术[M]. 北京：电子工业出版社，2012.

[71] 李建功. 物联网关键技术与应用[M]. 北京：机械工业出版社，2013.

[72] 李再进. EPC 网络中信息服务的设计与应用研究[D]. 武汉：华中科技大学，2005.

[73] LAZOS L，POOVENDRAN R. SeRLoc：Robust localization for wireless sensor networks[J]. Acm Transactions on Sensor Networks，2005，1(1)：73-100.

[74] KHALIL I，BAGCHI S，NINAROTARU C. DICAS：Detection，Diagnosis and Isolation of Control Attacks in Sensor Networks[C]//International Conference on Security and Privacy for Emerging Areas in Communications Networks，2005. SecureComm. 2005：89-100.

[75] 舒畅. MD5 算法原理及其碰撞攻击[J]. 软件导刊，2007(11)：103-104.

[76] 卞莹，张玉清，郎良，等. 主动防御攻击工具库设计[J]. 计算机工程与应用，2003，39(33)：159-161.

[77] 黄振海，铁满霞，张变玲，等. 无线局域网鉴别与保密基础结构 WAPI 综述[J]. 移动通信，2006，30(5)：31-36.

[78] 郑宇.4G 无线网络安全若干关键技术研究[D]. 成都：西南交通大学，2006.

[79] 李天目. SSL/TLS 协议的安全分析和改进[J]. 信息网络安全，2005(1)：51-54.

[80] NETZE H. Using the encapsulating security payload (ESP) transport format with the host identity protocol (HIP)[J]. Aseg Extended Abstracts，2001(1)：1-4.

[81] ERWAY C C，PAPAMANTHOU C，TAMASSIA R. Dynamic Provable Data Possession[J]. Acm Transactions on Information & System Security，2009，17(4)：213-222.

[82] EASTLAKE D，REAGLE J，SOLO D. XML Signature Syntax and Processing[J]. 2001，18(1)：115-146.

[83] SHIH D H，SUN P L，LIN B. Securing industry-wide EPCglobal Network with WS-Security[J]. Industrial Management & Data Systems，2005，105(7)：972-996.

[84] 丁森华，李学伟，张乃光，等. 数字家庭标准综述与应用分析[J]. 电视技术，2012，36(14)：28-32.

[85] 高飞. 基于三网融合的数字家庭网络体系结构及安全技术研究[D]. 西安：西安电子科技大学，2011.

[86] 习宁. 面向三网融合的数字家庭网络体系结构及服务提供方法研究[D]. 西安：西安电子科技大学，2011.

[87] 信师国，刘庆磊，刘全宾，等. 网络视频监控系统现状和发展趋势[J]. 信息技术与信

息化，2010(1)：23-25.

[88] 吴巍，骆连合，王召福. 物联网与数字家庭网络技术[M]. 北京：电子工业出版社. 2012.

[89] 薛青. 智慧医疗：物联网在医疗卫生领域的应用[J]. 信息化建设，2010(5)：56-58.

[90] 马士玲. 物联网技术在智慧城市建设中的应用[J]. 物联网技术，2012，02(2)：70-72.

[91] 郑西川，孙宇，于广军，等. 基于物联网的智慧医疗信息化10大关键技术研究[J]. 医学信息学杂志，2013，34(1)：10-14, 34.

[92] 唐雄燕，李建功，贾雪琴. 基于物联网的智慧医疗技术及其应用[M]. 北京：电子工业出版社. 2013.

[93] 李道亮. 物联网与智慧农业[J]. 农业工程，2012，02(1)：1-7.

[94] 胡天石，傅铁信. 中国农产品电子商务发展分析[J]. 农业经济问题，2005，26(5)：23-27.

[95] 张胜军，路征，邓翔，等. 我国农产品电子商务平台建设的评价及建议[J]. 农村经济，2011(10)：103-106.

[96] 王娟娟. 基于电子商务平台的农产品云物流发展[J]. 中国流通经济，2014(11)：37-42.

[97] 江洪. 智慧农业导论：理论技术和应用[M]. 上海：上海交通大学出版社，2015.

[98] 傅泽田，张领先，李鑫星. 互联网+现代农业：迈向智慧农业时代[M]. 北京：电子工业出版社，2015.